Am-SE-III-15
LB-V
MF

D1721565

GÖTTINGER BEITRÄGE ZUR LAND- UND FORSTWIRTSCHAFT
IN DEN TROPEN UND SUBTROPEN

Heft 104

Norbert Lanfer

Wasserbilanz und Bestandsklima als Grundlage einer agrarklimatischen Differenzierung in der COSTA Ecuadors

Göttingen 1995

Herausgeber:

Prof. Dr. Horst S.H. Seifert (Tropentierhygiene)
Institut für Pflanzenbau und Tierhygiene in den Tropen und Subtropen
Kellnerweg 6 · D-37077 Göttingen

Prof. Dr. Paul L.G. Vlek (Tropenpflanzenbau)
Institut für Pflanzenbau und Tierhygiene in den Tropen und Subtropen
Grisebachstraße 6 · D-37077 Göttingen

Prof. Dr. H.-J. Weidelt
Institut für Waldbau
Abt. II: Waldbau der Tropen
Büsgenweg 1 · D-37077 Göttingen

Dissertation aus dem
Geographischen Institut der
Georg-August-Universität Göttingen

Unterstützt vom DAAD und der Landesgraduiertenförderung Baden-Württemberg

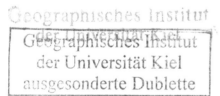
Geographisches Institut
der Universität Kiel
ausgesonderte Dublette

ISBN 3-88452-430-5
Verlag Erich Goltze GmbH & Co. KG · 37009 Göttingen · Postfach 1944
1995
Gesamtherstellung: Druckerei Liddy Halm · 37081 Göttingen
Printed in the Federal Republic of Germany

Inv.-Nr. 96/436785

"Wir bewältigen unseren Alltag fast ohne das geringste Verständnis der Welt. Wir denken kaum darüber nach, welcher Mechanismus das Sonnenlicht erzeugt, dem wir das Leben verdanken, was es mit der Schwerkraft auf sich hat, die uns auf der Erde festhält und ohne die wir in den Weltraum davonwirbeln würden, oder mit den Atomen, aus denen wir bestehen und von deren Stabilität unsere Existenz entscheidend abhängt. Von Kindern abgesehen (die zuwenig wissen, um auf die wichtigen Fragen verzichten zu können), zerbrechen sich nur wenige von uns länger den Kopf darüber, warum die Natur so ist, wie sie ist, [....]." (SAGAN 1988, S. 10)

Inhaltsverzeichnis

Verzeichnis der Figuren

Verzeichnis der Tabellen

Verzeichnis der Karten

Die mit einem * gekennzeichneten Karten liegen als DIN A4 Karte in der Kartentasche bei

Verzeichnis der Fotos

Abkürzungen von Institutionen und Ministerien

CEDIG	Centro Ecuatoriano de Investigación Geografia
CEPLAES	Centro de Planificación y Estudios Sociales
CLIRSEN	Centro de Levantamientos Integrados de Recursos Naturales por Sensores Remotes
CONADE	Consejo Nacional de Desarrollo
COTESU	Cooperación Técnica Suiza
DAAD	Deutscher Akademischer Austauschdienst
DED	Deutscher Entwicklungsdienst
DWD	Deutscher Wetterdienst
FAO	Food and Agriculture Organization of the United Nations
IERAC	Instituto Ecuatoriano de Reforma Agraria y Colonización
INAMHI	Instituto Nacional de Meteorología e Hidrología
INEMIN	Instituto Ecuatoriano de Minería
INOCAR	Instituto Oceanográfo de la Armada
IICA	Instituto Interamericano de Cooperación para la Agricultura
INIAP	Instituto Nacional de Investigaciones Agropecuarias
GTZ	Gesellschaft für Technische Zusammenarbeit
MBS	Ministerio de Bienestar Social
ORSTOM	Office de la Recherche Scientifique et Technique Outre-Mer
PRONAREG	Programa Nacional de Regionalización Agraria

SEDRI	Secretaria de Desarrollo Rural Integral
UMS	Umweltanalytische Mess-Systeme GMBH
UNFPA	Fondo de las Naciones Unidas para Actividades en Materia de Población
UOCAM	Unión de Organizaciones Campesinas Agropecuarias de Manabi
USDA	United States Department of the Agriculture
ZAMF	Zentrale agrarmeteorologische Forschungsstelle (des DWD)

Sonstige Abkürzungen

AAS	Atomabsorbtions-Spektrometer
AG	Arbeitsgemeinschaft
AMBAV	Agrarmeteorologisches Modell zur Berechnung der aktuellen Verdunstung
AMBETI	Agrarmeteorologisches Modell zur Berechnung von Evapotranspiration und Interzeption
AMWAS	Agrarmeteorologisches Bodenwassermodell
ENSO	El Niño-Southern Oscillation
GIS	Geographisches Informationssystem
ITC	Innertropical Convergenzzone
Landsat	Landuse Satellite
NOAA	National Oceanic and Atmospheric Administration
RADAR	Radio Detection and Ranging
REKLIP	Regio-Klima-Projekt
SPOT	Système Pour l'Observation de la Terre
TM	Thematic Mapper

Erläuterungen der verwendeten Symbole

klimatisch/meteorologische Parameter:

α	Albedo
β	Bowen-Ratio
f	Höhenreduktionsfaktor für die Windgeschwindigkeit
γ	Psychrometerkonstante
Δe	Differenz des Dampfdruckes
ΔT	Differenz der Temperatur
a	Kennwert in Abhängigkeit von I
aET	aktuelle Evapotranspiration
BT	Bodentemperatur
c	Korrekturfaktor in der modifizierten PENMAN-Gleichung

C	Wärmestrom aus chemischen Umsetzungen
e	Eulersche Zahl
E	Ostwind
ea	Sättigungsdampfdruck
ed	Dampfdruck
ET_{crop}	aktueller Wasserbedarf einer Kultur
f(....)	Funktion von ....
FKZ	Feuchtekennziffer
G	Bodenwärmestrom
H	Strom fühlbarer Wärme
I	Wärmeindex für das Jahr
i	Wärmeindex für den Monat
K	Kelvin
kc	Pflanzenfaktor
LAI	Leaf Area Index (Blattflächenindex)
LE	Strom latenter Wärme
N	astronomisch mögliche Sonnenscheindauer
N	Niederschlag
N	Nordwind
n	tatsächliche Sonnenscheindauer
NE	Nordostwind
NW	Nordwestwind
P	Wärmestrom aus der Pflanzenmasse
pET	potentielle Evapotranspiration
pLV	potentielle Landschaftsverdunstung
pV	potentielle Evaporation
ra	aerodynamischer Widerstand
Ra	extraterrestrische Strahlung
rF	relative Feuchte
Rn	Strahlungsbilanz
Rnl	langwellige Strahlung
Rns	kurzwellige Strahlung
rs	Bulk-Stomata Widerstand
Rs	Globalstrahlung
S	Südwind
SE	Südostwind
SW	Südwestwind
T	Lufttemperatur
Ta	Temperatur in Kelvin
Um	Windstärke

| W | Westwind |
| W | Wichtungsfaktor |

Bodenparameter:

Aa	toniger (> 45 %) Horizont mit zeitweilig breiten Trockenrissen
Ah	humoser A-Horizont
Ap	A-Horizont durch regelmäßige Bodenbearbeitung geprägt
Bv	verbraunter, verlehmter Mineralhorizont im Unterboden
BW	Bodenwasser
Cv	verwittertes Ausgangsgestein
eGP	enge Grobporen
FK	Feldkapazität
FP	Feinporen
fS	Feinsand
fU	Feinschluff
GPV	Gesamtporenvolumen
gS	Grobsand
gU	Grobschluff
IIfAh	fossiler humoser A-Horizont
IIfAl	fossiler lessivierter A-Horizont
IIfBt	fossiler durch Einwaschung mit Ton angereicherter B-Horizont
IIfBv	fossiler durch Verwitterung verbraunter und verlehmter B-Horizont
IIfBvg	fossiler verbraunter, verlehmter Mineralhorizont mit Bleich- und Rostflecken
IIfCv	fossiler Horizont mit verwittertem Ausgangsgestein
IIfM	fossiler Kolluvialhorizont
IIIfGo	zweiter fossiler Horizont im Profil, oxidiert, im Grundwasserschwankungsbereich entstanden
kf	Wasserleitfähigkeit
Ld	Lagerungsdichte
LK	Luftkapazität
Lsu	schluffig-sandiger Lehm
Lt	toniger Lehm
Lts	sandig-toniger Lehm
Ltu	schluffig-toniger Lehm
Lu	schluffiger Lehm
M	Kolluvialhorizont
Mg	Kolluvialhorizont mit Bleich- und Rostflecken
MP	Mittelporen
mS	Mittelsand
mU	Mittelschluff

nFKWe	nutzbare Feldkapazität des effektiven Wurzelraumes
pF	Maß für die Saugspannung (z.B. des Bodenwassers)
PWP	Permanenter Welkepunkt
QM	Wasserstrom zwischen den Bodenschichten
Slu	schluffig-lehmiger Sand
SV	Substanzvolumen
T	Ton
Tl	lehmiger Ton
Ul3	mittel lehmiger Schluff
Uls	sandig-lehmiger Schluff
Us	sandiger Schluff
wGP	weite Gropbporen

chemische Verbindungen, Symbole und Substanzen:

$Ak_{eff.}$	effektive Austauschkapazität
Al	Aluminium
$BaCl_2$	Bariumchlorid
BS	Basensättigung
C	Kohlenstoff
Ca	Calcium
$CaCl_2$	Calciumchlorid
$CaCO_3$	Calciumcarbonat
Fe	Eisen
H	Wasserstoff
H_2O_2	Wasserstoffperoxid
H_3O^+	Hydroniumion
IA	Ionenäquivalent
K	Kalium
KCl	Kaliumchlorid
m	molar
Mg	Magnesium
$MgCl_2$	Magnesiumchlorid
Mn	Mangan
n	normal
N	Stickstoff
Na	Natrium
$Na_4P_2O_7$	Natriumpyrophosphat
NaOH	Natriumhydroxid
NH_4^+	Ammonium
org. C	organischer Kohlenstoff (Humus)

P	Phosphat
pH	negativer dekadischer Logarithmus der H_3O^+-Konzentration
Si	Silizium

statistische Parameter:

Σ	Summe
Max.	Maximum
Min.	Minimum
R	Spannweite
s	Standardabweichung
s^2	Varianz
v	Variationskoeffizient
$\bar{x}$	arithmetischer Mittelwert

Vorwort

Die vorliegende Arbeit wurde im Oktober 1990 am Institut für Geographie und Geoökologie der Universität Karlsruhe begonnen und im März 1994 am Geographischen Institut der Georg-August-Universität Göttingen abgeschlossen. Die Arbeit stand unter der Leitung von Herrn Prof. Dr. G. Gerold. Meinem Doktorvater und Lehrer

Herrn Prof. Dr. G. Gerold

danke ich herzlich für die vielseitig gewährte Unterstützung, für wertvolle Anregungen und seine stete Diskussionsbereitschaft.

Herrn Prof. Dr. G. Gravenhorst, Institut für Bioklimatologie, danke ich für die Übernahme des Korreferates und seinem steten Interesse am Fortgang der Arbeit.

Für wertvolle Diskussionen zum Thema Bestandsverdunstung und Energiebilanzierung gilt mein Dank Herrn Dipl. Meteorologen A. Oltchev, Institut für Bioklimatolgie.

Herrn Dr. K.-W. Becker und Frau I. Ostermeyer (Techn. Assistentin), Institut für Bodenwissenschaften, sei für die C/N-Bestimmungen gedankt.

Die umfangreichen Kartendarstellungen und Isoplethendiagramme wurden mit großer Liebe zum Detail in der kartographischen Abteilung des Geographischen Instituts der Universität Göttingen von den Herren A. Flemnitz und E. Höfer hergestellt.

Für die stete Hilfs- und Diskussionsbereitschaft danke ich meinen Kollegen Frau Dipl. Geogr. M. Baumann, Frau Dipl. Geogr. A. Kenkel, Herrn Dipl. Geogr. P. Böhm und Herrn Dipl. Geogr. D. Feise.

Für die Übernahme von Reise-, Unterkunfts- und Materialkosten im Rahmen der Landesgraduiertenförderung des Landes Baden-Würtemberg vom 01.10.'90 - 30-09.'92 gilt mein Dank dem DAAD.

Im Rahmen des sechsmonatigen Forschungsaufenthaltes in Ecuador gilt folgenden Personen und Institutionen besonderer Dank, da ohne ihre Unterstützung die Arbeiten vor Ort, die projektunabhängig durchgeführt wurden, nicht hätten realisiert werden können:

- Botschaft der Bundesrepublik Deutschland, Quito
- Frau Dr. C. Maennling, DED-Direktorin, Ecuador-Quito
- Frau Dr. B. Kellermann, DED-Projektleiterin, Jipijapa-Virginia
- Herrn Ing. W. Niegel, COTESU-Leiter, Ecuador-Quito
- Herrn Ing. L. Kiefer, COTESU, Ecuador-Quito
- Herrn Dr. W. Klinge, GTZ-Leiter, Ecuador-Quito
- Herrn Lcdo. J. Hidalgo A., Geographisches Institut der Universidad Católica, Quito

- Herrn Dr. J.C. Delgado A., INIAP-Direktor, Quito
- Herrn Ing. Agr. O. Ordeñana B., INIAP-Regionaldirektor COSTA, Guayaquil
- Herrn Ing. F. Venegas, Direktor der INIAP-Forschungsstation Boliche
- Herrn Ing. J. Murti, Direktor der INIAP-Forschungsstation Pichilingue
- Herrn Ing. F. Amores, Leiter der Abteilung für Bodenkunde auf der INIAP-Forschungsstation Pichilingue
- Herrn E. Tumbaco, Präsident der UOCAM, Jipijapa-Virginia
- Herrn E. Chasing, Koordinator der UOCAM, Jipijapa-Virginia
- Herrn Lcdo. J. Robaliho, INAMHI, Quito
- Herrn Ing. M. Rodriguez L., INAMHI, Quito

Für die freundliche Aufnahme und hilfreiche Unterstützung auf den Forschungsstationen des INIAP und im Projektgebiet der UOCAM möchte ich allen Mitarbeiterinnen und Mitarbeitern dieser Institutionen danken.

Ein besonderer Dank gilt Herrn Ing. Adolfo Zuñiga H. (INEMIN-Quito), der mir zum zweiten Mal während eines Forschungsaufenthaltes in Ecuador ein Zimmer für den ständigen Aufenthalt in Quito in seiner Wohnung überließ und mir mit großer Begeisterung Land und Menschen Ecuadors näher brachte.

Zuletzt möchte ich meinen Eltern danken, die mir das Studium der Diplomgeographie ermöglichten.

1. Problemstellung und Zielsetzung

Das Kennzeichen vieler Tropenländer, hohes Bevölkerungswachstum und eine dadurch verstärkte Landnutzungsnahme im Bereich der tropischen Feuchtwälder und Savannen, gilt auch für Ecuador. Das Land befindet sich in der transformativen Phase des demographischen Überganges. Mit einer jährlichen Bevölkerungszunahme von 2,6 % (1985-1990) zeigt Ecuador nach Paraguay (3,0 %) und Bolivien (2,8 %) die dritthöchste Wachstumsrate in Südamerika auf (STATISTISCHES BUNDESAMT 1992, CONADE & UNFPA 1989). Der daraus resultierende Siedlungsdruck führt zu einem verstärkten Bedarf an landwirtschaftlichen Nutzflächen. Vor allem aber auch die Unzufriedenheit mit dem traditionellen Pachtsystem löste nach der infrastrukturellen Erschließung der Regenwälder Ecuadors (Straßenbau) eine Abwanderungswelle insbesondere aus der SIERRA in diese Regionen aus (PRESTON & TAVERAS 1976 und VOLLMAR 1971).

So ist der Regenwaldbereich der COSTA Ecuadors seit Beginn der 50er Jahre starken strukturellen Veränderungen unterworfen. Der Exportboom verschiedenster tropischer Kulturfrüchte (Kakao, Kaffee, Bananen etc.) und die Landnahme durch den steigenden Bevölkerungsdruck haben zu einer Umwandlung natürlicher Standorte in Kulturflächen geführt. So weist Ecuador eine jährliche Abholzungsrate von 300.000 ha Regenwald auf (GRAINGER 1993). Zugleich sind auch die Savannengebiete der COSTA einer starken Degradation der Vegetation unterworfen. Eine Folge der Vegetationsdegradation ist neben sich schnell erschöpfenden Bodennährstoffressourcen und einer verstärkt einsetzenden Bodenerosion die Störung des Wasserkreislaufs.

Wie erste Analysen längerfristiger Niederschlagsmeßreihen ergeben haben, ist z.B. für den Bereich der Trockensavanne ein Rückgang im Jahresniederschlag für Guayaquil um 7,8 mm (1915-1980) und für Portoviejo sogar um 10,3 mm (1932-1980) zu verzeichnen (SEDRI-IICA 1982). Die Abnahme der Jahresniederschläge hat so z.B. zum Zusammenbruch des ehemaligen Kaffeeanbauzentrums im Bereich Jipijapa geführt (s. a Kap. 7.3.1).

Die Verbreitung von natürlichen Vegetationseinheiten und Kulturpflanzen ist insbesondere von dem zur Verfügung stehenden Bodenwassergehalt abhängig. Durch den Verdunstungsprozeß wird der Bodenwassergehalt vor allem über die Pflanze verringert. Die Verdunstung ist das Bindeglied, welches Wärme- und Wasserhaushalt im System Boden-Pflanze-Atmosphäre miteinander verknüpft.

Untersuchungen zum Wassertransport über den Bestand haben insbesondere seit Mitte der 70er Jahre erhebliche Fortschritte gezeigt. Es wurden vor allem für Mitteleuropa/Nordamerika komplexe Verdunstungs-/Bodenwasserhaushaltsmodelle entwickelt (BRADEN 1990, 1992, BRISSON et al. 1992, DEARDORFF 1978, DUYNISVELD et al.

1983, KOLLE & FIEDLER 1992, LÖPMEIER 1983, MONTEITH 1978, SCHÄDLER 1989, SELLERS et al. 1986, WESSOLEK 1983 u.a.). Es ergeben sich jedoch Probleme bei der Übertragung der Modelle auf die Tropen. So werden von den meisten Modellen eine Vielzahl von Boden- und Vegetationsparametern wie Bodenart, Anfangswassergehalt, Wärmeleitfähigkeit und -kapazität, Albedo, Höhe des Grundwasserspiegels, Oberflächenrauhigkeit, Bedeckungsgrad, Blattflächenindex (LAI), Wurzeltiefe und -dichte, Höhe und Rauhigkeit des Bestandes, Stomatawiderstand etc. als Eingangsgrößen benötigt.

Eine geringe Laborausstattung sowie eine dünne Personal- und Finanzdecke der meisten meteorologischen und landwirtschaftlichen Institute und Ministerien in den Tropenländern machen eine derart umfangreiche Parameterbereitstellung für die komplexen Modelle nahezu unmöglich.

So wird bislang in den Tropen die Verdunstung zumeist mit einfachen empirischen Formeln (BLANEY-CRIDDLE 1962, THORNTHWAITE 1948, TURC 1961 etc.) bestimmt. In Ecuador findet zur Berechnung der Verdunstung die Formel nach THORNTHWAITE (1948) Verwendung, die als Eingangsparameter lediglich die Lufttemperatur benötigt. GIESE (1974) schreibt allerdings, daß die Lufttemperatur als Einzelelement nicht dazu geeignet ist, die Verdunstung in den Tropen zu bestimmen.
Die Bestimmung des Bodenwasserhaushalts erfolgt in den Tropen entweder über die gravimetrische Bodenfeuchtebestimmung, mit Tensiometern, mit dem CM-Gerät oder über die Bilanzierung des Bodenwasserhaushalts nach PFAU (1966). Das Verfahren nach PFAU (1966) wird in Ecuador angewandt.
Arbeiten zum Bestandsklima tropischer Kulturen stellen ähnlich wie Computermodelle zur Simulierung des Bodenfeuchtegangs in den Tropen eher die Ausnahme dar (BARRADAS & FANJUL 1986, CASTRO 1991, CANEIRO DA SILVA & DE JONG 1986, KAIRU 1993, RADULOVICH 1987 u.a.).

So wird die Notwendigkeit agrarklimatischer Arbeiten im Hinblick auf eine zunehmende Wasserverknappung deutlich, wobei eine flächenhafte Wasserhaushaltsdifferenzierung mit starken Problemen gekennzeichnet ist.

Ziel der vorliegenden Arbeit ist es, für die COSTA Ecuadors, die nach TREWARTHA (1981) in die "Earth Problem Climates" eingestuft ist, die Möglichkeit einer agrarklimati-schen Differenzierung anhand rein klimatischer Verfahren und unter Berücksichtigung von Bestandsklima und Bodenwasserhaushalt zu überprüfen.

In der COSTA Ecuadors findet auf engstem Raum der klima-vegetationszonale Übergang von der nordperuanischen Küstenwüste zu den pazifischen Küstenregenwäldern Kolumbiens statt. Da auf eine bestehende Klimaanalyse der COSTA nicht zurückgegriffen werden kann, steht diese am Anfang der Arbeit und wird über die Auswertung der Klimajahrbücher von 1971-1981 (INAMHI 1971-1981) vorgenommen. Die Klimaanalyse soll die Klimavariabilität in der COSTA verdeutlichen und insbesondere die Rahmenbedingungen für die Detailuntersuchungen an exemplarischen Standorten erfassen.

Da die Verdunstung im Wasserhaushalt den wichtigsten Outputfaktor darstellt und eine ungenaue Bestimmung ihrer Größe zu starken Fehlberechnugen in der Wasserbilanz führen kann, wird die Verdunstung neben der in Ecuador gebräuchlichen Formel nach THORNTHWAITE (1948) mit der modifizierten PENMAN-Gleichung (1988) bestimmt und verglichen. Gleichfalls findet ein Vergleich mit den gemessenen Werten des Evaporimeters nach Piche und deren Prüfung als Eingangsgröße in die Wasserhaushaltsbilanzierung statt.

Nach einer Bestimmung der Humidität/Aridität in der COSTA nach verschiedenen Ansätzen der Wasserbilanz soll anhand von bestandsklimatischen Messungen auf die Bedeutung des Bodenwasserhaushalts eingegangen werden. Dabei soll im Vergleich zur Bilanzierung des Bodenwasserhaushalts nach PFAU (1966) der Bodenfeuchtegang mit dem agrarmeteorologischen Bodenwassermodell AMWAS (BRADEN 1992) simuliert werden.

Zur Bereitstellung der Eingangsdaten und zur Überprüfung der Sensivität der beiden unterschiedlichen Verfahren zur Bodenwasserbilanzierung wurden von Ende August '91 bis Mitte Februar '92 in Abhängigkeit vom steilen Niederschlagsgradienten in drei Regionen der COSTA in jeweils zwei unterschiedlichen Beständen bestandsklimatische Messungen durchgeführt und Bodenproben entnommen.

Die in dieser Arbeit vorgelegte Sequenz von Untersuchungen in Abhängigkeit vom Humiditätscharakter des Standorts zu einer ersten Überprüfung der Eignung der angewandten Modelle ist nach Kenntnisstand die einzige Arbeit, die in diesem Rahmen in den Tropen bislang durchgeführt wurde.

2. Methodik

2.1 Auswertung der Klimajahrbücher

Die Daten der Klimajahrbücher 1971-1981 (INAMHI 1971-1981, Instituto Nacional de Meteorología e Hidrología) bilden die Grundlage der Karten der Klimavariabilität in der COSTA und aller weiteren Berechnungen (Verdunstung, Klimaklassifikationen etc.). Mittelwerte der Klimaelemente über längere Zeiträume stehen in Ecuador nicht zur Verfügung, so daß aus insgesamt ca. 200.000 einzelnen Klimadaten die notwendigen Mittelwerte berechnet wurden. Auf 30jährige Meßreihen kann nur sehr vereinzelt zurückgegriffen werden. Für die Erstellung der Karten und die Durchführung der Berechnungen mußte somit auf einen kürzeren Zeitraum zurückgegriffen werden, um eine genügende Stationsdichte zu erhalten (s. Karte 1).

Die verwendeten Stationen sowie die Anzahl und zeitliche Lage der registrierten Jahre innerhalb der benutzten Datenperiode 1971-1981 sind in Tab. 1 aufgeführt. Die in Tab. 1 aufgelisteten Stationen sind Klimameßstationen der 1., 2. und 3. Ordnung. Für Klimastationen der 1. Ordnung, zu denen Guayaquil-Aeropuerto, Pichilingue und Portoviejo zählen, sind in den Klimajahrbüchern tägliche Meßwerte wiedergegeben. Stationen der 2. und 3. Ordnung zeigen Monatsmittelwerte berechnet aus Tagesmittelwerten auf. Dabei sind Klimastationen der 2. Ordnung Stationen, die vom INAMHI betrieben werden, und Klimastationen der 3. Ordnung werden von anderen ecuadorianischen und nichtecuadorianischen Ministerien und Institutionen betreut.

Somit liegen von insgesamt 89 Stationen während der Datenperiode 1971-1981 Klimawerte vor. Davon weisen 39 Stationen über den gesamten Meßzeitraum Ablesungen auf. Die übrigen Stationen wurden während der Jahre 1971-1981 entweder auf- oder abgebaut. In die Anfertigung der Karten und in die Berechnungen gingen die Stationen ein, die für jeden Monat mindestens drei Meßwerte eines Klimaelements über die Datenperiode vorliegen haben (s.a. Tab. 1 und 2). Neben den Klimastationen der 1., 2. und 3. Ordnung wurden außerdem zur Verdichtung des Niederschlagsmeßnetzes 70 Niederschlagsstationen und deren Aufzeichnungen zwischen 1971 und 1981 ausgewertet (s. Tab. 2). Es wurden somit folgende Klimaelemente verarbeitet:

- Mittlerer Niederschlag der Monate
- Niederschlagsmaxima in 24 Std. der Monate
- Tage mit Niederschlägen ≥ 10 mm/Monat
- Relative Feuchte der Monate
- Mittlere Evaporation der Monate (Evaporimeter nach Piche)
- Mittlere Sonnenscheindauer der Monate
- Temperaturmonatsmittel
- Absolute Temperaturmaxima der Monate
- Absolute Temperaturminima der Monate

6

- Mittlere Windgeschwindigkeit der Monate um 07°° Uhr
- Mittlere Windgeschwindigkeit der Monate um 13°° Uhr
- Mittlere Windgeschwindigkeit der Monate um 19°° Uhr
- Häufigkeiten von N, NE, E, SE, S, SW, W und NW Winden
  sowie der Calmen pro Monat

Für die statistische Analyse der Datensätze wurden für jeden Monat und für jedes Klimaelement folgende Parameter bestimmt:

- Lageparameter: arithmetischer Mittelwert ($\bar{x}$)
- Streuungsparameter: Spannweite (R), Standardabweichung (s), Varianz (s^2) und Variationskoeffizient (v)
- Desweiteren: Summe (Σ), Minimum (Min.), Maximum (Max.) und die Anzahl der Daten pro Monat und Klimaelement

(BAHRENBERG et al. 1990 und SCHÖNWIESE 1992).

Tab. 1: Übersicht der Klimastationen in der COSTA

Stationen	Datenperiode	Jahre	Länge	Breite	Höhe üNN	Provinz
Borbón	1971-1981	11	78°59'W	01°07'N	20 m	Esmeraldas
Cayapas	1971-1981	11[1)]	78°59'W	00°51'N	65 m	Esmeraldas
Esmeraldas - Las Palmas	1975-1981	7	79°39'W	00°59'N	5 m	Esmeraldas
Esmeraldas - Tachina	1971-1981	11	79°37'W	00°58'N	6 m	Esmeraldas
Esmeraldas - La Propicia	1974-1980	7	79°40'W	00°55'N	23 m	Esmeraldas
La Chiquita*	1978-1979	2	78°45'W	01°15'N	15 m	Esmeraldas
Muisne	1971-1981	11	80°00'W	00°37'N	6 m	Esmeraldas
Mútile	1974-1981	8	79°39'W	00°50'N	25 m	Esmeraldas
Quinindé	1977-1981	5	79°27'W	00°18'N	95 m	Esmeraldas
San Lorenzo	1971-1981	11	78°51'W	01°17'N	5 m	Esmeraldas
Lita	1971-1981	11	78°26'W	00°50'N	571 m	Imbabura
La Concordia	1971-1981	11	79°22'W	00°01'S	300 m	Pichincha
Palmeras Unidas	1971-1976	6	79°19'W	00°14'S	460 m	Pichincha
Puerto Ila	1971-1981	11	79°21'W	00°29'S	260 m	Pichincha
Bahía de Caráquez	1971-1981	9[3)]	80°26'W	00°36'S	3 m	Manabi
Boyacá	1977-1981	5	80°11'W	00°34'S	300 m	Manabi
Calceta	1971-1981	11	80°09'W	00°50'S	10 m	Manabi
Camposano	1977-1981	5	80°24'W	01°35'S	120 m	Manabi
Charapotó	1978-1981	4	80°29'W	00°49'S	10 m	Manabi
Chone	1971-1981	11	80°05'W	00°41'S	20 m	Manabi
El Carmen	1977-1981	5	79°27'W	00°16'S	250 m	Manabi
Flavio Alfaro	1971-1981	11[2)]	79°54'W	00°24'S	150 m	Manabi
Jama	1971-1981	11[3)]	80°15'W	00°11'S	5 m	Manabi
Jesús María Chamotete	1971-1979	9	80°13'W	01°01'S	90 m	Manabi
Jipijapa*	1981	1	80°34'W	01°20'S	280 m	Manabi
Julcuy	1971-1981	11	80°37'W	01°28'S	230 m	Manabi
La Jagua*	1971-1973	3	80°29'W	00°56'S	68 m	Manabi
La Naranja - Jipijapa	1971-1981	11[2)]	80°28'W	01°16'S	528 m	Manabi
Las Anonas de Paján	1971-1976	6	80°28'W	01°34'S	150 m	Manabi
Manta - Aeropuerto	1971-1981	11	80°42'W	00°57'S	6 m	Manabi
Manta	1977-1981	5	80°43'W	00°57'S	3 m	Manabi
Olmedo	1978-1981	4	80°12'W	01°23'S	60 m	Manabi
Paján	1981	1	80°26'W	01°33'S	130 m	Manabi
Pedernales	1977-1981	5	80°03'W	00°03'N	68 m	Manabi
Pedro Pablo Gómez*	1981	1	80°33'W	01°37'S	380 m	Manabi

Fortsetzung S. 8

Fortsetzung Tab. 1

Pichincha*	1971	1	79°48'W	01°01'S	200 m	Manabi
Portoviejo	1971-1981	11	80°27'W	01°03'S	44 m	Manabi
Puerto López	1977-1981	5	80°48'W	01°34'S	2 m	Manabi
Rocafuerte	1971-1981	11	80°27'W	00°55'S	10 m	Manabi
San Plácido	1971-1977	7	80°15'W	01°03'S	80 m	Manabi
Santa Ana - Aeropuerto*	1978-1979	2	80°23'W	01°12'S	50 m	Manabi
Santa Ana	197-1981	11	80°23'W	01°12'S	50 m	Manabi
Tosagua*	1971	1	80°12'W	00°47'S	15 m	Manabi
San Juan - La Maná	1971-1981	11	79°15'W	00°54'S	223 m	Cotopaxi
Ancón	1971-1981	11[1]	80°50'W	02°19'S	6 m	Guayas
Balzar	1976-1981	6	79°53'W	01°22'S	30 m	Guayas
Boliche*	1979-1981	3[1]	79°38'W	02°14'S	17 m	Guayas
Bucay	1971-1981	11	79°08'W	02°11'S	317 m	Guayas
Chongón*	1981	1	80°05'W	02°14'S	17 m	Guayas
Coffea Robusta	1971-1978	8	79°42'W	01°08'S	40 m	Guayas
Daule	1971-1977	7	79°58'W	01°51'S	20 m	Guayas
Gómez Rendón - El Progreso*	1981	1	80°22'W	02°24'S	6 m	Guayas
Guayaquil	1977-1981	5	79°54'W	02°11'S	4 m	Guayas
Guayaquil - Aeropuerto	1971-1981	11	79°55'W	02°09'S	6 m	Guayas
Isidro Ayora	1971-1978	8	80°09'W	01°53'S	20 m	Guayas
La Toma	1977-1981	5	79°59'W	02°08'S	28 m	Guayas
Milagro	1971-1981	11	79°35'W	02°06'S	13 m	Guayas
Naranjal	1971-1981	11	79°35'W	02°39'S	30 m	Guayas
Playas	1971-1981	11[1]	80°24'W	02°37'S	6 m	Guayas
Puná	1978-1981	4	79°54'W	02°45'S	45 m	Guayas
Salinas	1971-1981	11	80°59'W	02°12'S	6 m	Guayas
Salinas - INOCAR*[a]	1980	1	80°59'W	02°12'S	6 m	Guayas
San Antonio - Beneficio Cacao*	1971-1974	4	79°23'W	02°12'S	54 m	Guayas
San Carlos	1971-1981	11	79°27'W	02°31'S	35 m	Guayas
Taura	1971-1981	11	79°44'W	02°19'S	17 m	Guayas
Tenguel	1971-1976	6	79°47'W	02°59'S	15 m	Guayas
Vainillo*	1971-1972	2	79°46'W	02°20'S	20 m	Guayas
Balzapamba	1975-1981	7	79°10'W	01°46'S	750 m	Bolivar
Caluma	1971-1981	11	79°17'W	01°37'S	250 m	Bolivar
Babahoyo*	1980-1981	2	79°32'W	01°48'S	7 m	Los Ríos
Isabel María	1971-1981	11	79°33'W	01°49'S	7 m	Los Ríos
La Clementina*	1971	1	79°21'W	01°40'S	20 m	Los Ríos
Pichilingue	1971-1981	11	79°27'W	01°06'S	73 m	Los Ríos
Pueblo Viejo*	1980-1981	2	79°31'W	01°32'S	32 m	Los Ríos
Bocatoma - Culebras	1973-1981	9	79°22'W	02°21'S	27 m	Cañar
Manuel J. Calle	1971-1981	11	79°22'W	02°19'S	44 m	Cañar
Pancho Negro	1971-1981	11	79°28'W	02°30'S	72 m	Cañar
Arenillas	1971-1981	11	80°03'W	03°32'S	15 m	El Oro
Carcabón*	1978-1980	3	80°12'W	03°38'S	10 m	El Oro
Machala - Aeropuerto	1971-1981	11	79°58'W	03°15'S	6 m	El Oro
Machala*	1978-1981	4	79°57'W	03°17'S	6 m	El Oro
Marcabelí	1971-1981	11[4]	79°54'W	03°44'S	680 m	El Oro
Pagua*	1973-1979	7	79°43'W	03°04'S	150 m	El Oro
Pasaje	1971-1981	11	79°49'W	03°20'S	15 m	El Oro
Puente Puyango*	1981	1	80°05'W	03°53'S	122 m	El Oro
Puerto Bolivar	1975-1981	7	80°00'W	03°16'S	6 m	El Oro
Santa Rosa de el Oro*	1978-1981	4	79°59'W	03°27'S	10 m	El Oro
Zaruma	1972-1981	10	79°36'W	03°41'S	1.150 m	El Oro
Macará	1971-1981	11	79°57'W	04°23'S	430 m	Loja

* Stationen, die aufgrund der ungenügenden Datenlage keinen Eingang in Berechnungen etc. erlangten
[1], [2], [3], [4] 1, 2, 3 oder 4 Jahre fehlen innerhalb der Datenperiode; [a] Instituto Oceanográfo de la Armada
Pichilingue - Klimastation 1. Ordnung; Klimastationen 2.+3. Ordnung nicht differenziert

8

Tab. 2: Übersicht der Niederschlagsstationen in der COSTA

Station	Datenperiode	Jahre	Länge	Breite	Höhe üNN	Provinz
Carondelet	1971-1981	11	78°46'W	01°07'N	8 m	Esmeraldas
Malimpia*	1972-1974	3	79°24'W	00°23'N	30 m	Esmeraldas
San Mateo	1971-1981	11	79°39'W	00°53'N	20 m	Esmeraldas
San Pedro	1971-1981	11	78°53'W	01°23'N	5 m	Esmeraldas
San Javier*	1971-1972	2	78°47'W	01°04'N	5 m	Esmeraldas
Tabiazo*	1971	1	79°43'W	00°49'N	100 m	Esmeraldas
Viche	1972-1978	7	79°32'W	00°38'N	30 m	Esmeraldas
Río Mache	1972-1977	6	79°27'W	00°05'N	310 m	Pichincha
Camarón	1971-1981	11	80°47'W	01°08'S	136 m	Manabi
Cascol	1971-1978	8	80°37'W	01°40'S	160 m	Manabi
Chorrillos	1971-1981	11	80°33'W	01°02'S	-	Manabi
Cojimies	1971-1979	9	79°59'W	00°17'N	6 m	Manabi
Colimes de Pajan	1971-1981	11	80°30'W	01°35'S	180 m	Manabi
El Anegado	1971-1981	11	80°32'W	01°28'S	240 m	Manabi
El Botadero*	1971-1973	3	80°21'W	00°30'S	-	Manabi
Guale*	1971-1974	4	80°13'W	01°37'S	-	Manabi
Jaboncillo	1971-1981	11	80°21'W	01°16'S	300 m	Manabi
Jama A.J. Mariano	1971-1981	11	80°15'W	00°15'S	20 m	Manabi
Joa	1971-1981	11	80°38'W	01°22'S	200 m	Manabi
Junin	1974-1981	8	80°12'W	00°55'S	-	Manabi
Las Delicias	1971-1981	11[4)]	80°03'W	01°02'S	400 m	Manabi
Las Lagunas	1971-1981	11	80°38'W	01°09'S	-	Manabi
Los Cerros Montecristi	1971-1981	11	80°42'W	01°00'S	-	Manabi
Mancha Grande	1972-1981	10[1)]	80°13'W	01°04'S	100 m	Manabi
Puerto Cayo	1971-1981	11	80°44'W	01°21'S	4 m	Manabi
Recinto Chito*	1971-1974	4	80°20'W	00°29'S	-	Manabi
Río Chico - Alanjuela	1971-1981	11	80°17'W	01°03'S	40 m	Manabi
Río Chico - Pechiche	1971-1981	11	80°25'W	01°00'S	-	Manabi
Roncón*	1971-1974	4	80°10'W	01°00'S	-	Manabi
Sancán	1971-1981	11	80°35'W	01°14'S	245 m	Manabi
San Isidro	1971-1981	11	80°10'W	00°23'23	-	Manabi
San Pablo	1971-1981	11	80°35'W	01°34'S	440 m	Manabi
Visquije*	1971-1974	4	80°22'W	01°02'S	70 m	Manabi
Zapote	1971-1981	11	80°04'W	00°54'S	-	Manabi
Bulubulo A.J. Payo	1971-1977	7	79°24'W	02°19'S	30 m	Guayas
Cañar - Puerto Inca	1971-1981	11	78°33'W	02°34'S	35 m	Guayas
Cerecita	1971-1977	7	80°17'W	02°22'S	-	Guayas
Colimes de Balzar	1971-1981	11	80°01'W	01°33'S	15 m	Guayas
Colonche*	1976	1	80°40'W	02°01'S	-	Guayas
Daule en la Capilla	1971-1981	11	79°59'W	01°43'S	20 m	Guayas
Estero Verde*	1971-1974	4[1)]	79°25'W	02°18'S	48 m	Guayas
Febres Codero	1971-1981	11	80°37'W	01°56'S	-	Guayas
Guayaquil - Cruz Roja	1976-1981	6	79°55'W	02°10'S	6 m	Guayas
Guayaquil - Municipalidad	1976-1981	6	79°55'W	02°10'S	6 m	Guayas
Macul en Puente Carretero*	1971-1974	4[1)]	79°38'W	01°04'S	30 m	Guayas
Puente Soledad	1976-1981	6	79°42'W	02°49'S	2.400 m	Guayas
Simón Bolívar	1971-1981	11[2)]	80°19'W	02°13'S	-	Guayas
Villao	1971-1976	6	80°20'W	01°51'S	-	Guayas
Zapotal	1971-1981	11	80°32'W	02°19'S	100 m	Guayas
Baba	1976-1981	6	79°40'W	01°47'S	-	Los Ríos
Calabi	1971-1981	11	79°24'W	01°17'S	-	Los Ríos
Mocache	1976-1981	6	79°29'W	01°11'S	-	Los Ríos
Montalvo	1976-1981	6	79°17'W	01°47'S	-	Los Ríos
Ventanas	1971-1981	11	79°27'W	01°26'S	20 m	Los Ríos
Vinces	1971-1981	11	79°45'W	01°32'S	41 m	Los Ríos
Ayapamba*	1975-1976	2	79°41'W	03°36'S	-	El Oro
Bonito A.J. Pagua*	1971-1972	2	79°43'W	03°10'S	-	El Oro
Caluguro*	1973-1976	4	79°55'W	03°29'S	10 m	El Oro

Fortsetzung S. 10

Fortsetzung Tab. 2

Carcabón	1971-1980	10	80°12'W	03°38'S	10 m	El Oro
Chacras	1973-1981	9	80°13'W	03°33'S	2 m	El Oro
Hualtaco	1971-1978	8	80°14'W	03°27'S	1.350 m	El Oro
Huertas	1971-1980	10[2]	79°38'W	03°36'S	-	El Oro
Las Chilcas	1973-1978	6	79°55'W	03°36'S	15 m	El Oro
Moromoro	1971-1976	6[1]	79°45'W	03°42'S	520 m	El Oro
Pindo A.J Amarillo	1971-1981	11	79°41'W	03°49'S	920 m	El Oro
Portovelo	1971-1981	11	79°39'W	03°44'S	-	El Oro
Río Negro	1973-1980	8	79°51'W	03°24'S	350 m	El Oro
Saracay	1971-1978	8	79°55'W	03°38'S	-	El Oro
Universidad Tec. de Machala	1973-1981	9[1]	79°57'W	03°16'S	-	El Oro
Uzhcurrumi	1975-1981	7	79°36'W	03°21'S		El Oro

* Stationen, die aufgrund der ungenügenden Datenlage keinen Eingang in Berechnungen etc. erlangten
[1], [2] 1, 2 oder 4 Jahre fehlen innerhalb der Datenperiode

2.1.1 Ablesezeiten und Exposition der Instrumentierung an den amtlichen meteorologischen Klimastationen

Wichtig für eine korrekte Interpretation der Klimadaten der amtlichen meteorologischen Klimastationen in Ecuador sind Ablesezeiten und Exposition der Instrumentierung:

- Niederschlag: Tägliche Ablesungen um 07°° Uhr an den Stationen, die mit einem Niederschlagsmesser ausgestattet sind. An Stationen, die mit einem Niederschlagsschreiber ausgerüstet sind, wird die Niederschlagssumme über 24 Std. aus dem gemessenen Niederschlag zwischen 00°° und 24°° Uhr bestimmt. Die Niederschlagsmessungen erfolgen in 1,2 m über dem Erdboden und werden in mm angegeben.

- Temperatur und relative Feuchte: Die Bestimmung der Tagesmittelwerte der Temperatur und der relativen Feuchte erfolgen in einigen Fällen aus dem 24-Stundenmittel und in anderen aus der Summe der Ablesungen um 07°°, 13°° und 19°° Uhr, dividiert durch drei. Die Messungen zur Temperatur und relativen Feuchte erfolgen mittels eines Thermohygrographen, der in 2,0 m Höhe in einer Klimahütte aufgestellt ist. Über Min-Max-Thermometer in der Klimahütte werden die absoluten Minimum- und Maximumtemperaturen bestimmt. Die Temperatur wird in °C und die relative Feuchte in % angegeben.

- Verdunstung: Die Bestimmung der Höhe der Verdunstung erfolgt mit dem Evaporimeter nach Piche. Das Ablesen des Evaporimeters erfolgt um 07°° Uhr des vorhergehenden Tages und um 07°° Uhr des nächsten Tages. Die Messungen werden in 2,0 m Höhe unter einem Strahlungsschutz durchgeführt. Die Einheit der Verdunstungsbestimmung ist mm.

- Sonnenscheindauer: Die Messungen zur Sonnenscheindauer erfolgen in 1,2 m Höhe über dem Erdboden. Es werden sowohl Werte in % der möglichen Sonnenscheindauer als auch die absolute Sonnenscheindauer in Stunden aufgeführt.

- Windgeschwindigkeit und -richtung: In 6,0 m Höhe über dem Erdboden werden die Messungen zur Windgeschwindigkeit und -richtung durchgeführt. Die Ablesungen erfolgen um 07°°, 13°° und 19°° Uhr. Die Angabe der Windgeschwindigkeit erfolgt in m/s.

Daten zur prozentualen Auftrittshäufigkeit liegen für die acht Hauptwindrichtungen N, NE, E, SE, S, SW, W, NW und für Calmen vor.

2.1.2 Homogenität und Vollständigkeit der Datenreihen

An einigen Stationen fiel während der Verarbeitung der Klimadaten die sprunghafte Änderung eines oder sogar mehrerer Klimaelemente innerhalb der Datenreihen auf. Signifikante Unterschiede zum langjährigen Mittelwert aus homogenen Daten waren dabei häufig extrem deutlich. Inhomogene Datenreihen waren dabei umso schwieriger festzustellen, je kürzer die Datenperiode war. Um einer eventuellen Fehlinterpretation der Daten vorzubeugen, wurden die inhomogenen Daten innerhalb einer Datenperiode gelöscht. Eine Reduktion der Daten mit Hilfe linearer oder nicht linearer Regressionsbeziehungen konnte nicht durchgeführt werden, da die Ursache für die Inhomogenität in den Datensätzen nicht bekannt war. Typische Ursachen für derartige Inhomogenitäten sind nach SCHÖNWIESE (1992):

• Wechsel der verwendeten Meßgeräte,
• Auftreten oder Ausschaltung von systematischen Meßfehlern ab einem bestimmten Zeitpunkt,
• Änderung der Umgebungsbedingungen, z.B. durch Bebauung,
• Änderung der Beobachtungsprozedur (z. B. Zeitpunkt der Ablesungen, Berücksichtigung möglicher Fehlerquellen) sowie
• örtliche Verlegung der Meßstation.

Ein weiteres Problem, das bei der statistischen Auswertung der Klimadatensätze auftrat, war die häufige Unvollständigkeit der Datensätze. TRAPASSO (1986) gibt für diese Lückenhaftigkeit folgende Hauptgründe an:

• Schließung der Klimastationen an Universitäten und Technischen Schulen während der Ferien,
• Abbruch der Messungen bei Meßgeräteausfall; kein schneller Ersatz durch ein neues Gerät oder keine unverzügliche Reparatur,
• Krankheit der betreuenden Person,
• Urlaub der betreuenden Person,
• Nationale Arbeitsstreiks.

„Discontinuous data and long periods of missing values plague Ecuadorian weather data records." (TRAPASSO 1986, S. 90)

2.2 Instrumentelle Ausstattung der bestandklimatischen Messungen

Im Zeitraum vom 01.10.'91 bis zum 20.12.'91 wurden in Abhängigkeit vom Humiditätscharakter an drei Standorten in der COSTA (Virginia, Boliche und Pichilingue) in jeweils zwei typischen Beständen Dataloggerstationen errichtet (s. Kap. 7.3, 7.4 und 7.5). Die Erfassung der bestandsklimatischen Unterschiede an einem Standort erfolgte in besonderem Hinblick auf die bestandsspezifischen Verdunstungsraten und deren Einfluß auf den Bodenwasserhaushalt. Die Registrierung der Daten geschah, mit Ausnahme des Niederschlags, als Stundenmittel, berechnet aus 10 minütigen Meßintervallen. Der Niederschlag wurde als stündlicher Summenwert aufgenommen.

Foto 1: Darstellung einer exemplarischen Dataloggerstation

Instrumentelle Ausstattung und Meßanordnung einer Dataloggerstation (s.a. Foto 1):
- DELTA-T-Logger, 16 k Meßwert-Speicher für 80.000 Meßwerte.
- Kombinierter Luftfeuchtigkeits- und Temperaturfühler (SKH 2011) in 0,5 m und 2,0 m Höhe mit Wetterschutzgehäuse. Meßbereich der Luftfeuchte von 0-100 % bei einem Fehler von ± 2,5 %. Einsatzbereich des Temperaturfühlers von -30 bis +70 °C bei einer Genauigkeit von ± 0,2 °C zwischen 0 und 60 °C, Meßprinzip Fenwall-Thermistor (Heißleiter).
- Schalenstern-Anemometer (A100R) in 2,0 m Höhe. Anlaufwert 0,25 m/s bei einer Belastbarkeit von 75 m/s. Die Genauigkeit der Messungen liegt bei 1 % (± 0,1 m/s).
- Strahlungsbilanzgeber (Pyrradiometer 8110) in 1,8 m Höhe. Spektralbereich 0,3 bis 60 µm, Meßbereich 0 - 1300 W/m².

- Niederschlagssammler (ARG-100), Meßprinzip Kippwaage bei einer Auflösung von 12 ml/Kipp = 0,2 mm, Sammleroberfläche 500 cm² in 0,5 m Höhe über Grund (10 % Fehlerabzug aufgrund der Aufstellhöhe). Eine Zusammenstellung der Fehler bei Niederschlagsmessungen ist in MOSIMANN (1980) gegeben.
- UMS-Druckaufnehmertensiometer in 20, 40, 60 und 90 cm Bodentiefe. Meßbereich 0-850 hPa (wird um die jeweilige Schaftlänge reduziert), Toleranz ± 0,5 %.
- UMS-Bodentemperaturfühler in 20, 40, 60 und 90 cm Bodentiefe. Meßprinzip Fenwall-Thermistor (Heißleiter), Meßbereich -40 bis 60 °C, Toleranz bei 20 °C = 0,1 °C; über den gesamten Meßbereich 0,2 °C.

Die von den Dataloggern aufgezeichneten Klimawerte wurden mit Hilfe eines Laptops aus dem Meßwertspeicher des Dataloggers auf Disketten übertragen. Für die statistische Analyse und zur Bestimmung der Bestandsverdunstung wurden die Daten im Geographischen Institut der Universität Göttingen in das Datenbanksystem Lotus 1-2-3 importiert. Neuere Arbeiten zeigen, daß der Datentransfer in das Datenbanksystem EXCEL einfacher zu handhaben ist.

Eine Kontrolle der Daten zur Lufttemperatur und -feuchte sowie zur Windgeschwindigkeit erfolgte im Gelände während der einzelnen Meßphasen durch Vergleichsmessungen mit dem tragbaren Handmeßgerät testo 452 der Firma testo term. Zu Beginn jeder Meßperiode wurden gleichfalls die Sensoren zur Bodentemperaturmessung unter Luftbedingungen auf ihre Funktionsfähigkeit und Meßgenauigkeit mit dem Handmeßgerät testo 452 überprüft. Desweiteren wurden vor jeder Meßphase die Niederschlagssammler, die Tensiometer und die Strahlungsbilanzgeber getestet.

Grundsätzlich bestanden keine technischen Probleme beim Einsatz der Dataloggerstationen im Bereich der ausgewählten Standorte in den Tieflandtropen unter unterschiedlichen Humiditäts-/Ariditätsbedingungen. Allerdings mußte während der Messungen an den drei Standorten, die in dieser Arbeit einfließen, und während einer Sondermessung die Erfahrung gemacht werden, daß tierische Einflüsse die Messungen stören können.

So zeigte der kombinierte Luftfeuchtigkeits- und Temperaturfühler in 0,5 m Höhe in der Kakao-Plantage an der Station Pichilingue zum Ende der Meßphase (21.12.'91) unrealistische Werte auf. Hervorgerufen wurden die falschen Meßwerte durch Spinnwebfäden, die die beiden Meßsensoren miteinander in Kontakt gebracht hatten. Die Auswertung der Daten erfolgte somit nur bis zum 20.12.'91. Ferner zeigte sich bei einer Sondermessung für das INIAP (Instituto Nacional de Investigaciónes Agropecuarias) auf der Forschungsstation Napo-Payamino im ORIENTE Ecuadors, daß die Kabel der Meßsensoren ein beliebtes Ziel für die nagende Tätigkeit vom *Caluromys derbianus*, einem kleinen Beuteltier, sind. Hier wurden die Kabel zwar an einigen Stellen bis auf die Leitungsdrähte angenagt, jedoch kam es zu keinen fehlerhaften Messungen.

2.3 Bodenkundliche Untersuchungen

Zur Ansprache der Bodenprofile und zur Entnahme von Bodenproben wurde in jedem Bestand eine 1,0 m tiefe Schürfgrube angelegt. Damit wird der effektive Wurzelraum der meisten Bodenarten (AG-BODENKUNDE 1982) und Kulturpflanzen (LANDON 1984) erfaßt. Die in den Profilgruben aufgeschlossenen Bodenprofile wurden gemäß der Kartieranleitung der AG-BODENKUNDE (1982) aufgenommen. Die Probenentnahme für die Laboruntersuchungen, vor allem aber für die Korngrößenanalyse, erfolgte pro dm. Zur Wassergehaltsbestimmung im Gelände wurde ein CM-Gerät benutzt. Nach MÜLLER et al. (1970) werden insbesondere im mittleren Feuchtebereich befriedigende Werte erreicht. Bei tonigen Böden (z.B. Tl) kann eine Unterschätzung der Feuchtegehalte von bis zu 10 % erfolgen. Die Bestimmung der Lagerungsdichte (Ld) erfolgte mit Hilfe der Stechzylindermethode (HARTGE & HORN 1989).

Anhand der im Gelände genommenen Bodenproben wurden die folgenden Labormethoden zur Bestimmung der bodenphysikalischen und -chemischen Eigenschaften angewandt:

- Korngrößenverteilung: Die Analyse erfolgte nach Vorbehandlung (Humuszerstörung mit H_2O_2, Dispergierung mit $Na_4P_2O_7$) mit dem kombinierten Sieb- und Sedimentationsverfahren. Die Fraktionen 2,0 - 0,063 mm wurden durch Trockensiebung bestimmt. Für die Fraktionen < 0,063 mm wurde die Pipettanalyse nach KÖHN durchgeführt (DIN 19683, Bl. 2).
- Humusgehalt (org. C): Bestimmung von org. C durch "CN-Analysator (Typ CarloErba ANA 1400)". Umrechnung von org. C in Humusgehalt durch Multiplikation mit dem Faktor 2,0.
- Stickstoffgehalt: Wie org. C durch "CN-Analysator (Typ CarloErba ANA 1400)".
- Carbonatgehalt: Gasvolumetrisch ermittelt gemäß der Bestimmungsmethode nach SCHEIBLER (SCHLICHTING & BLUME 1966).
- pH: Potentiometrisch mit Glaselektrode in 1:2,5 Suspension mit 0,01 m $CaCl_2$ und 0,1 n KCL (KRETZSCHMAR 1991).
- Phosphat: Nach modifizierter OLSEN-Methode; Extraktionslösung: 0,5 m Natriumhydrogencarbonatlösung; Messung: mit dem Spektralphotometer bei 882 mm.
- Aluminium und Silizium: Nach FOSTER; Extraktion mit 0,5 n NaOH und Messung über AAS.
- Eisen und Mangan dithionitlöslich: Extraktion mit Dithionit-Citrat nach JACKSON; Messung über AAS.
- Eisen oxalatlöslich: Extraktion mit 0,2 m NH_4 Oxalat und 0,2 m-Oxalsäure; Messung über AAS.
- Effektive Austauschkapazität (Ak_{eff}) und austauschbare Kationen: Im Perkolationsverfahren mit ungepufferter $BaCl_2$-Lösung; Rücktausch mit $MgCl_2$-Lösung; Bestimmung von

Na, K, Ca und Mg über Ionenchromatograph; Summe von Al und H über Titration; H über pH Messung (SCHLICHTING & BLUME 1966 und KLATT o. J.).

Sämtliche Analysen, bis auf die C/N-Bestimmungen, wurden im geoökologischen Labor des Geographischen Instituts der Universität Göttingen durchgeführt. Die C/N-Analysen wurden freundlicherweise im Labor des Instituts für Bodenkunde vorgenommen.

Die methodischen Ansätze zur Verdunstungsbestimmung und zur Bilanzierung des Bodenwasserhaushalts werden in den Kap. 4.5.2 - 4.5.5 und 7.2.1 - 7.2.2 näher beschrieben.

3. Einführung in die Untersuchungsgebiete

Der Andenstaat Ecuador ist mit einer Gesamtfläche von 281.106 km² (einschließlich Galapagos-Inseln) der viertkleinste Staat Südamerikas. Aufgrund des unklaren Grenzverlaufs im Süd-Osten Ecuadors schwankt die Flächenangabe jedoch bis 283.561 km². Die letzte Volkszählung fand am 25.11.1990 statt und ergab eine Bevölkerung von 9,6 Mio. Einwohner. Die Nordgrenze Ecuadors zu Kolumbien verläuft bei 1°25'N und die Südgrenze zu Peru bei 5°00'S. Die West-Ost Ausdehnung des Staates erstreckt sich von der Pazifikküste bei 81°00'W bis zur Grenze des „Vertrages von Río de Janeiro (1942)" bei 75°10'W (s. Karte 2). Umstritten ist ein ca. 175.000 km² großes Territorium im Oriente, das durch das Protokoll von Río de Janeiro (1942) Peru zugesprochen wurde. 1961 kündigte Ecuador den Vertrag einseitig und beansprucht seitdem wieder das Gebiet. Die Hauptstadt Ecuadors ist Quito.

Das ecuadorianische Festland wird in drei Naturräume gegliedert:
a) Der **ORIENTE** (s. Karte 2) umfaßte vor dem verlorenen Krieg mit Peru (1941) 261.525 km². Durch den „Vertrag von Río de Janeiro (1942)" mußte Ecuador jedoch ein Gebiet von 174.565 km² an Peru abtreten. Dadurch verringerte sich das Territorium des ORIENTE auf 86.960 km².
Eine erste geplante Kolonisation im ORIENTE wurde nach dem verlorenen Krieg mit Peru vorgenommen und diente der Grenzsicherung. Die Erschließung der Erdölfelder um Lago Agrio und Shushufindi durch die 1972 fertiggestellte „Via Interamazonica" war Auslöser einer nicht staatlich gelenkten, spontanen Kolonisation. Seit der Agrarreform aus dem Jahre 1973 existiert ein staatliches Programm zur Kolonisation und Legalisierung des Landbesitzes. Im Zuge dieser Agrarreform wurde zunächst die spontane Landnahme rechtlich bestätigt, jedoch nur in geringem Umfang durchgeführt. Neben Anbauversuchen mit Palma Africana durch PALMERAS del Ecuador SA und Palmoriente SA auf jeweils 10.000 ha und dem deutsch-ecuadorianischen Viehzuchtprojekt östlich von Lago Agrio mit 60.000 ha (CEPLAES o.J. und HIRAOKA & YAMAMOTO 1980) wird im ORIENTE hauptsächlich Subsistenzwirtschaft betrieben (Yuca, Bananen, Mais und Reis). In geringem Umfang werden Kaffee und Kakao als Cash Crops angebaut.

b) Innerhalb der dreidimensionalen hygrothermischen Gliederung der tropischen Anden vereint die **SIERRA** (Andenkordillere) die Höhenstufen der Tierra Templada, Tierra Fria, Tierra Helada und Tierra Nevada in sich (s. Karte 2). Mit 6.310 m stellt der Chimborazo die höchste Erhebung der Sierra dar. In Ecuador ist die dritte Andenkordillere nur gering ausgeprägt (Cordillera del Condor und Vieja Cordillera de Cutucu). Zwischen den beiden parallellaufenden Hauptketten liegt das dicht besiedelte Andenlängstal (callejón andino). Das Längstal ist durch Querriegel (nudos) in acht einzelne Becken (hoyas) untergliedert (SAUER 1971). Durch die Querriegel wird eine Entwässerung in

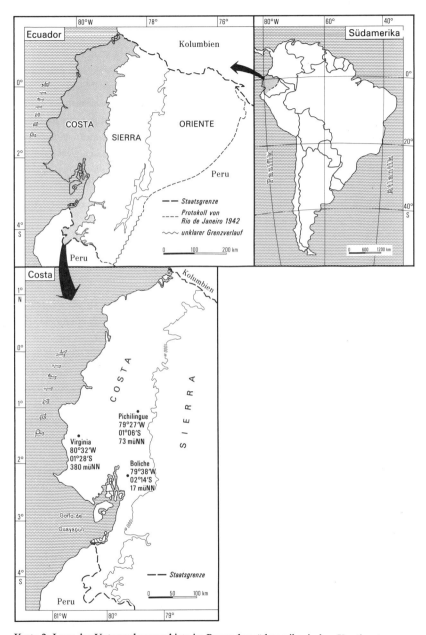

Karte 2: Lage der Untersuchungsgebiete im Raum des südamerikanischen Kontinents

nördlicher oder südlicher Richtung verhindert. Infolgedessen haben die Hauptflüsse den jeweiligen orographischen Verhältnissen entsprechend in der West- und Ostkordillere Durchbruchstäler geschaffen. Die Wasserscheide verläuft daher sehr unregelmäßig. Die 1973 verabschiedete Agrarreform brachte keine nennenswerten Produktionsverbesserungen im Bereich der SIERRA mit sich. Die Besitzverhältnisse sind durch Latifundien und dem klassischen Huasipungo-Pachtsystem (kleine Parzellen mit schlechten Böden gegen 5 Tage Arbeitsleistung für den Grundbesitzer) gekennzeichnet. So werden in der SIERRA ausschließlich der Selbstversorgung dienende Kulturen angebaut (Mais, Weizen, Kartoffeln, Hülsenfrüchte, Reis, Gemüse und Obst). Im Rahmen von Kolonisationsprojekten wurden Serranos (Andenbewohner) in den ORIENTE und nicht zuletzt in die COSTA umgesiedelt.

c) Den dritten Naturraum bildet die **COSTA**, die das Untersuchungsgebiet dieser Arbeit darstellt und im folgenden näher beschrieben werden soll.

3.1 Die COSTA

Das ecuadorianische Küstenland nimmt mit 70.535 km² etwas mehr als ein Viertel der Staatsfläche ein. Westlich der Anden charakterisiert die COSTA den größten Litoralbereich im Raum des südamerikanischen Subkontinents (s. Karte 2). Gleichzeitig ist mit dem Río Guayas das größte Flußsystem im westlichen Andenvorland ausgebildet. Im Süden der COSTA schließt sich die peruanische Küstenwüste an und im Norden mit den pazifischen Küstenregenwäldern Kolumbiens die niederschlagreichste Region Südamerikas. So vollzieht sich in der COSTA auf engstem Raum der klima-/vegetationszonale Wandel von der Wüste/Halbwüste über die Dornbuschsavanne zur Trocken- und Feuchtsavanne bis hin zum Tropischen Regenwald (s. Kap. 3.6). Bedingt ist der rasche Wandel der Vegetationsformationen durch einen extrem steilen Niederschlagsgradienten (s. Karte 11). Im Gegensatz zum ORIENTE und zur SIERRA dominiert in der COSTA der Anbau von Exportprodukten (Bananen, Kaffee, Kakao und Zuckerrohr). Zur Selbstversorgung werden vor allem Reis und Bohnen angebaut (STATISTISCHES BUNDESAMT 1991).

3.2 Die räumliche Einordnung der Detailuntersuchungsgebiete

Insbesondere in Abhängigkeit von der jährlichen Niederschlagshöhe und Anzahl der humiden Monate wurden die Detailuntersuchungsgebiete ausgewählt (s. Karte 2). So liegt der Jahresniederschlag in Virginia bei ~800 mm, an der Station Boliche bei 1.500 mm und an der Station Pichilingue bei 2.000 mm. Die Bestimmung der klimatischen Wasserbilanz (s. Kap. 5 und Karte 15) ergibt für Virginia 3-4, für Boliche 4 und für Pichilingue 6 humide

Monate. Während Virginia in der Küstenkordillere liegt, sind die Stationen Boliche und Pichilingue in den zentralen Schwemmlandebenen der COSTA zwischen Küsten- und Andenkordillere gelegen. Die Beschreibung der ausgewählten Standorte für die Dataloggerstationen erfolgt in den Kap. 7.3, 7.4 und 7.5 und ist den Auswertungen der jeweiligen bestandsklimatischen Meßergebnisse vorangestellt.

3.3 Kolonisation und Bodennutzungssysteme in der COSTA

Obwohl in der COSTA bei Valdivia die ältesten Keramikfunde Ecuadors gemacht wurden (~3.500 v.Chr.), trat im Laufe der Zeit eine Bevölkerungskonzentration in den warm-gemäßigten Innerandinen Becken auf. In der COSTA konzentrierte sich die Bevölkerung im Südwesten der semiariden/ariden Küstenprovinz Manabi, auf der Santa Elena Halbinsel (Salinas) und nach der spanischen Gründung der Stadt Guayaquil im Jahre 1537 im Raum Guayaquil. Der Bereich des Regenwaldes (s. Karte 3) blieb wegen seiner Unzugänglichkeit und Krankheitsherde bis auf einige Indianerstämme (z.B. Colorado & Cayapas Indianer) unbesiedelt. Besiedlungsversuche während der spanischen Kolonialzeit erlangten keine Bedeutung.

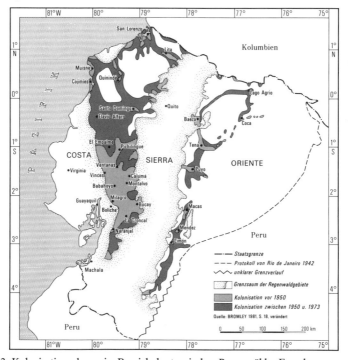

Karte 3: Kolonisationsphasen im Bereich der tropischen Regenwälder Ecuadors

Eingeleitet wurde die erste Rodungs- und Kolonisationswelle im Bereich des tropischen Regenwaldes durch den Kakao-Boom. Eine steigende Nachfrage und der Verfall vieler mittelamerikanischer Kakaoplantagen infolge Krankheitsbefall der Pflanzen führte zur Vergrößerung und Neuentstehung von Großplantagen in der COSTA. Eine Ausweitung der Plantagen erfolgte in Richtung Babahoyo und Vinces (s. Karte 3). Dabei waren insbesondere die hohen Uferdämme der Flüsse bevorzugte Standorte für den Kakao. Die vor allem zur Ernte benötigten Arbeitskräfte kamen überwiegend aus der Sierra. Nach Beendigung der Arbeit kehrten sie entweder in die Sierra zurück oder rodeten selbst ein Stück Land.

Mit 28,34 % war Ecuador 1894 trotz ungünstiger geographischer Lage der weltgrößte Kakaoproduzent. Aber schon 1914 wurde Ecuador von seiner Spitzenposition verdrängt. Obwohl im gleichen Jahr der Panama-Kanal fertiggestellt wurde und damit eine bessere Anbindung an den nordamerikanischen und -europäischen Markt gegeben war, konnte die Kakao-Krise nicht aufgehalten werden. Krankheitsbefall der Kakaoplantagen durch die sogenannte Hexenbesenkrankheit und Veränderungen in der Weltmarktsituation (geringe Nachfrage und Anbau von Kakao in den Kolonien der nordeuropäischen Länder) führten in den 20er Jahren zum Ende des ecuadorianischen Kakao-Booms (BROMLEY 1981 und CHIRIBOGA & PICCINO 1982).

Mit dem Ende des Kakao-Booms wurden die riesigen Haciendas aufgeteilt und verkauft oder sie verfielen. War während des Kakao-Booms die Kolonisation durch semi-feudale Landgüter initiiert worden, so erfolgte anschließend die Kolonisation durch Familienbetriebe in der Größenordnung von 5-300 ha. Allerdings gab es bis Mitte der 40er Jahre eine Zeit geringer Kolonisationsaktivitäten.

Nach Beendigung des 2. Weltkrieges zeichnete sich eine verstärkte Nachfrage nach tropischen Forst- und Fruchtprodukten ab. Begünstigt durch den Zusammenbruch der Bananenkulturen in den mittelamerikanischen Ländern infolge von Pflanzenkrankheiten wurde die bis dahin vernachläßigbare Anbaufläche für Bananen in der COSTA stark ausgedehnt. Der Bananen-Boom setzte in der Zone Babahoyo-Naranjal ein und dehnte sich dann rasch in Richtung Norden nach Santo Domingo und in Richtung Süden nach Machala aus (s. Karte 3). Mit dem Bananen-Boom kam es zum verstärkten Ausbau des Straßennetzes und zu einer neuen Migrationswelle aus der Sierra. In der COSTA wanderten vor allem Menschen aus der Provinz Manabi in die neuen Wachstumszentren ab (COLLIN DELAVAUD 1973).

Ende der 50er Jahre zeichnete sich bis 1976 eine Krise im Bananenanbau ab. Wurde bis dahin hauptsächlich die Sorte „Gros Michel" angebaut, so konnte sie zwar erfolgreich gegen die Sigatoka-Krankheit (Blattfleckenkrankheit) gespritzt werden, aber nicht gegen die Panama-Krankheit (Welkekrankheit). Durch die Umstellung der Plantagen von „Gros Michel" auf die gegen die Panama-Krankheit immune Sorte „Cavendish" kam es zu einem vorläufigen Rückgang in der Anbaufläche und damit im Export. Gleichzeitig hatten sich die Plantagen in Mittelamerika wieder erholt, und ein Teil der ausländischen Konzerne begann, sich aus Ecuador zurückzuziehen. Ecuador verlor seine führende Weltmarktposition. Mit dem Anbau der gegen Feuchte und kurzer Sonnenscheindauer empfindlichen Sorte „Cavendish" wurde das Hauptanbaugebiet der Bananen aus dem humiden Küstenbereich in die etwas trockeneren Regionen der Provinz El Oro verlegt. Hier wird sie unter Bewässerung angebaut (COLLIN DELAVAUD 1976 und LARREA M. 1987). Heute ist Ecuador wieder der weltgrößte Bananenexporteur.

Setzte u.a. durch den Straßenbau im Guayasbecken eine Kolonisationswelle ein, so wurde diese etwa zur gleichen Zeit durch den Eisenbahnbau von San Lorenzo nach Ibarra (Sierra) in der nördlichen Küstenprovinz eingeleitet (BROMLEY 1981, COLLIN DELAVAUD 1973 und PRESTON & TAVERAS 1976). Der Eisenbahnbau bis Quito blieb unvollendet, und somit entwickelten sich entlang dieser Strecke keine nennenswerten Entwicklungspole. Zur Zeit laufen Straßenbauarbeiten parallel zur Eisenbahnlinie, die lediglich von einem Schienenbus genutzt wird.

Am 11. Juli 1964 verabschiedete die Militärregierung ein Agrarreformgesetz. Bestandteil der Agrarreform war die Gründung des IERAC (Instituto Ecuatoriano de Reforma Agraria y Colonización). Aufgabe des IERAC sollte es u.a. sein, die Kolonisation und Landnahme in den Tieflandstropen zu steuern. Die Arbeit beschränkte sich jedoch aufgrund von Geldmangel, fehlender personeller Ausstattung und schlechter Absprache z.B. mit dem Ministerium für Straßenbau auf die „post facto" Legalisierung von schon in „Besitz" genommenen Parzellen (BROMLEY 1981, COLLIN DELAVAUD 1973 und SICK 1988). Die einzig umfangreichere Planungsarbeit wurde vom IERAC Mitte der 60er Jahre in der COSTA im Raum Santo Domingo (s. Karte 3) durchgeführt (VOLLMAR 1971 und WOOD 1972).

Des weiteren erlangte die in Quito lebende reiche Oberschicht zuerst die Informationen über neu geplante Straßen, so daß sie „legal" die Besitzrechte an den tragfähigsten und verkehrsgünstigsten Arealen erwerben konnte. Auf diesen Haciendas sind häufig Verwalter eingesetzt, während der Grundbesitzer zumeist in Quito oder Guayaquil wohnt. Diese Form des Landbesitzes wird als „absentismo" bezeichnet.

Als Gründe für die Migration bei den colonos (Siedler) werden vor allem Unzufriedenheit mit der Lohnarbeit oder den Pachtverhältnissen angegeben (PRESTON & TAVERAS 1976 und VOLLMAR 1971). Der Erwerb einer eigenen Parzelle (lote) in den neuen Siedlungsgebieten scheitert jedoch häufig am Kapitalmangel der colonos. Die Hektarpreise sind dabei nach der „respaldo" - Lage gestaffelt, worunter die Entfernung zur Hauptstraße verstanden wird. Liegt der erste respaldo noch unmittelbar an der Straße (zumeist im Besitz der Großgrundbesitzer), so liegt der zweite 2 km und der dritte 4 km von ihr entfernt. Zwar nimmt der Hektarpreis mit zunehmender Entfernung von der Straße ab, jedoch besteht dann die Verkehrsinfrastruktur lediglich aus Trampelpfaden.

Somit sind die colonos unter den Gesichtspunkten Kapitalarmut, geringe Technisierung, Standort abseits der Hauptverkehrslinien ohne ausgebautem Wegenetz und Brücken von Anfang an wirtschaftlich benachteiligt (COLLIN DELAVAUD 1973, VOLLMAR 1971 und WOOD 1972). Da Ernteeinbußen durch Pflanzenschädlinge häufig sind und kein Geld für Spritzmittel vorhanden ist, werden überwiegend Robusta-Sorten angebaut, die geringe Erträge abwerfen und auf dem lokalen Markt keinen hohen Erlös bringen. Alternativ dazu und bei abnehmender Bodenfruchtbarkeit dehnt sich die extensive Rinderzucht aus. Somit betreiben die colonos auf den schlechten Böden hauptsächlich Subsistenzwirtschaft und erzeugen keinen Überschuß für die schnell wachsende Bevölkerung Ecuadors. Es zeigt sich aber auch gerade in den großen Monokulturbetrieben eine Abnahme der Bodenfruchtbarkeit. Die fruchtbaren Böden in den Alluvialebenen werden überwiegend von in- und ausländischen Großunternehmern zum Anbau von Cash-Crops genutzt. So erfolgt auch hier kaum eine Produktion für den inländischen Nahrungsmittelmarkt.

Tab. 3: Wirtschaftsform weltmarktorientierte Mittel- und Großbetriebe im Vergleich zu Kleinbetrieben

	Weltmarktorientierte Wirtschaft	Selbstversorgungswirtschaft mit geringer Marktproduktion bzw. Subsistenzwirtschaft
Kapitalkraft	Groß	Gering
Standort	Verkehrsgünstig	Verkehrsungünstig
Besitz- und Betriebsgröße	Im wesentlichen zwischen 80 und 3.000 ha, fincas comerciales, haciendas	Zwischen 1 und 50 ha, aber auch bis 80 ha, fincas familiares
Besitzverhältnisse	Eigentum	Vorläufiger Besitz
Arbeitsorganisation	Betrieb wird durch Beauftragte geführt (absentismo), Contratista-System mit 10-320 Arbeitern	Alleinbewirtschaftung, Arbeitsleistungen im Gegenseitigkeitsverhältnis, Kollektivarbeiten, zeitweilig bez. Arbeitskräfte (zw. 1 und 8); absentismo kann vorkommen
Technische Ausstattung	Eigene Aufbereitungsanlagen, Funkstation, Fuhrpark, Flugplatz, Schädlingsbekämpfung	Handarbeitsgeräte: Axt, machete, gancho, espeque usw., gelegentlich Lasttiere
Anbaumethoden	Flächenintensiver, systematischer Anbau, großflächige Mono- und Dauerkulturen	Pflanzstockbau bzw. Pflanzbau, Wechselkulturen in Mischwirtschaft auf kleinen Flächen
Kulturen bzw. Bodennutzungsysteme	Dauerkulturen: Bananen, Kakao, Ölpalmen, ausgedehnte Weideflächen, kaum Waldanteile	Meist einjährige Kulturen: Mais, Reis, Yucca, Plátanos usw.; teilweise Kaffee und Kakao, hohe Waldanteile
Produktion	Bei hohem Arbeitsaufwand hohe Hektarerträge	Bei hohem Arbeitsaufwand niedrige Hektarerträge
Erträge	Kapitalakkumulation	Hohe Transportkosten, fast keine Kapitalbildung
Marktbeziehung	Ohne Zwischenhandel direkte Weltmarktbeziehungen	Mit Zwischenhandel geringe regionale und nationale Marktbeziehungen

(Quelle: VOLLMAR 1971, S. 224)

In Tab. 3 sind die weltmarktorientierten Mittel- und Großbetriebe und die Kleinbetriebe in ihrer Wirtschaftsform gegenübergestellt. Die Besitzgrößen in der COSTA variieren stark und sind nach Provinzen gegliedert in Tab. 4 wiedergegeben (für die Provinz Manabi liegen keine Werte vor). Besitzgrößen unter 5 ha werden als Kleinbetriebe, von 20-50 ha als bäuerliche Familienbesitzeinheiten (unidades agricolas familares), von 50-100 ha als Finca, zwischen 100-500 ha als Großfinca und über 500 ha als Hacienda klassifiziert.

Tab. 4: Besitzgrößen nach Provinzen gegliedert (Stand 1974)

Provinzen	Besitzgrößen in ha									
	<1	1-5	5-10	10-20	20-50	50-100	100-500	500-1.000	1.000-2.500	>2.500
Guayas										
Besitzer	10.551	19.463	6.348	4.765	4.066	1.202	972	151	81	42
Fläche	4.458	49.241	44.700	65.177	120.893	79.448	194.100	103.265	118.407	273.283
El Oro										
Besitzer	2.424	5.244	2.167	1.632	1.441	562	540	48	16	3
Fläche	1.062	13.066	15.034	22.111	44.420	37.909	102.230	31.631	20.983	11.463
Esmeraldas										
Besitzer	524	2.874	2.127	2.548	3.781	2.089	803	61	18	7
Fläche	212	7.608	14.525	33.311	112.687	120.822	138.797	38.185	24.183	28.786
Los Ríos										
Besitzer	6.211	9.540	3.944	3.453	3.139	1.097	770	83	36	10
Fläche	2.633	23.757	28.220	48.429	95.527	72.878	142.668	56.007	49.231	41.952

Quelle: MURMIS 1986, S. 103 und 104

Infolge der Kolonisation und Landnahme im Bereich des tropischen Regenwaldgebietes in der COSTA vollzog sich eine starke Umverteilung im Bevölkerungsverhältnis zwischen COSTA und SIERRA (s. Tab. 5). War die Bevölkerung bis 1950 schon durch den Kakao-Boom und den ersten Straßenbau in der COSTA angestiegen, so wurde mit dem Bananen-Boom die Einwohnerzahl der SIERRA durch die der COSTA überflügelt.

Tab. 5: Bevölkerungsentwicklung in der COSTA und der SIERRA zwischen 1950 und 1982

	1950	1962	1974	1982
COSTA	1.298.495	2.127.358	3.179.446	3.946.801
SIERRA	1.856.445	2.271.345	3.146.565	3.801.839

Quelle: WHITAKER 1990, S. 132

Die Bevölkerungsdichte ist dabei in der Provinz Guayas mit 95,8 E/km^2 (1982) am höchsten und in Esmeraldas mit 16,3 E/km^2 (1982) am geringsten. Die relativ hohe Bevölkerungsdichte in der Provinz Guayas ist auf die Urbanisierung im Großraum Guayaquil zurückzuführen (Land-Stadt-Flucht). Die geringe Einwohnerdichte in Esmeraldas ist eine Folge der bis dahin noch geringen Prospektion.

Die Anbaufläche der Hauptkulturen und die durchschnittlichen Hektarerträge sind in den Tab. 6 und 7 wiedergegeben. Bei den Daten für 1980-85 ist allerdings zu berücksichtigen, daß hier starke Verluste in der Anbaufläche, bedingt durch das El Niño - Phänomen 1982/83, verursacht wurden.

Tab. 6: Änderung der Anbaufläche (ha) der Hauptkulturen

Kultur	1965-69	1980-85	*Änderung in %
Abnahmen			
Banane	197.000	65.062	-66,9
Rizinus	21.582	3.576	-84,4
Rohrzucker	108.856	96.084	-11,7
Baumwolle	23.524	17.470	-25,7
Yucca	28.942	23.458	-18,9
Erdnuß	12.142	9.068	-25,3
Süßkartoffel	2.728	932	-65,8
Zunahmen			
Kaffee	199.538	340.546	70,7
Reis	106.096	135.718	27,9
Platanos (Banane)	37.720	67.176	78,1
Palma Africana	1.642	28.380	1.628,4
Soja	252	26.076	10.247,6
Früchte[1]	15.288	36.414	138,2
Hartmais	153.800	172.786	12,3
Kakao	256.672	273.742	6,7
Hanf	324	14.686	4.432,7

[1] Zitronen, Ananas, Wassermelonen, etc.
Quelle: WHITAKER 1990, S. 175 und *eigene Berechnungen

Tab. 7: Durchschnittliche Hektarerträge (dz/ha) der Hauptanbaukulturen

Kultur	1965-69	1980-85	*Änderung in %
Banane	133,6	304,4	+127,8
Rizinus	9,9	9,1	-8,8
Rohrzucker	726,7	625,0	-16,8
Baumwolle	7,2	14,3	+98,6
Yucca	90,5	95,5	+5,5
Erdnuß	7,4	9,7	+31,1
Süßkartoffel	31,4	57,5	+83,1
Kaffee	13,3	11,5	-13,5
Reis (mit Hülse)	22,0	30,1	+36,8
Platanos (Banane)	111,2	117,7	+5,8
Palma Africana	40,1	117,5	+193,0
Soja	8,7	16,3	+87,4
Früchte[1]	-	-	-
Hartmais	7,7	14,5	+88,3
Kakao	2,0	3,3	+65,0
Hanf	7,5	7,4	-1,3

[1] Zitronen, Ananas, Wassermelonen, etc.
Quelle: WHITAKER 1990, S. 177 und *eigene Berechnungen

24

Bei Betrachtung der Tab. 6 ist zu beachten, daß die Hauptanbaugebiete der meisten Kulturen, die eine starke Abnahme in der Anbaufläche zeigen, im Bereich der Überschwemmungen während des El Niño - Phänomens 1982/83 liegen (s. Karte 4). Zunahmen haben u.a. die Kulturen erfahren, die durch staatliche Förderungsleistungen unterstützt werden oder einen neuen Markt erschlossen haben.

Die durchschnittlichen Hektarerträge (dz/ha) zeigen vor allem starke Zunahmen bei den Kulturen Palma Africana, Banane, Soya, Mais und Baumwolle (s. Tab. 7). Die Zunahmen werden auf verbesserte Anbautechniken (Bewässerung), die Nutzung besserer Böden und neue Sortenwahl zurückgeführt (WHITAKER 1990).

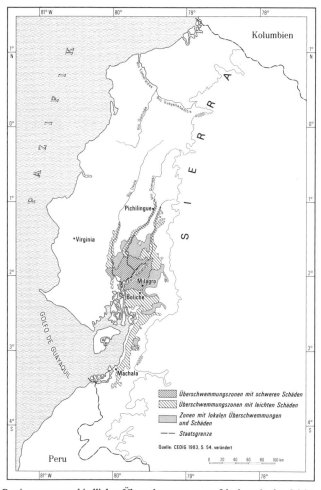

Karte 4: Regionen unterschiedlicher Überschwemmungsgefährdung in der COSTA

Mitte der 70er Jahre begann ein neuer Boom in der agrarwirtschaftlichen Exportproduktion der COSTA, der nicht in dem traditionell humiden Küstenbereich seine Produktionsstätte fand, sondern in den Mangrovenwäldern an der Küste (s.a. Karte 10). Die Exporterlöse aus der Krabbenzucht lagen 1989 mit 328,2 Mio. US-$ nur unwesentlich hinter den Gewinnen aus dem Bananenexport mit 369,5 Mio. US-$ (WHITAKER 1990). Über die Verteilung und Größe der Krabbenbecken werden in der Literatur sehr unterschiedliche Werte angegeben, jedoch finden sich für Stand 1984 die folgenden Zahlen am häufigsten wieder: Guayas 52.911 ha, El Oro 24.455 ha, Manabi 7.973 ha und Esmeraldas 1.595 ha. Insgesamt wurden somit 86.934 ha für die Krabbenzucht im Bereich der Manglares genutzt. Die Produktion belief sich dabei auf 39.900 Tonnen (1984). Durch die hohe Nachfrage und die dadurch bedingten hohen Weltmarktpreise wurden im Laufe der Zeit immer größere Areale der Mangrove abgeholzt und für die Anlage von Krabbenbecken genutzt. Die ökologische Folge war, daß der natürliche Lebensraum der Krabben vernichtet wurde und die Zahl der Larven, die mit einfachen Netzen am Strand gefangen werden, zurückging. Daraus ergab sich ein Rückgang in der Krabbenzucht. Um dem drohenden ökologischen und ökonomischen Desaster zu begegnen, wurden Larvenfangverbote ausgesprochen und Konzessionen zur Krabbenzucht für festgelegte Zeiträume nicht verlängert (BENALCÁZAR 1989, JORDAN 1988, 1991, SICK 1988 und WHITAKER 1990).

3.4 Geologisch-morphologische Rahmenbedingungen

Die COSTA Ecuadors ist geprägt durch ein spätkreidezeitlich-tertiäres Becken, das sich zwischen der Andenkordillere und einem Inselbogen entwickelt hat. Der gesamte Küstenbereich liegt auf einer Basaltdecke (Piñon-Formation) aus der frühen Kreidezeit, die in den Hügeln von Chongon-Colonche und Jama-Mache in der Küstenkordillere ansteht. Für die Entstehung der Basaltdecke gibt es zwei Hypothesen. Die erste besagt, daß es sich um Basalte aus einer marinen Riftzone handelt. Die zweite dahingegen nimmt als Entstehungshypothese den Inselbogenvulkanismus an. Wie Schwereanalysen gezeigt haben, wird die Piñon-Formation von keiner kontinentalen Kruste unterlagert. Es ist jedoch möglich, daß sie direkt von einer früh mesozoischen ozeanischen Kruste unterlagert ist, die in die kontinentale südamerikanische Platte eingefügt ist (BALDOCK 1982, FEININGER & BRISTOW 1980 und KENNERLEY 1980). Somit kann davon ausgegangen werden, daß sich das heutige geologisch-morphologische Bild der COSTA auf einer ozeanischen Kruste entwickelt hat (s. Karte 5).

Im Tertiär führten wiederholte Meerestransgressionen zu marinen Ablagerungen. Im mittleren Eozän sank die Daule-Schwelle durch eine Transgression ein und wurde schiefgestellt. Dabei ist der Neigungswinkel gegen die Westkordillere gerichtet. Heute wird dieser

Bereich großteils vom Guayas-Becken eingenommmen. Im Quartär wurden die tertiären Sedimente im zentralen Senkungsfeld der COSTA von Abtragungsprodukten der noch aufsteigenden Andenkordillere überdeckt (SAUER 1971). Bis heute schiebt sich das Delta des Río Guayas durch die mitgeführten Flußsedimente (Schwebfracht) in die tektonische Senke des „Golfo de Guayaquil" vor. Die Geschwindigkeit der Deltabildung wird jedoch durch den Gezeitenstrom abgeschwächt.

Die fluviatilen Ablagerungen in den Flußbecken selbst (Río Guayas, Esmeraldas etc.) beschränken sich nicht auf den Flußsaum, sondern erstrecken sich weit landeinwärts. Dadurch entstanden insbesondere im Mittellauf der Flüsse einige Meter hohe und mehrere hundert Meter breite Uferdämme (bancos). Das Guayas-Becken ist somit von einem maschenartigen Banco-System durchzogen. Die Uferdämme haben fruchtbare und tiefgründige Böden, die für mehrjährige Kulturen die besten Standorte darstellen. So hat sich vor allem auf diesen Uferdämmen schon frühzeitig die Cash-Crop-Produktion entwickelt (s. Kap. 3.3). Zwischen den Uferdämmen liegen Niederungen (tembladeras), die einen hohen Grundwasserstand aufweisen und als Viehweiden oder zum Anbau von Reis genutzt werden (SICK 1963). Die Flußbecken des Río Guayas und Esmeraldas sind durch eine flache Tertiärschwelle voneinander getrennt, die in Ost-West-Richtung zwischen La Concordia und Flavio Alfaro verläuft.

In der Küstenkordillere, die bis zu 1.000 m herausgehoben wurde, stehen dagegen tertiäre Ablagerungen an. Im küstennahen Randbereich führen alttertiäre Sedimente des Eozän Erdöl. Die größten Funde liegen dabei auf der Santa Elena Halbinsel.

Marine Terrassenformationen aus sandig-bioklastischem Material finden sich u.a. auf der Isla Puná, der Santa Elena Halbinsel und bei Manta (s. Karte 5). Entsprechend den Haupthebungsphasen existieren drei Terrassenniveaus. Die älteste Terrassenformation aus dem unteren Pleistozän ragt zwischen 75-225 m üNN heraus (MARCHANT 1961 und SAUER 1971).

Die Entstehung der Olistostrom-Komplexe auf der Santa Elena Halbinsel ist unsicher. Eine Theorie besagt, daß sie in der Sierra gebildet und dann nach Westen verlagert wurden. Dahingegen besagt eine weitere Theorie, daß sie durch submarines Abrutschen in das Progreso Becken während des Eozän entstanden. Die ältere Matrix des Olistostrom-Komplexes spricht jedoch dagegen. (BALDOCK 1982, CEDIG 1982, ECUADORIAN GEOLOGICAL AND GEOPHYSICAL SOCIETY 1970, FEININGER & BRISTOW 1980, GOOSSENS 1968, 1970, KENNERLEY 1980, MARCHANT 1961, MINISTERIO DE INDUSTRIAS Y COMERCIO 1966, SAUER 1971, TSCHOPP 1948).

Während die Genese der geologisch-morphologischen Raumeinheiten insbesondere durch Geologen der verschiedensten Erdölgesellschaften sehr gut untersucht und vielfältig beschrieben ist, ist dies für die Bodeneinheiten nicht der Fall.

3.5 Verbreitung der Hauptbodentypen

Eine erste grobe Karte über die Bodeneinheiten Gesamtecuadors stellte FREI (1957, 1958) vor. Darin wird z.T. der französischen Bodenklassifikation gefolgt und bei fehlendem Datenmaterial die genetische Ausgangssituation angegeben (z.B. "suelos aluviales húmedas").

Vereinzelt finden sich etwas detailliertere Profilbeschreibungen bei FREI (1957), OLMEDO & YANCHAPAXI (1981), der PAN AMERICAN UNION (1964) und bei POLITANO et al. (1983). Dabei liegen die Profilbeschreibungen zumeist im zentralen Guayas-Becken und sind rein beschreibender Natur ohne die Zuordnung zu einem Bodentyp. Ein detailliertes Kartenwerk wurde in den Jahren 1978-1986 in Zusammenarbeit von PRONAREG (Programa Nacional de Regionalización Agraria) und ORSTOM (Office de la Recherche Scientifique et Technique Outre-Mer) herausgegeben. Die Karten liegen im Maßstab 1:200.000 vor und umfassen für die COSTA 11 morpho-pedologische Karten (Mapa Morfo-Pedológico) und 3 Bodenkarten (Carta de Suelos) (s.a. Kartenverzeichnis).

Anhand dieser Karten kann die COSTA nach der US-Soil Taxonomy (USDA 1988) in fünf Hauptbodentypen unterteilt werden, wobei sich eine starke Abhängigkeit vom geologischen Untergrund und dem Humiditäts-/Arid300tätswandel ergibt (s.a. Karte 15):

- Entisols: Bereich der Mangrovenwälder; nord-westliche Küstenregion sowie westlich und südlich von Guayaquil;
- Aridisols: Santa Elena-Halbinsel (Salinas-Playas)und Region um Manta;
- Vertisols: Südrand der Küstenkordillere zwischen Mollisols und Aridisols und lokal in der Küstenkordillere;
- Mollisols: Küstenkordillere;
- Inceptisols: Hauptverbreitung in den Flußbecken des Río Guayas und Esmeraldas sowie schmaler Streifen westlich der Küstenkordillere zwischen Aridisols und Mollisols.

Die durchgeführten Bodenuntersuchungen in den Detailuntersuchungsgebieten bestätigen die großräumige Verbreitung der Hauptbodentypen. So wurden auf der Hacienda La Susana in der Küstenkordillere zwei Vertisole (s. Kap. 7.3.5), auf der Forschungsstation Boliche westlich von Guayaquil zwei Entisols/Fluvents (s. Kap. 7.4.5) und auf der Forschungsstation Pichilingue im zentralen Guayas-Becken ein Inceptisol und ein Entisol (s. Kap. 7.5.5) aufgenommen.

Zwar geben die durchgeführten Bodenuntersuchungen die großräumige Verbreitung der Hauptbodentypen wieder, jedoch ergab eine Bestimmung der Bodentypen in den drei Detailuntersuchungsgebieten anhand der Karten für jeden Standort einen Inceptisol. So können die verschiedenen Bodenkarten lediglich für eine grobe Übersicht der Bodentypen in der COSTA benutzt werden.

3.6 Vegetationsgeographische Einordnung

Bereits 1892 legte WOLF seine „Carta de Vegetación del Ecuador" vor. Hierbei unterteilte er die COSTA in zwei Regionen und zwar in die „Region húmeda de las montañas bajas y de la costa" und in die „Region árida de la costa (con verano muy seco)". In den darauffolgenden Jahren wurde 1894 die Karte von EGGERS und 1930 die von TROLL veröffentlicht.

DIELS (1937, S. 3) schreibt dazu:
„Die nähere Erforschung dieses Gebietes ist eine große Aufgabe, eine der bedeutendsten, die sich dem Botaniker im Lande bietet. Um was es sich handelt, sieht man am besten, wenn man die Kärtchen betrachtet, die EGGERS und neuerdings TROLL von den "Klimaprovinzen" des Küstenlandes gegeben haben. Diese Versuche enthalten der Natur der Sache nach weniger das Ergebnis der Forschung als eine Zielsetzung für sie. Botanisch müssen alle die umgrenzten Flächen erst mit wirklichem Inhalt erfüllt werden; dabei wird sich dann auch herausstellen, was an den Grenzlinien bleiben kann und was daran zu ändern ist."

Dem Anspruch von DIELS (1937) gerecht werdend publizierte MILLER (1959) eine Karte der „Vegetation Belts of Western Ecuador", worin er acht Zonen ausgliederte. Seit dieser Arbeit wurden zahlreiche botanische Untersuchungen (ACOSTA-SOLIS 1968, CAÑADAS CRUZ 1965, DODSON et al. 1985, VALVERDE BADILLO et al. 1991 u.a.) in der COSTA durchgeführt. Die zuletzt veröffentlichte Karte stammt dabei von HARLING (1979), der allerdings gleichfalls wie DIELS (1937) betont, daß die Grenzziehungen sehr vage und nur vorläufig sein können.

Problematisch ist eine Klima-/Vegetationszonierung in der COSTA insofern, da es sich um einen sehr frühen Besiedlungsraum (2000 BC) handelt, in dessen Verlauf die natürliche Vegetation vielfältig verändert oder gänzlich in eine Kulturlandschaft umgewandelt wurde. Inwiefern die frühe Besiedlung in der COSTA seit ca. 2.000 Jahren zu einer Veränderung der Klima-/Vegetationszonierung geführt hat, kann bis heute nicht eindeutig festgestellt werden. Als Indiz dafür können z.B. nach JACOBS (1981) Keramiken herangezogen werden, die die Form von Regenwaldfrüchten aufweisen und in Regionen gefunden wurden, die heute ein semiarides Klima aufweisen.
Somit können die verschiedenen Ansätze zur Klassifikation von Klima-/Vegetationszonen für große Bereiche der COSTA nur die potentiell möglichen Vegetationseinheiten nachzeichnen. Anhand botanischer Untersuchungen (LITTLE 1948, SVENSON 1946 und s.o.) können allerdings einzelne Grenzsäume bestätigt oder widerlegt werden. Einen Überblick über weitere botanische Arbeiten gibt GENTRY (1989).

In der Karte nach HARLING (1979), die der Klassifikation nach TROLL & PAFFEN (1964) sehr ähnlich ist, charakterisieren folgende Pflanzenassoziationen die ausgegliederten Klima-/Vegetationszonen:

- Wüste und Halbwüste: *Armatocereus cartwrightianus, Cordia lutea, Acacia spp.*, *Erythrina velutina, Cercidium praecox, Loxopterygium huasango, Carcia paniculata, Croton rivinifolius, Waltheria ovata, Wedelia grandiflora, Jacquinia pubescens* (immergrün), sowie die Gräser *Chloris radiata, C. virgata, Anthephora hermaphrodita, Cenchrus pilosus, Aristida adscensionis* und *Bouteloua disticha* und während der Regenzeit verschiedenste Geophyten;

- Dorn-/Trockensavanne: Die dominanten Savannenbäume gehören zu den Bombacaceae, worunter *Ceiba pentandra* am verbreitesten ist. *Eriotheca ruizii, Pseudobombax millei, P. guayasense, Prosopis spp., Mimosa albida, M. pigra, Croton rivinifolius, Capparis ovata, C. ovalifolia, Tecoma castanifolia, Tabebuia chrysantha, Prosopis juliflora, Acacia huarango, A. macracantha* und *Erythrina velutina* treten als weitere typische Savannenbäume auf. Typische Gräser sind *Pennisetum purpureum, P. occidentale* sowie *Aristida adscensionis*. Weiterhin sind als Kakteen vertreten *Armatocereus cartwrightianus, Hylocereus peruvianus* und *Opuntia spp.* u.a.;

- Feuchtsavanne: stark degradiert durch Kolonisation und Rodung, daher nur sehr geringe Kenntnisse über die natürliche potentielle Vegetation. Hauptbaumarten sind *Ficus* und *Cecropia spp.*, sowie verschiedene Lauraceae, Myristicaceae und Lecythidaceae. Weitere charakteristische Spezies sind *Myriocarpa stipitata, Samanea saman, Cordia alliodora, Tabebuia chrysantha*, Bambus (*Guadua angustifolia*) und verschiedene Palmen (*Iriartea* und *Geonoma spp.*);

- Regenwald: Keine dominanten Baumarten, hohe Artendiversität. Zu den verbreitesten Baumfamilien gehören Leguminosae, Moraceae, Lauraceae, Myristicaceae und Meliaceae.

3.7 Klassische und neuere Ansätze zur Klima-/Vegetationszonierung in der COSTA und ihre Problematik

Eine Kartierung auf der Grundlage von Satellitenbilddaten, die die Grenzsäume der Vegetationszonen realer nachziehen könnten, gestaltet sich als sehr schwierig. Für den nördlichen Bereich der COSTA liegt z. B. kein Landsat-Bildmaterial vor, und die NOAA-Szenen weisen eine dichte Wolkendecke auf. Die häufig starke Wolkenbedeckung in der COSTA stellt für eine Satellitenbildkartierung der Vegetationszonen das größte Problem dar. Radar-Aufnahmen dagegen liefern auch bei Bewölkung Daten zur Vegetationsverteilung, sind aber für die COSTA nicht flächendeckend zu erhalten.

Grundsätzlich ist es sehr schwierig, mit Hilfe von Satellitenbilddaten Vegetationszonen auszugliedern, nachdem die natürliche Vegetation in eine Kulturlandschaft umgewandelt wurde. Somit werden für eine Ausgrenzung der potentiell möglichen Vegetationszonen in der COSTA die klassischen und neueren Ansätze zur Klima-/Vegetationszonierung herangezogen.

Die hier vorgestellten Ansätze zur Klassifikation von Klima-/Vegetationszonen zählen zu den „effektiven" und wurden auf Grundlage der Auswertung von 59 Klimastationen sowie 57 Niederschlagsstationen (s. Kap. 2.1) durchgeführt.

3.7.1 Die Klimaklassifikation nach KÖPPEN

Innerhalb der verschiedenen Klimaklassifikationen gilt das System von KÖPPEN (1900) in seiner Weiterentwicklung (KÖPPEN 1918, 1923, 1931, 1936) als grundlegend.

Ansatzpunkt der Klimaklassifikation war der Versuch, die Pflanzenformationen von GRISEBACH (1872) durch Klimaparameter zu charakterisieren. Dabei bediente er sich der Arbeit von DE CANDOLLE (1874), der eine Einteilung der Pflanzen in Gruppen nach ihrem Verhalten gegen Wärme und Feuchtigkeit vorgenommen hatte (Megathermen, Xerophyten, Mesothermen, Mikrothermen und Hekistothermen).

Ein Schlüssel zur Bestimmung der Klimaformel für die Tieflandstropen nach KÖPPEN lautet demnach folgendermaßen (s. Tab. 8 und Fig. 1):

Tab. 8: Schlüssel zur Bestimmung der Klimaformel nach KÖPPEN

1. Jährliche Regenmenge cm	unter 2T (bei Winterregen) bis 2(T+14) (bei Sommerregen)* → B, siehe 2 über diesem Wert → A; siehe 3
2. Jährliche Regenmenge in cm	unter T bis T+14* → BW über diesem Wert → BS
3. Temperaturmittel des kältesten Monats	über 18 °C → A, siehe 4
4. Regenärmster Monat bringt	über 60 mm → Af unter 60 mm → siehe 5
5. Trockenzeit ist...	durch große Jahresmenge kompensiert, nach nebenstehendem Diagramm (Fig. 1) → Am nicht kompensiert → siehe 6
6. Trockenzeit...	einfache im Winterhalbjahr → Aw* Trockenzeit im Sommerhalbjahr → As*

*Unter „Sommer" und „Winter" wird die Jahreszeit des höheren und niedrigeren Sonnenstandes der betreffenden Erdhalbkugel verstanden. (Quelle: KÖPPEN 1936, S. 42 und 43)

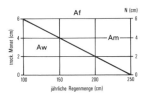

Fig. 1: Diagramm zur Kompensation hoher Jahresniederschläge (Quelle: KÖPPEN 1936, S. 42)

Als dritter Grundbuchstabe kann allen Stationen ein „h" hinzugefügt werden, da an keinem Ort in der COSTA eine Jahresmitteltemperatur von 18 °C unterschritten wird.

In der COSTA Ecuadors können somit folgende Klimatypen unterschieden werden (s.a. Karte 6):

- Afh = Tropisches Regenwaldklima, ohne eine ausgeprägte Trockenzeit;
- Amh = Regenwaldklima trotz einer Trockenzeit, die durch einen hohen Jahresnieder-
schlag kompensiert wird;
- Awh* = Savannenklima mit einer Trockenzeit im Winter auf der betreffenden Erdhalb-
kugel;
- Ash* = Savannenklima mit einer Trockenzeit im Sommer auf der betreffenden Erdhalb-
kugel;
- BSh = Steppenklima mit Sommerniederschlag und Trockenzeit im Winter;
- BWh = Wüstenklima, geringe Sommerniederschläge mit hoher Variabilität.

*Awh und Ash sind in der Karte 6 unter einer Signatur zusammengefaßt.

In Tab. 9 sind die Spannweiten der Niederschläge aufgelistet, die in der COSTA die Klimatypen nach KÖPPEN kennzeichnen.

Tab. 9: Spannweiten der Niederschläge in den Klimatypen nach KÖPPEN

Klimatyp	Minimum	Station	Maximum	Station
BWh	136,2	Manta	248,3	Charapoto
BSh	398,4	Rocafuerte	760,1	Esmeraldas-Tachina
Aw/s(h)	783,7	Pasaje	2.022,9	Pichilingue
Amh	1.934,5	Quinindé	3.009,6	La Concordia
Afh	2.153,2	Borbón	3.177,7	Lita

Daß sich die Werte im Am- und Af-Bereich (La Concordia und Borbón) überschneiden, ist darauf zurückzuführen, daß hier die gleichmäßige Verteilung der Niederschläge maßgeblich ist (N/Monat > 60 mm) (s. Fig. 1).

La Concordia gehört trotz wesentlich höherer Niederschläge nicht zum Af-Klima, da zum Ende der Trockenzeit im Oktober und November die Niederschlagswerte unter 60 mm/Monat fallen. In Borbón dagegen sind die Niederschläge während der Regenzeit zwar nicht so hoch wie in La Concordia, dafür fallen sie regelmäßiger und liegen immer über 60 mm/Monat.

Ähnliches gilt für Pichilingue und Quinindé. In Quinindé kann die Trockenzeit durch eine hohe Jahresniederschlagssumme kompensiert werden und in Pichilingue trotz höherem Jahresniederschlag nicht, da der Jahresgang ausgeprägter ist als in Quinindé und somit der trockenste Monat zu geringe Niederschläge aufweist.

3.7.2 Die Karte der Jahreszeitenklimate von TROLL & PAFFEN

Basierend auf dem jahreszeitlichen Wechsel von Beleuchtung, Temperatur und Niederschlag veröffentlichten TROLL & PAFFEN (1964) die Karte der Jahreszeitenklimate.

Erste Grundgedanken zur Karte legte TROLL (1955) vor, wobei er als Kriterium für die Unterteilung der Tropenzone in Anlehnung an LAUER (1951, 1952) vor allem die Dauer der humiden und ariden Jahreszeiten sieht. Zur Bestimmung der Dauer der humiden und ariden Jahreszeit wurde die von DE MARTONNE (1926) entwickelte und von LAUER (1951, 1952) auf Monatswerte erweiterte Trockengrenzformel herangezogen. Die Formel auf Monatsbasis lautet demnach:

$$20 = (12*N)/(T+10)$$

wobei

N	= Monatsniederschlag (mm)
T	= Monatsmitteltemperatur (°C)
20	= Trockengrenzwert
<20	= arid
≥20	= humid

Nach TROLL/PAFFEN (1964) wird somit die Tropenzone und damit die COSTA (s. Karte 7) in folgende Vegetationszonen untergliedert:

0-1	humide Monate	- Wüstengürtel*	V5
1-2	"	- Halbwüstengürtel*	V5
2-4½	"	- Dornsavannengürtel	V4
4½-7	"	- Trockensavannengürtel	V3
7-9½	"	- Feuchtsavannengürtel	V2
9½-12	"	- Regenwaldgürtel	V1

*Wüsten- und Halbwüstengürtel sind 1964 zwar getrennt aufgeführt, werden aber in Kartendarstellungen allgemeingültig unter V5 zusammengefaßt.

3.7.3 Die hygrothermische Klimakarte nach LAUER & FRANKENBERG

1978 stellten LAUER & FRANKENBERG das Konzept einer hygrothermischen Klimakarte vor, die für die östliche Meseta Zentralmexikos entwickelt wurde. In den darauffolgenden Jahren wurde die Grundeinteilung zur Bestimmung eines Klimatyps von den Autoren je nach Anspruch an den Raum und Maßstab (Afrika - 1981; Europa - 1985, Weltkarte - 1988) variiert.

Grundlage der Klimakarte bilden die solarklimatischen Beleuchtungsparameter nach LOUIS (1958) sowie thermische und hygrische Größen. Zur Charakterisierung der thermischen Klimatypen werden für die Außertropen der Kontinentalitätsgrad nach IVANOV (1959) und für die Tropen die Unterteilung in Warm- und Kalttropen (LAUER 1975, 1986 und LAUER & FRANKENBERG 1988) herangezogen. Die hygrische Komponente erfährt durch die Bestimmung humider Monate nach dem Ansatz der landschaftsökologischen Wasserbilanz (s. LAUER & FRANKENBERG 1978, 1981 und Kap. 5) eine zeitlich aufgelöste Dimension.

In der vorliegenden Arbeit wird dem Konzept von LAUER & FRANKENBERG (1978, 1988) in leicht erweiterter Form gefolgt (s. Karte 8).

So kann im allgemeinen die Temperatur-Höhenstufung übernommen werden - lediglich die Grenze zwischen cálido und subcálido wurde von 400 auf 500 m angehoben. Für die Höhenstufung zwischen subcálido und templado lag für eine Verifizierung nicht genügend Datenmaterial vor.

Problemzonen innerhalb der Temperatur-Höhenstufung bilden diejenigen Bereiche, die durch den kalten Humboldtstrom beeinflußt werden und dadurch eine Temperaturdepression erfahren. Diese sind insbesondere die Bereiche der küstennahen Trockengebiete. Im Gegensatz dazu liegen die Temperaturen der Station Olmedo und Camposano (zentrales Küstentiefland) über 25°C bei einer Höhe von über 50 m.

Die COSTA Ecuadors gehört aus globaler Sicht zur Klimaregion A2 (Warmtropen). Zur weiteren Unterteilung wird die thermische Eigenschaft einer Region mit einer römischen Ziffer und die Anzahl der humiden Monate mit einer arabischen Ziffer angegeben (s. Karte 8).

3.7.4 Die Karte der Vegetationsformationen nach HOLDRIDGE

Der von HOLDRIDGE (1947, 1966, 1987) vorgestellte Ansatz zur Bestimmung der Vegetationsformationen der Erde führte nicht wie bei KÖPPEN & GEIGER (1928), TROLL & PAFFEN (1964) und LAUER & FRANKENBERG (1988) zur Erstellung einer Weltkarte.

Die Klassifikation der Vegetationsformationen wurde vor allem in den Tropen/Subtropen Lateinamerikas angewandt (s. TOSI 1960). Für Ecuador legte CAÑADAS CRUZ (1983) eine „Mapa Bioclimático y Ecológico" vor.

Die Klassifikation der Vegetationsformationen beruht auf der Biotemperatur, dem Jahresniederschlag und dem Verhältnis zwischen potentieller Evapotranspiration und Jahresniederschlag (pET / N). Die Biotemperatur berechnet sich über die Jahressumme aller positiven Monatsmittelwerte zwischen 0 und 30 °C, dividiert durch 12. Die potentielle Evapotranspiration wird nach HOLDRIDGE (1959) durch die Multiplikation der Biotemperatur mit dem empirisch ermittelten Faktor 58,93 berechnet. Das zugehörige Verhältnis von pET / N bestimmt Regionen unterschiedlicher Humidität (Feuchteprovinzen).

Die Bestimmung der Vegetationsformationen (s.a. Karte 9) erfolgt mittels dem „Diagramm zur Klassifikation der Lebenszonen oder Vegetationsformationen der Erde", in dem Biotemperatur, Jahresniederschlag und das Verhältnis von pET / N gegeneinander aufgetragen sind (s. Fig. 2)

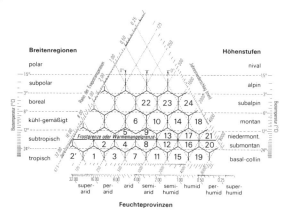

1 tropische Dornbuschwüste
2' Wüste
2 submontane Dornbuschwüste
3 tropische Dornsavanne
4 submontane Dornsavanne
5 niedermontane Dornsteppe
6 montane Steppe
7 sehr trockener tropischer Wald
8 trockener submontaner Wald
9 trockener niedermontaner Wald
10 feuchter montaner Wald
11 trockener tropischer Wald
12 feuchter submontaner Wald

13 feuchter niedermontaner Wald
14 sehr feuchter montaner Wald
15 feuchter tropischer Wald
16 sehr feuchter submontaner Wald
17 sehr feuchter niedermontaner Wald
18 montaner Regenwald
19 sehr feuchter tropischer Wald
20 submontaner Regenwald
21 niedermontaner Regenwald
22 Puna (feuchter subalpiner Wald)
23 Páramo (sehr feuchter subalpiner Wald)
24 Regen-Páramo (subalpiner Regenwald)

Fig. 2: Diagramm zur Klassifikation der Lebenszonen oder Vegetationsformationen der Erde (Quelle: HOLDRIDGE 1987, S.9, verändert)

3.7.5 Vergleich und Kritik der vorgestellten Ansätze zur Klima-/Vegeta-tionszonie-rung in der COSTA

Allen Klassifikationen ist gemein, daß sie nicht die Mangrovenwälder, die durch den Garuá-Nebel beeinflußte Loma-Vegetation und den orographisch hypsometrischen Wandel erfassen können. TROLL hat 1930 in seiner Karte der „Klimaprovinzen" eine Grenze des Küstennebels eingezeichnet, die allerdings anhand der neueren meteorologischen Daten nicht nachvollzogen werden konnte, da die synoptischen Beobachtungen zu lückenhaft vorliegen. Zudem wird nicht zwischen dem Garuá-Nebel und dem sonstigen Nebelauf-kommen im Bereich der tropischen Feuchtwälder unterschieden. Die Verbreitung der Mangrove und der durch den Garuá-Nebel verursachten Loma-Vegetation kann somit nur durch botanische Arbeiten erfaßt werden. Eine Vorstellung von der durch Küstennebel beeinflußten Loma-Vegetation und der Verbreitung der Mangrovenwälder gibt Karte 10. Dabei ist für den Küstennebel der Grenzsaum nach TROLL (1930) eingezeichnet und die Verbreitung der Mangrove nach JORDAN (1988, 1991) dargestellt.

„An flachen Küstenstrichen liegt nur eine eintönige, hellgraue Wolkenschicht über dem Himmel, die kaum Feuchtigkeit spendet. Überall aber, wo das Land ansteigt, wird, besonders in Südwestexposition, im Aufprall der winterlichen Passatwinde, der Nebel zu staubartigem Niederschlag, unter Umständen zu richtigem Regen. Landeinwärts steigt die untere Grenze dieser Nebelzonen rasch an,[....].Über 30 km Küstenabstand dürften sie nirgends erreichen." (TROLL 1930, S. 398)

Von grundsätzlicher Problematik ist bei allen Klassifikationen der Übergangsbereich vom immergrünen Tropischen Regenwald zum Savannenklima. Hier fehlt zum einen eine Abstufung im Sinne von BEARD (1955), die in diesem Grenzbereich teilimmergrüne oder saisonierte Regenwälder ausgliedert. Zum anderen weisen botanische Arbeiten für den Tropischen Regenwald eine größere Verbreitung auf, als wie sie durch die Klima-/Vegetationsklassifikationen bestimmt wird (DODSON et al. 1985, PAN AMERICAN UNION 1964 u.a).

HOLDRIDGE (1987) gibt einen Ansatz durch seine „Feuchtestufen" des Waldes (feuchter tropischer Wald, sehr feuchter tropischer Wald etc.), ordnet sie aber nicht einer Vegetati-onsformation zu. Zudem weist HOLDRIDGE (1987) für die COSTA keinen Regenwald aus. Dieser beginnt nach seiner Klassifikation erst bei einem Jahresniederschlag von > 7.000 mm für die Tieflandtropen.

Weitere Kritikpunkte an HOLDRIDGE (1987) sind:

• Die Biotemperaturen, vor allem der Stationen im westlichen Bereich der Santa Elena Halbinsel, liegen unter 24°C und sind somit laut dem Diagramm in Fig. 2 zu submontan zu rechnen, obwohl sie lediglich wie Ancón und Salinas 6 m üNN liegen.

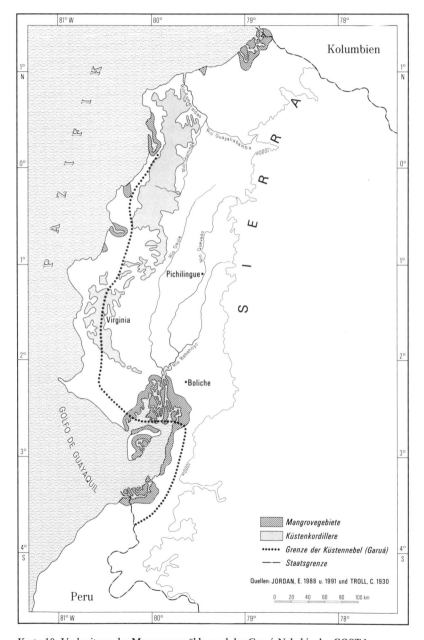

Karte 10: Verbreitung der Mangrovenwälder und der Garuá-Nebel in der COSTA

- An Stationen mit hohem Niederschlagsaufkommen kommt es zu Temperaturdepressionen (z.B. Puerto Ila 2.659,1 mm/a und 23,6 °C bei 260 m üNN), die ebenfalls eine Einstufung in submontan nach sich ziehen.

- Da die zusätzliche Einstufung in submontan in der COSTA Schwierigkeiten bereitet, wurde sie weggelassen und sämtliche Klima-/Vegetationsformationen mit „tropisch" bezeichnet.

- Des weiteren differieren an einigen Stationen die Biotemperatur und die Schnittlinien von Jahresniederschlag und dem Verhältnis von pET / N. Das heißt konkret, daß z.b. La Concordia entweder im Bereich der Vegetationsformation sehr feuchter tropischer Wald oder feuchter tropischer Wald liegt. Anhand der umliegenden Stationen wurde dann für diese Station eine Entscheidung getroffen.

Die hygrothermische Klimakarte nach LAUER & FRANKENBERG (1978, 1981, 1985, 1988) bietet zwei wesentliche Kritikpunkte. Der Vergleich mit anderen Karten wird zum einen dadurch erschwert, daß der Karte keine einheitliche Systematik zugrunde liegt (s.a. Kap. 3.7.3). Zum anderen werden keine Klima-/Vegetationszonen benannt, die in ihrer Verbreitung mit denen anderer Autoren vergleichbar wären (s. Karte 8).

Die Karte stellt zwar klimatisch-quantitativ nachvollziehbare Werte dar, die in ihrer zeitlichen Veränderung analysiert werden können, jedoch stellt auch der Ariditätsindex nach DE MARTONNE & LAUER (LAUER 1951, 1952 und DE MARTONNE 1926), wie er bei TROLL & PAFFEN (1964) verwendet wird, einen klimatisch-quantitativen Wert dar, der zudem Vegetationszonen ausgliedert.

Weitere kritische Betrachtungen zu den vorgestellten Klimaklassifikationen finden sich u.a. bei HAASE (1989), SCHULTZE (1988) und THEWES (1983). THEWES (1983) bezieht sich dabei in seiner umfassenden Kritik auf die hier vorgelegten Karten der COSTA Ecuadors.

Einen kleinräumigen Wandel im Klima-/Vegetationsbild weisen die Regionen um Esmeraldas und Machala auf. Im Zentrum der COSTA erweist sich Olmedo als Ausnahmeraum mit deutlich trockenerem Trend. Die Verbindung des Raumes um Olmedo mit dem übrigen Bereich der gleichen Klassifikation (s. Karte 7) erfolgte aufgrund der Niederschlagsstationen, die bei dieser Klimaklassifikation eine Verbindung erkennen ließen.

Abschließend läßt sich sagen, daß die vier Klima-/Vegetationsklassifikationen einen deutlichen Südwest-Nordost-Wandel von xeromorphen bis hin zu hygromorphen Vegetationsformationen aufzeigen. Schwierigkeiten bestehen vor allem in der Abgrenzung des tropischen Regenwaldes gegenüber der Feuchtsavanne, der Erfassung des orographisch-hypsometrischen Formenwandels, der Mangrovengebiete und der Lomavegetation. Gut wiedergegeben werden die küstennahen Trockenregionen der Wüsten und Halbwüsten. Die Verbreitung der Trocken- und Feuchtsavanne tritt demgegenüber zu stark hervor.

Wie die Karten zur Klima-/Vegetationszonierung zeigen, ist in der COSTA Ecuadors ein kleinräumiger Wandel in den Vegetationsformationen gegeben. Bedingt ist der kleinräumige Wandel durch die besonderen klimatischen Verhältnisse, die diesen Raum charakterisieren und wodurch er nach TREWARTHA (1981) in die "Earth Problem Climates" eingestuft wird.

3.8 Grundzüge der atmosphärischen Zirkulation

Um zu einem Verständnis der makroklimatischen Differenzierung und Variabilität in der COSTA zu gelangen, ist ein Einblick in die großatmosphärische Zirkulationsdynamik unverzichtbar. Neben der Zirkulationsdynamik der Hadley-Zelle unterliegt die COSTA komplexen Wechselbeziehungen und Rückkoppelungsmechanismen im pazifischen Ozean-Atmosphäre-System.

Eine zentrale Funktion im Klimageschehen der COSTA Ecuadors nimmt die südostpazifische Antizyklone ein. Ihre ganzjährig relativ stabile Lage ist neben einem grundsätzlich höheren Druckgradienten auf der Südhalbkugel maßgeblich dafür verantwortlich, daß die ITC (Innertropical Convergenzzone) den Äquator im Bereich der COSTA nur in Ausnahmejahren weit unterschreitet. Bedingt ist die stabile Lage der Antizyklone durch eine komplexe Rückkoppelung mit den kalten antarktischen Tiefenwassern, die im Bereich der Antizyklone zum Auftrieb gelangen. Diese werden gegen die südamerikanische Westküste gedrückt und bilden den Humboldtstrom, der gegen Norden gerichtet ist. Gleichzeitig stabilisieren die kalten Oberflächenwasser die südostpazifische Antizyklone derart, daß sie eines der persistentesten Druckgebilde auf der Erde ist. Kennzeichen für die ganzjährig stabile Lage der südostpazifischen Antizyklone sind die geringen jahreszeitlichen Luftdruckschwankungen von maximal 2-3 hPa in der COSTA.

Über dem kalten Wasser des Humboldtstromes bildet sich eine stabile Luftmasse aus, die von der Passatinversion überlagert ist. Diese kalte, trockene Luftmasse führt zur Ausbildung der südamerikanischen Küstenwüste, die sich von Nordchile (Atacama) bis Südecuador erstreckt. Die Küste Ecuadors wird allerdings nur noch von einem kleinen „Ast" des Humboldtstromes gestreift, da im Bereich des Äquators der SE-Passat gegenüber der südostpazifischen Antizyklone an Stärke zunimmt und die kalten Wassermassen des Humboldtstromes entlang dem Äquator mit dem Südäquatorialstrom nach Westen in den Westpazifik transportiert, wobei sie sich allmählich erwärmen. Im Bereich Ecuadors führen die anfangs noch niedrigen Wassertemperaturen zu einer Schwächung der Hadley-Zelle.

Im Südsommer führt jedoch eine geringe Südverlagerung der Antizyklone zu einer Abschwächung des Humboldtstromes vor allem im Bereich der südlichen COSTA. Dadurch wird es dem warmen, aus nördlicher Richtung kommenden El Niño-Strom ermöglicht, weiter entlang der Küste bis nach Nordperu zu fließen. Die Folge ist eine Labilisierung der Passatinversion und die damit verbundenen Niederschläge während der Regenzeit. Im nördlichen Bereich der COSTA können die NE-Passate zu einem NW-Monsun umgelenkt werden und zu erhöhten Niederschlägen führen.

Während sich in „Normaljahren" im Ostpazifik mit der südostpazifischen Antizyklone ein kräftiges, stabiles Hochdruckgebiet ausgebildet hat, wird der Westpazifik über Mikronesien und Indonesien von einem Tiefdruckgebiet eingenommen. Dies führt dazu, daß sich am Äquator eine zonale Zirkulation mit einem aufsteigenden „Ast" im Westpazifik und einem absteigenden „Ast" über dem kalten Ostpazifik entwickelt. Dadurch wird die Passatinversion im Ostpazifik verstärkt.

Die Zirkulation wird auch als „Southern-Oscillation" oder nach ihrem Entdecker als „Walker-Zirkulation" bezeichnet.

Aus bislang noch nicht bekannten Gründen erfährt der Luftdruckunterschied zwischen dem Ost- und Westpazifik und damit die Southern-Oscillation in unperiodischen Abständen von ca. 5-9 Jahren eine Abschwächung. Daraus ergibt sich, daß das im Westpazifik aufgestaute warme Wasser mit einem verstärkten äquatorialen Gegenstrom in den Ostpazifik abfließt. Dies führt schließlich zur Umkehrung der Luftdruckverhältnisse. In Verbindung mit dem zulaufenden warmen Wasser wird die stabile Luftmasse vor der Westküste Südamerikas labilisiert und der Atmosphäre mehr an fühlbarer und latenter Energie zugeführt. Verstärkte Gewittertätigkeit und torrentielle Niederschläge vor allem im Bereich des Andenpiedmont mit verheerenden Überschwemmungen und Vernichtung der Ernte sind die Folgen auf dem Festland. Derartige Ereignisse werden auch als El Niño-Phänomen oder ENSO-Ereignis bezeichnet.

Im Gegensatz zum ENSO-Ereignis kann sich auch ein Anti El Niño-Phänomen ereignen. Hierbei wird durch einen größeren Auftrieb von kaltem Wasser die Normalsituation und damit die Niederschlagsarmut verstärkt.

(ACEITUNO o.J, BLANDIN LANDIVAR 1979, CAVIEDES 1981, CAVIEDES & ENDLICHER 1989, ENDLICHER et al. 1990, GRAF 1986, HOFFMANN 1992, JOHNSON 1976, LATIF 1986, 1988, LAURO GOMEZ 1970, PAZAN & WHITE 1988, SCHWERDTFEGER 1976 und WEISCHET 1968)

Zu den Literaturangaben sei angemerkt, daß die Veröffentlichungen vor allem zum El Niño-Phänomen mittlerweile sehr zahlreich sind und hier lediglich die zur allgemeingültigen Beschreibung der makroklimatischen Zirkulationsdynamik im Bereich der COSTA Ecuadors verwandt wurden.

4. Makroklimatische Verhältnisse und Verdunstung als Grundlagen der klimatischen Wasserhaushaltsdifferenzierung

4.1 Niederschlagsverhältnisse

4.1.1 Niederschlagsdifferenzierung

Der mittlere Jahresniederschlag (1971-1981) und seine räumliche Differenzierung zeigen gemäß der Klima-/Vegetationszonierung (s. Kap. 3.7.5) einen deutlichen Südwest-Nordost Gradienten (s. Karte 11). Der niedrigste Jahresniederschlag wird dabei an der Station Manta mit 136,2 mm/a und der höchste an der Station Lita mit 3.730,1 mm/a erzielt. Auf einer Entfernung von ~325 km nimmt der mittlere jährliche Niederschlag somit um 3.593,9 mm zu.

> „Just north of the equator in coastal Ecuador precipitation increases very rapidly, so that the latitudinal rainfall gradient is one of the steepest of the earth near sea level." (TREWARTHA 1981, S. 13)

Die Genese und die damit verbundene räumliche Ausprägung der Niederschläge wird im wesentlichen durch die in Kap. 3.8 beschriebene makroklimatische Zirkulationsdynamik gesteuert. Auffallend für die Region mit mittleren jährlichen Niederschlägen < 250 mm (s. Karte 11) ist ihre Exposition gegen den offenen Ozean. Sowohl die Region um Salinas, Puerto López als auch um Manta liegen auf einer nach Westen vorspringenden Ausbuchtung der Küstenlinie. Dadurch sind sie stärker zum nach Norden abzweigenden „Ast" des Humboldtstromes exponiert. Mit dem kalten Wasser des Humboldtstromes sind stabile, kalte, trockene Luftmassen verbunden, die die Trockenheit im südwestlichen Bereich der COSTA bedingen. Eine nicht als Regen-Niederschlag zu verzeichnende Feuchtigkeitszufuhr erfährt die südwestliche Küstenkordillere durch die besonders im Südwinter häufig auftretenden Garuá-Nebel.

Die generell nach Nordosten zunehmenden Niederschläge werden durch vier Faktoren bedingt:

1. Die feucht-warmen, advektiv herbeigeführten Luftmassen während der Regenzeit werden über dem Küstentiefland verstärkt erwärmt (s. Kap. 4.2), wodurch eine erhöhte Konvektion eintritt.

2. Sowohl südlich als auch nördlich des Äquators führen orographisch bewirkte Stau- und Hebungseffekte zu konvektiven Niederschlägen.

3. Bei Zunahme des LAI (Blattflächenindex) von Südwest nach Nordost treten vermehrt Niederschläge durch den kleinen Wasserkreislauf (Transpiration-Konvektion-Niederschlag-Transpiration) auf.

4. Nördlich des Äquators führt zudem ein ganzjährig vorherrschender feucht-warmer Südwest-Monsun zu erhöhten Niederschlägen.

In Jahren extremer Südwärtsverlagerung der südostpazifischen Antizyklone können nordwest-monsunale Effekte südlich des Äquators eine bedeutende Rolle im Niederschlagsgeschehen spielen.

Der südliche Küstenbereich (Machala, Arenillas) zeigt keine derart stark orographisch bedingten Niederschläge, wie sie in der nördlicheren COSTA auftreten. Vermutlich drängt das in den „Golfo de Guayaquil" fließende Wasser des Río Guayas das nach Süden vordringende warme Wasser des El Niño-Stromes während der Regenzeit zurück. Infolgedessen wird die Luftmasse, insbesondere über dem „Canal de Jambelí", nicht derart stark feuchtelabilisiert. Zudem ist der südliche Küstenraum durch die Lage im „Golfo de Guayaquil" gegenüber dem El Niño-Strom nicht so stark exponiert, so daß die warmen Wasser nicht bis direkt an die Küste geführt werden. Daten zur Wassertemperatur könnten hier zu einer Aufklärung führen.

4.1.2 Jahresgang der Niederschläge

Der Jahresgang der Niederschläge zeigt insbesondere in Abhängigkeit von der Breitenlage einen Wandel auf (s. Karte 11). Die Ursache für den Süd-Nord-Wandel kann wiederum in der Genese der Niederschläge und damit in der großatmosphärischen Zirkulation gesehen werden. Während sich im Südsommer die südostpazifische Antizyklone leicht in Richtung Süden verlagert und dadurch der Humboldtstrom abgeschwächt wird, gerät der südecuadorianische Küstenbereich in den Einflußbereich der warmen Wasser des El Niño-Stromes. Dadurch wird die Passatinversion labilisiert, und es kommt zu verstärkter Quellbewölkung und zur Advektion feuchter Luftmassen in das Küsteninnere. An fast allen Stationen fallen im März die höchsten Niederschläge. Danach nehmen die Niederschläge rasch ab und erreichen im Juli, zur Zeit des Nordsommers, ihr Minimum. Zu diesem Zeitpunkt hat sich die südostpazifische Antizyklone auf ihre nördlichste Position vorgeschoben, wodurch der südliche Küstenbereich wieder vom Humboldtstrom und von der stabilen Passatinversion beherrscht wird.

Für den innertropischen Bereich sehr ungewöhnlich ist der markante eingipflige (monomodale) Niederschlagstyp. Das Fehlen des sekundären Niederschlagsmaximums im Oktober ist darauf zurückzuführen, daß sich zu diesem Zeitpunkt die Antizyklone auf ihrer nördlichsten Position manifestiert hat. Die Erwärmung der kalten Wasser des Humboldtstroms, die die Antizyklone durch den Rückkopplungseffekt verstärkt, vollzieht sich zu langsam, um die Antizyklone so zu labilisieren, daß sie sich „spontan" mit dem Sonnengang nach Süden verlagert. Erst nach einer halbjährigen Erwärmungsphase der Südhalbkugel kann die Wechselwirkung zwischen Antizyklone und den kalten Auftriebswassern derart labilisiert werden, daß sie sich nach Süden verlagert. Die Regenzeit in der COSTA setzt ein.

Der Küstenbereich nördlich des Äquators wird zum Teil durch ein zweites Niederschlagsmaximum im Oktober unmittelbar nach der Äquinoktialzeit im September geprägt (bimodaler Niederschlagstyp). Allerdings war selbst in diesem Bereich das zweite Regenmaximum eher die Ausnahme. Deutlich tritt ein zweites Regenmaximum im Oktober an der Station Lita hervor. Dies mag zum einen darin begründet sein, daß Lita nördlich des Äquators liegt, und zum anderen durch seine Lage in einem Tal an der Andenwestabdachung. Nach BENDIX & LAUER (1992) ist hier der zweigipflige äquatoriale Typ der innerandinen Becken mit Übergangstypen im Bereich west- oder ostexponierter Täler ausgeprägt.

Weiterhin auffällig ist, daß an den Stationen Pichilingue und Puerto Ila im März höhere Niederschläge fallen als in irgendeinem Monat an einer Station nördlich des Äquators. Bei vorherrschend süd-westlichen Winden (s. Kap. 4.3) südlich des Äquators werden die Luftmassen bei ihrem relativ weiten Transport über das Festland stark erwärmt (s. Kap. 4.2). Dadurch nehmen sie immer mehr Feuchtigkeit auf, die ihnen aus den Niederschlägen der Vormonate durch den kleinen Wasserkreislauf zugeführt wird. Südlich des Äquators treffen die Luftmassen der süd-westlichen Winde und die des Nordwest-Monsuns zusammen. Verstärkt durch die Barriere der Andenkordillere, die ein Weiterziehen der Luftmassen verhindert, kommt es zu den hohen Niederschlägen im März, die diejenigen in Cayapas und Lita übertreffen.

Die besonderen Verhältnisse der makroklimatischen Zirkulationsdynamik im Bereich der COSTA Ecuadors beeinflussen nicht nur den Jahresgang der Niederschläge, sondern auch deren Variabilität.

4.1.3 Variabilität der Niederschläge

Nimmt der Jahresniederschlag in der COSTA Ecuadors von Südwest nach Nordost zu, so vollzieht sich umgekehrt proportional eine Abnahme in der Variabilität der Niederschläge (s. Karten 11 und 12). Der Variationskoeffizient drückt dabei die Standardabweichung in Prozent des arithmetischen Mittels aus.

Prägnant tritt hervor, daß der Variationskoeffizient bei niedrigen Jahresniederschlägen zunimmt und bei höheren abnimmt. Die Gleichverteilung der Jahresniederschläge in Abhängigkeit von der großatmosphärischen Zirkulationsdynamik ist dabei der wesentliche Faktor. Dies zeigt sich insbesondere nördlich des Äquators, wo warmes Meereswasser ganzjährig vorkommt und bei Jahresniederschlägen von 2.000-2.500 mm ein Variationskoeffizient zwischen 20 und 40 % gegeben ist. In der gleichen Niederschlagsklasse, aber bei ca. 1° S gelegen, weist z.B. Pichilingue einen Variationskoeffizienten von 107,8 % auf. So ist in erster Linie die Genese und nicht die Höhe der Niederschläge für die Größe der Variationskoeffizienten verantwortlich.

Als weiteren Schritt für eine Variabilitätsanalyse der Niederschläge sind in Tab. 10 die maximalen negativen und positiven prozentualen Anomalien vom langjährigen Mittel der Monats- und Jahresniederschläge für die Jahresgänge der in Karte 11 vorgestellten Stationen eingetragen.

Tab. 10: Negative[1] und positive[2] Anomalien vom langjährigen Mittel (1971-1981) der Niederschläge (in %)

Stationen	Jan.	Feb.	Mär.	Apr.	Mai	Jun.	Jul.	Aug.	Sep.	Okt.	Nov.	Dez.	Jahr
Salinas	100	100	100	100	100	100	100	100	100	100	100	100	93
	381	198	310	397	483	875	300	500	200	663	667	750	124
Portoviejo	72	75	82	84	100	100	100	100	97	100	100	100	50
	149	86	122	116	287	578	521	600	297	611	346	154	78
Arenillas	99	71	67	64	78	96	78	78	49	75	92	81	45
	296	146	86	129	148	215	100	109	155	75	420	258	91
Guayaquil-	69	74	74	64	100	100	100	100	100	100	100	100	59
Aeropuerto	227	136	100	156	225	878	367	817	674	623	360	239	83
Isabel Maria	77	49	78	72	100	100	100	100	100	97	100	97	48
	141	55	74	96	181	609	448	369	382	472	357	188	75
Pichilingue	51	27	44	60	96	99	100	89	87	90	99	94	41
	50	46	46	55	124	474	426	715	127	175	235	112	44
Puerto Ila	39	47	70	44	89	71	77	66	88	88	82	66	30
	68	33	73	46	65	225	97	206	100	217	128	144	34
Cayapas	41	39	35	63	70	57	26	60	63	88	85	100	37
	42	72	71	35	95	71	25	73	131	128	139	68	25
Lita	65	72	39	47	44	63	95	92	76	51	56	38	36
	86	73	61	36	68	124	205	87	122	77	92	58	29

[1] jeweils obere Zeile; [2] jeweils untere Zeile

Maximale negative Anomalien (= 100 %) treten bei Jahresniederschlägen bis zu 2.000 mm auf. Eine Ausnahme bildet die im Süden der COSTA liegende Station Arenillas mit einem Jahresniederschlag von 609,7 mm. Hier liegt die größte negative Anomalie bei 99,1 % im Januar. Ein Grund dafür könnte sein, daß infolge der Stauwirkung der nahen Andenkette in jedem Monat ein leichter Niederschlag fällt, der hier im Januar lediglich 0,8 mm beträgt.

Die höchsten positiven Anomalien werden im Juni an den Stationen Guayaquil-Aeropuerto und Salinas mit 878 und 875 % erzielt. Mit zunehmenden Humiditätscharakter der Stationen wird in Cayapas mit 139 % für den November die niedrigste maximale positive Anomalie einer Station festgestellt. Daß die Station Lita mit 205 % eine höhere positive Anomalie aufzeigt, ist in der Nähe zum 1. Kondensationsniveau tropischer Gebirge begründet, wodurch starke konvektive Regenfälle gegeben sind. Grundsätzlich werden die höchsten Werte negativer und positiver Anomalien während des Südwinters erreicht.

Die Jahreswerte zeigen bis zur Region Pichilingue und Puerto Ila höhere Werte der positiven Anomalien auf. Im Bereich von Pichilingue und Puerto Ila nähern sich dagegen die

Werte an. Cayapas und Lita weisen demgegenüber höhere negative Anomalien auf. Daraus läßt sich folgern, daß die Niederschlagsstruktur in der COSTA bis in den Bereich Puerto Ila insbesondere durch eingetretene ENSO-Ereignisse (1972/73 und 1976) eine zum Teil erhebliche positive Anomalie zum langjährigen Mittel aufzeigt. Im Bereich des Äquators schließt sich ein Übergangsgebiet an, in dem sich die positiven und negativen Anomalien angleichen. Indessen weisen die Stationen nördlich des Äquators höhere negative Jahresanomalien auf. Hierfür ist die Niederschlagsabnahme durch eine verstärkte Ausprägung der südostpazifischen Antizyklone und den damit verbundenen Begleiterscheinungen während eines Anti El Niño-Phänomens verantwortlich (1974 und 1978).

Das stärkste ENSO-Ereignis ereignete sich 1982/83 und brachte Niederschlagserhöhungen gegenüber dem langjährigen Mittel von bis zu 140 % mit sich. Exemplarisch ist der mittlere Jahresniederschlag und der Niederschlag im ENSO-Jahr 1983 für die Station Pichilingue in Fig. 3 zueinander aufgetragen.

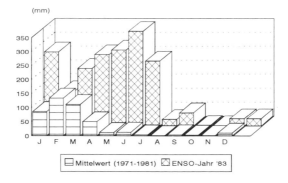

Fig. 3: Niederschläge im ENSO-Jahr '83 im Vergleich zum langjährigen Mittel (1971-1981) an der Station Portoviejo

Die hohe interannuäre Variabilität des Niederschlags tritt in Fig. 3 deutlich hervor. Diese hohe Variabilität erschwert dabei die Ausgliederung von Gebieten mit sicheren Niederschlägen. Eine Mitbewertung starker El Niño-Jahre führt zu einer Überbewertung der Humidität eines Raumes. Dahingegen zeigt eine Trendanalyse der Niederschläge (1932-1980) an der Station Portoviejo eine jährliche Niederschlagsabnahme von 10,3 mm.

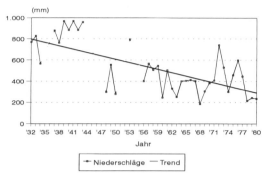

Fig. 4: Trendanalyse der jährlichen Niederschlagssummen an der Station Portoviejo (1932-1980), (Quelle: SEDRI-IICA 1982, S. 103 und 107)

4.1.4 Intensität der Niederschläge

Die Kenntnis über die Intensität der Niederschläge ist in vielfacher Hinsicht von großer Bedeutung. So können sie z. B. Auskunft über den Anteil von Starkregen an den Monatsniederschlägen geben und nicht zuletzt über ihr Potential zur Bodenabspülung.

„Daß daraus nicht einfach gefolgert werden darf, humidere Gebiete mit höheren Niederschlagsmengen und längeren Zeiträumen hoher Bodenwassergehalte unterliegen einer starken Bodenabspülung,[....]" (GEROLD 1986, S. 65)

Aufgrund der Komplexität des Themas Bodenabspülung und der zusätzlich benötigten Rahmendaten (GEROLD 1983, 1986, 1988) findet im Rahmen dieser Arbeit eine Beschränkung auf die regionale Ausprägung der Niederschlagsintensitäten statt.

Für den Bodenwasserhaushalt und damit letztlich für die Pflanzendecke ist neben der jährlichen Gleichverteilung der Niederschläge der prozentuale Anteil der Maximalniederschläge in 24 Std. am Gesamtniederschlag eines Monats von Bedeutung. Deutlich läßt sich anhand der in Tab. 11 wiedergegebenen Prozentwerte eine Abhängigkeit vom Humiditätscharakter und Jahrgang der Niederschläge erkennen (s.a. Karte 11).

Grundsätzlich werden während der Trockenzeit bei insgesamt niedrigen Niederschlägen die höchsten prozentualen Anteile der Maximalniederschläge in 24 Std. am Monatsniederschlag erzielt. Diese jahreszeitliche Abhängigkeit ist bis zur Station Puerto Ila nachweisbar. Nördlich des Äquators gleichen sich die Werte über das Jahr an. Cayapas weist dabei sogar einen zweigipfligen Jahrgang mit einmonatiger Verzögerung nach den Äquinoktialzeiten auf.

Eine Ausnahme stellt wieder der südliche Küstenraum um Arenillas dar. Ganzjährig relativ stabile Luftmassen führen zu einer geringen Variabilität im Niederschlagsgeschehen.

Tab. 11: Prozentuale Anteile der Maximalniederschläge in 24 Std. am Monatsniederschlag

Stationen	Jan.	Feb.	Mär.	Apr.	Mai	Jun.	Jul.	Aug.	Sep.	Okt.	Nov.	Dez.
Salinas	52	54	41	85	50	63	100	50	100	100	33	50
Portoviejo	33	30	27	40	40	34	64	67	81	89	85	49
Arenillas	27	27	28	38	31	38	28	24	32	38	33	36
Guayaquil-Aeropuerto	38	23	22	33	58	63	67	100	82	62	80	53
Isabel Maria	22	20	19	24	45	42	72	77	69	72	74	50
Pichilingue	19	16	17	22	31	35	66	68	56	59	78	34
Puerto Ila	18	17	16	18	26	23	37	22	29	31	28	25
Cayapas	17	20	20	22	17	19	17	20	25	23	31	20
Lita	15	13	15	17	14	18	19	21	19	14	15	17

Absolute Werte der Maximalniederschläge in 24 Std. (1971-1981) sind in der Tab. 12 aufgeführt. Dabei gelten Niederschläge von > 60 mm/d als Starkregen. Häufigkeitsanalysen und Wiederkehrzeiten derartiger Starkregen sind insbesondere für die Erfassung der Bodenabspülung von Bedeutung (GEROLD 1986).

Tab. 12: Maximalniederschläge in 24 Std. (1971-1981) an ausgewählten Stationen

Stationen	Jan.	Feb.	Mär.	Apr.	Mai	Jun.	Jul.	Aug.	Sep.	Okt.	Nov.	Dez.	Jahr
Salinas	53,4	59,8	88,8	51,3	2,0	4,4	0,4	0,4	0,3	6,1	1,0	2,0	88,8
Portoviejo	63,1	130,9	88,1	62,8	15,2	23,3	13,0	2,9	14,5	17,6	5,2	12,1	130,9
Arenillas	88,7	62,8	70,2	111,9	23,2	27,9	4,0	6,5	15,9	14,2	16,4	16,6	111,9
Guayaquil-Aeropuerto	204,7	122,1	105,5	108,5	116,3	91,3	1,1	5,5	18,1	5,4	2,0	68,0	204,7
Isabel Maria	146,9	108,5	151,5	130,0	66,2	51,1	13,7	6,0	32,4	18,9	9,7	82,1	151,5
Pichilingue	123,6	120,5	151,0	134,2	79,4	108,9	31,2	51,0	19,2	26,5	53,4	125,0	151,0
Puerto Ila	117,7	139,6	146,4	112,1	91,9	79,0	28,8	25,6	33,3	87,1	24,5	59,0	139,6
Cayapas	94,8	122,6	113,3	104,6	132,3	77,1	42,0	72,4	149,2	86,2	80,6	77,6	149,2
Lita	63,4	68,9	107,0	118,0	116,0	62,3	69,3	73,5	71,3	64,5	85,6	89,3	118,0

Die Abhängigkeit vom Niederschlagsgradienten, mit Ausnahme der Station Arenillas, ist wieder klar erkennbar. Während südlich des Äquators noch bis zu fünf Monate Niederschläge < 60 mm/d aufweisen, reduziert sich diese Zahl nördlich des Äquators auf einen Monat. Die Genese der Niederschläge ist dafür wieder maßgeblich verantwortlich.

Der höchste Tagesniederschlag mit 204,7 mm wurde am 09.01.'73 an der Station Guayaquil-Aeropuerto verzeichnet. Zeitpunkt und Lage der Station deuten auf ein eindeutiges ENSO-Ereignis hin. Daß grundsätzlich die höchsten Tagesniederschläge während der Regenzeit südlich des Äquators fallen, ist auf die Genese der Niederschläge - insbesondere im Raum Pichilingue und Puerto Ila - zurückzuführen.

Weiterhin zeigt sich auffällig, daß vor allem auch in den Trockengebieten während der Regenzeit Starkniederschläge auftreten. Bei spärlicher Vegetationsdecke, insbesondere durch Vegetationsdegradation hervorgerufen, können diese zu hohen Bodenabspülungen führen (s.a. GEROLD 1983, 1986 und IBRAHIM 1984).

47

Da die Maximalniederschläge in 24 Std. keinen weiterführenden Einblick in die Niederschlagsintensitäten an den Stationen geben können, sind in Tab. 13 für das "Normaljahr" 1971 die Niederschläge über das Jahr in Intensitätsklassen dargestellt.

Tab. 13: Intensitätsklassen der Niederschläge an ausgewählten Stationen

Stationen	Statistik	Intensitätsklassen der Niederschläge (mm/d)								$\Sigma^{3)}$
		0	0,1-5	5-10	10-25	25-50	50-100	100-200	>200	
Salinas	Tage[1]	347	11	1	2	2	2	0	0	
	% Jahr[2]	0	2,3	2,5	12,1	25,7	57,5	0	0	299,0
Portoviejo	Tage	285	58	7	12	3	0	0	0	
	% Jahr	0	17,3	12,5	47,3	22,9	0	0	0	406,9
Arenillas	Tage	247	101	9	3	4	1	0	0	
	% Jahr	0	19,1	9	5,5	16,8	49,6	0	0	770,2
Guayaquil-Aeropuerto	Tage	291	46	11	11	3	3	0	0	
	% Jahr	0	10,2	12,1	29,1	18,7	29,9	0	0	659,8
Isabel María	Tage	237	81	13	22	6	6	0	0	
	% Jahr	0	11,1	8,7	31,8	17,0	31,4	0	0	1116,9
Pichilingue	Tage	192	112	11	25	19	5	1	0	
	% Jahr	0	5,8	4,4	23,6	39,2	18,7	8,2	0	1846,5
Puerto Ila	Tage	93	180	25	39	18	7	3	0	
	% Jahr	0	9,5	7,2	25	26,6	16,7	15,0	0	2572,1
Cayapas	Tage	62	118	72	69	28	13	3	0	
	% Jahr	0	5,2	13,0	27,1	23,7	21,8	9,2	0	3991,0
Lita	Tage	36	120	54	84	54	1	0	0	
	% Jahr	0	5,4	7,7	27,2	39,3	20,5	0	0	4874,0

[1] Tage des Jahres pro Niederschlagsklasse; [2] Prozentualer Anteil der Klasse am Gesamtniederschlag; [3] Jahresniederschlag

Deutlich tritt hervor, daß die Jahresniederschläge in den Trockenregionen im allgemeinen zu 50 % und mehr während weniger Tage in hohen Intensitäten (50-100 mm/d) fallen. Dies führt dazu, daß die Niederschläge oberflächlich, bei geringem Deckungsgrad erodierend, ablaufen und nur geringfügig zu einer Auffüllung des Bodenwasserspeichers beitragen. Lediglich in Senken wird die Bodenfeuchte erhöht.

Besonders klar gibt die Anzahl der Tage ohne Niederschlag den steilen Niederschlagsgradienten in der COSTA wieder. Werden an der Station Salinas noch 347 Tage ohne Niederschlag gezählt, so sind es in Lita nur noch 36 Tage.

Die häufigsten Niederschläge im Übergangsbereich Feuchtsavanne/Regenwald (Puerto Ila) und im Regenwald (Cayapas, Lita) fallen in der Intensitätsklasse 0,1-5 mm/d. Somit muß, wie schon GEROLD (1986) feststellte, die generelle Aussage, daß in den Tropen konvektive Niederschläge mit hohen Intensitäten vorherrschen, insbesondere für die humiden Tropen relativiert werden. Genese und jahreszeitliche Verteilung der Niederschläge spielen dabei eine wesentliche Rolle.

4.2 Temperaturverhältnisse

Die räumliche Differenzierung der Jahresmitteltemperaturen (s. Karte 13) wird durch vier wesentliche Faktoren geprägt:

- Die Beeinflussung der süd-westlichen COSTA durch den kalten Humboldtstrom;
- eine adiabatische Temperaturabnahme an der Andenwestabdachung;
- die Ausbildung maximaler Temperaturen im zentralen Küstentiefland bei vorwiegender Leelage gegenüber den kalten Luftmassen über dem Humboldtstrom;
- den Einfluß der warmen Wasser des Niño-Stromes auf maximale Temperaturen im nordwestlichen Küstenbereich.

Die höchste Jahresmitteltemperatur wird an der Station Olmedo mit 26,1 °C und die niedrigste an der Station La Naranja - Jipijapa (nördlich von Virginia) im Küstengebirge mit 21,6 °C verzeichnet. Hierbei kann es sich nicht um eine adiabatische Temperaturabnahme handeln, da hierfür das Küstengebirge mit im Mittel ~400 m zu niedrig ist. Die maximale Schwankungsbreite der Jahresmitteltemperaturen in der COSTA beträgt somit 4,5 °C. Für den Jahresgang ergeben sich an den Stationen ähnliche Größenordnungen in der Temperaturamplitude.

Kennzeichen der Tropen ist das Tageszeitenklima. Dementsprechend gering sind die Jahresamplituden der Temperaturen an den Stationen in der COSTA. Die größte Jahresamplitude im Temperaturgang weist die Station Salinas mit 5,5 °C bei einer Jahresmitteltemperatur von 23,5 °C auf (s. Fig. 5). Der periodische Wechsel der kalten Wasser des Humboldtstroms mit den warmen des Niño-Stromes ist für die Temperaturamplituden verantwortlich. Stellvertretend für das zentrale Küstentiefland ist der Temperaturgang an der Station Isabel Maria dargestellt (s. Fig. 5).

Bei einer Jahresmitteltemperatur von 25,1 °C weist sie eine Amplitude von 2,9 °C auf. Die geringsten Temperaturamplituden treten im Bereich der humiden Tieflandstropen nördlich des Äquators auf. So beträgt die Temperaturamplitude an der Station Cayapas 1,1 °C bei einer mittleren Jahrestemperatur von 25,7 °C (s Fig. 5). Der stetig hohe Wasserdampfgehalt in der Atmosphäre hat hier eine dämpfende Wirkung auf den Jahresgang der Temperatur.

Werden nun die Schwankungsbereiche der absoluten und mittleren Temperaturmaxima betrachtet, so fällt auf, daß sie sich umgekehrt proportional zur Amplitude der mittleren Jahresschwankung verhalten (s. Fig. 5). Küstenstationen sind allgemeingültig durch ein ausgeglicheneres Klima gekennzeichnet. Dabei weist die Station Salinas aufgrund ihrer extremen Exponierung zum offenen Ozean die geringsten monatlichen Temperaturschwankungen in der COSTA auf; unabhängig davon, ob das Kap vom kalten Humboldtstrom oder vom warmen El Niño-Strom umflossen wird.

Geographisches Institut
der Universität Kiel

Salinas

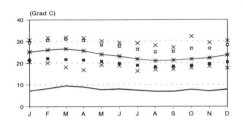

Isabel Maria

Cayapas

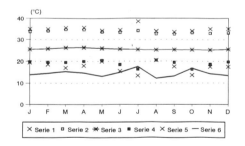

× Serie 1   □ Serie 2   ✳ Serie 3   ■ Serie 4   × Serie 5   — Serie 6

Serie 1 = absolute Maximumtemperatur
Serie 2 = mittlere Maximumtemperatur
Serie 3 = Jahresmitteltemperatur
Serie 4 = mittlere Minimumtemperatur
Serie 5 = absolute Minimutemperatur
Serie 6 = Spannweite zwischen mittlerer Maximum- und Minimumtemperatur

Fig. 5 Jahresgang der Temperaturen an ausgewählten Stationen

Generell lassen sich zwei Zeitpunkte maximaler Temperaturamplituden bei den absoluten und mittleren Temperaturmaxima und -minima erkennen (s. Fig. 5). So weisen die Stationen, die sich im direkten Einflußbereich des Humboldtstromes befinden, ihre maximale Amplitude zum Zeitpunkt der Äquinoktialzeit im März und somit während der Regenzeit auf (z.B. Salinas). Die übrigen Stationen südlich des Äquators haben ihre maximale Amplitude kurz nach der Äquinoktialzeit im September (z.B. Isabel Maria). Stationen, die nördlich des Äquators liegen, weisen infolge der geringen Bewölkung während der Trockenzeit und ebenfalls kurz nach der Äquinoktialzeit im September die größten Temperaturamplituden auf.

4.3 Windregime-Typen

Die COSTA Ecuadors läßt sich in sechs Windregime-Typen gliedern (s. Karte 14):
• Land-Seewind-Regime mit überwiegender Seewindkomponente;
• Berg-Talwind-Regime der Küstenkordillere;
• Leelagen-Regime ohne dominierende Windrichtung und mit hoher Calmenhäufigkeit;
• Beckenwind-Regime des Río Guayas mit überwiegender Südkomponente;
• Berg-Talwind-Regime der andinen Westabdachung;
• Ageostrophisches Windregime (Doldrums) mit hoher Calmenhäufigkeit.

Bei den ausgegliederten Windregime-Typen handelt es sich zumeist um lokale Windsysteme. Die einzige Ausnahme bildet das Ageostrophische Windregime im nördlichen Küstenbereich.
Ageostrophische Windsysteme kommen im Bereich des Äquators vor und entstehen, indem lokale Druckunterschiede infolge der geringen Corioliskraft direkt aufgelöst werden. Somit ist keine dominante Windrichtung zu erkennen. Die prozentuale Häufigkeit von Calmen erreicht in diesem Windregime-Typ ihr Maximum bei über 80 %. Daß das ageostrophische Windregime südlich des Äquators nicht auftritt, zeigt die Intensität des Beckenwind-Regimes des Río Guayas, das mit kräftigen, stetigen (geringe Calmenzahl) Südwinden gegen den Äquator gerichtet ist. Dadurch wird das ageostrophische Windsystem überdeckt. Ähnlich verhält es sich mit dem Berg-Talwind-Regime und dem Land-Seewind-Regime. Beide Windregime sind derart intensiv, daß sie ebenfalls das für die Äquatorregion typische ageostrophische Windregime überlagern.
Das Beckenwind-Regime des Río Guayas entsteht in erster Linie durch ein „kleines" Hitzetief, das sich ,bedingt durch die relativen hohen Temperaturen (s. Karte 13.), im zentralen Küstentiefland ausbildet und durch die morphologische Struktur des Beckens (Süd-Nord) Südwinde ausprägt. Dieser Effekt wird durch einen bestehenden Druckgradienten, der zur äquatorialen Tiefdruckrinne hin gerichtet ist, verstärkt.

In Abhängigkeit von den Windregime-Typen lassen sich die Windgeschwindigkeiten beschreiben. Exemplarisch ist dazu für jeden Windregime-Typ eine Station in Tab. 14 aufgeführt (s.a. Karte 14).

Tab. 14: Windgeschwindigkeiten (m/s) und Calmen (%) an ausgewählten Stationen in den Windregime-Typen

Stationen	Jan.	Feb.	Mär.	Apr.	Mai	Jun.	Jul.	Aug.	Sep.	Okt.	Nov.	Dez.	Calmen[1]
Salinas	3,2	2,9	3,0	3,1	3,6	4,0	3,9	4,1	3,8	4,2	3,9	4,0	8
Santa Ana	2,2	2,0	1,9	1,8	2,0	2,0	2,2	2,4	2,5	2,5	2,4	2,3	26
Camposano	1,2	0,9	0,9	0,7	0,8	1,0	1,1	1,4	1,5	1,5	1,5	1,4	51
Pichilingue	1,2	1,3	1,3	1,2	1,0	1,0	1,1	1,2	1,2	1,3	1,3	1,3	22
San Juan-La Mana	1,0	0,9	1,0	1,0	0,9	0,9	0,8	0,8	1,0	0,9	1,0	0,9	47
Cayapas	0,5	0,6	0,5	0,5	0,4	0,5	0,4	0,5	0,5	0,4	0,4	0,5	67

[1] Mittlere jährliche Calmenhäufigkeit

Deutlich lassen sich die Windregime-Typen mit den höchsten und niedrigsten Windgeschwindigkeiten erkennen. Die hohen Windgeschwindigkeiten im Land-Seewind-Regime lassen sich durch den minimalen Reibungswiderstand des Ozeans erklären. Durch die direkte Auflösung von Luftdruckunterschieden können sich dagegen im ageostrophischen Windregime nur geringe Windgeschwindigkeiten entwickeln. Die Windgeschwindigkeiten in den Berg-Talwind-Regimen der Küstenkordillere und der andinen Westabdachung sind dahgegen von Station zu Station sehr unterschiedlich. Exposition der Täler und der sich darin befindlichen Klimastationen haben einen wesentlichen Einfluß auf die Windgeschwindigkeiten. Die Reliefenergie ist dabei gleichfalls von Bedeutung.

Das Beckenwind-Regime des Río Guayas zeigt konstante mittlere Windgeschwindigkeiten, und das Leelagen-Regime hebt sich durch eine erhöhte Calmenhäufigkeit > 50 % in einer Region niedriger Calmenhäufigkeit < 30 % hervor und zeigt ähnliche Windgeschwindigkeiten wie das Beckenwind-Regime.

4.4 Luftfeuchte- und Strahlungsbedingungen (Sonnenscheindauer)

Die Luftfeuchte- und Strahlungsbedingungen in der COSTA zeigen in ihrer räumlichen Ausprägung eine starke Abhängigkeit von den Niederschlägen. Allerdings verhalten sich die beiden Klimaelemente umgekehrt proportional zueinander. Während die Werte der Luftfeuchte vor allem mit der Häufigkeit der Niederschläge zunehmen, verringert sich durch den höheren und länger anhaltenden Bedeckungsgrad die Sonnenscheindauer. Exemplarisch sind die Werte der Luftfeuchte und Sonnenscheindauer für die Stationen Portoviejo (425,8 mm/a) und Puerto Ila (2.659,1 mm/a) in Fig. 6 dargestellt. Insbesondere in der Bestimmung der Verdunstung stellen die relative Feuchte und die Strahlungsbedingungen wichtige Parameter dar.

relative Feuchte

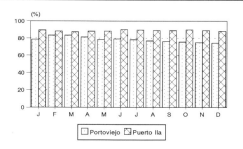

Sonnenscheindauer

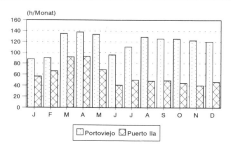

Fig. 6: Jahresgang der relativen Feuchte und der Sonnenscheindauer an den Stationen Portoviejo und Pichilingue

4.5 Bestimmung der Verdunstung über empirische und deterministische Ansätze

Die Verdunstung stellt im Rahmen des Wasserhaushalts und seiner Bilanzierung in den Tropen den größten „Verlustfaktor" dar. Jedoch ist die Verdunstung nicht als reiner Verlustfaktor im Ökosystem zu sehen. Durch ein bestehendes Dampfdruckgefälle zwischen Pflanze und Atmosphäre kommt es zur Wasserdampfabgabe über die Stomata der Pflanze (ca. 2/3 der Gesamt pET) an die umgebende Luft, bis ein Gleichgewicht hergestellt ist. Die Pflanze transpiriert. So werden z.B. für das Amazonastiefland prozentuale Anteile der pET am Niederschlag von 50-75 % angegeben (SALATI 1985).

Infolge der Transpiration und des daraus resultierenden Wasserverlustes für die Pflanze bedarf es einer Wassernachlieferung, die über die Wurzeln aus dem Boden erfolgt. Mit dem aufgenommenen Bodenwasser werden der Pflanze sowohl Nährstoffe als auch die für die Photosynthese notwendigen Wasserstoff- und Sauerstoffionen zugeführt. Durch die Kühlwirkung der Transpiration ist für die Pflanze bei starker Sonneneinstrahlung ein

53

Überhitzungsschutz gegeben (DUDDINGTON 1972). SCHRÖDTER (1985) bezeichnet diese Art der Verdunstung auch als produktive Verdunstung.

Die Verdunstung von einer freien Wasserfläche oder von Infiltrationswasser aus einem vegetationsfreien Boden bezeichnet er dementsprechend als unproduktive Verdunstung. Limitierender Faktor beim Wassertransport im System Boden-Pflanze-Atmosphäre ist neben dem Dampfdruckgefälle im Grenzraum Pflanze/Blattfläche-Atmosphäre der Boden und seine Fähigkeit zur Wasserspeicherung und -abgabe.

4.5.1 Erfassung der Verdunstung und ihre Problematik

Die Verdunstung ist eine der unsichersten meteorologischen Parameter. Sie sollte nur dann gemessen werden, wenn sie nicht durch Berechnung erhältlich ist (HÄCKEL 1985).

„Ähnlich wie die meisten Geräte liefern auch die empirischen Formeln nur Schätzwerte der Verdunstungsbeanspruchung der Atmosphäre."
(VON HOYNINGEN-HUENE et al. 1986, S. 15)

Die Diskussion über die Problematik der Verdunstungsbestimmung ist vielfältig (AL-SHA'LAN & SALIH 1987, ANYADIKE 1987, VAN EIMERN 1964, GENID et al. 1982, GIESE 1974, HARGREAVES 1989, SADEGHI et al. 1984, SALIH et al. 1984, SCHRÖDTER 1985, SPONAGEL 1980, YOUSSEFI 1980 u.a.) und soll im Rahmen dieser Arbeit nur in Bezug auf ihre direkte Anwendung aufgegriffen werden.

Die Messung der Verdunstung durch das INAMHI erfolgt mit dem Evaporimeter nach Piche und der Class-A-pan. Beide Geräte liefern als Wert die potentielle Evaporation (pV).

Die Bestimmung der Verdunstung auf physikalisch-mathematischem Weg kann über empirische Methoden (THORNTHWAITE 1948, TURC 1961 u.a.), deterministische Ansätze (PENMAN 1948, BOWEN 1926 u.a.) oder über Verdunstungsmodelle (KOLLE & FIEDLER 1992, LÖPMEIER 1983, MONTEITH 1978, SCHÄDLER 1989, SELLERS et al. 1986 u.a.) erfolgen.

In Ecuador wird von offizieller Seite (INAMHI, PRONAREG etc.) die Formel von THORNTHWAITE (1948) zur Berechnung der Verdunstung (pET) herangezogen (s. Kap. 4.5.2).

In ihrer komplexen physikalischen Struktur stellt die Formel nach PENMAN (1948) die exakteste Methode zur Bestimmung der Verdunstung (pET und pV) dar. Insbesondere die Kombination aus einem Energieterm (Verdunstungsenergie) und einem Ventilationsterm

(Abtransport des Wasserdampfes) führt zu einem Vorteil gegenüber anderen Verdunstungsberechnungen.

In ihrer Weiterentwicklung, insbesondere als Grundlage vieler Verdunstungsmodelle, stellt die PENMAN-Formel (1948) die ausgereifteste Methode zur indirekten Ermittlung der Verdunstung dar (s. Kap. 4.5.3). Die Anwendung der komplexen Verdunstungsmodelle ist für die Tropen aufgrund fehlender Eingangsparameter wie Rauhigkeitslänge, Deckungsgrad, Blattflächenindex, minimaler Stomatawiderstand, Bestands-Wuchskurve und Bodenparameter (Profil der Bodenfeuchte, Bodenart etc.) meist nicht möglich oder nur an einem Meßpunkt durchführbar.

Selbst für kleinräumige Bestände ist die Erfassung der Verdunstung durch Verdunstungsmodelle sehr aufwendig, zumal wenn es sich um inhomogene Mischnutzungs-/Agroforstsysteme handelt. Daher wird in dieser Arbeit der deterministische Ansatz von PENMAN (1948), modifiziert nach DOORENBOS & PRUITT (1988); verwandt.

Hauptkritikpunkt an der PENMAN-Formel ist, daß sie nach Meinung verschiedener Autoren den Strahlungsterm leicht überschätzt, aber insbesondere die Windfunktion unterschätzt (ALLEN 1986, VAN BAVEL 1966, CUNENCA & NICHOLSON 1982 u.a.).

Durch den deterministischen Ansatz der BOWEN-Ratio (1926) wird die aktuelle Evapotranspiration bestimmt (s. Kap. 4.5.5).

„Unter der aktuellen Evapotranspiration (AE) verstehen wir die Wasserabgabe eines geschlossenen Pflanzenbestandes, die nach Maßgabe des momentan vorhandenen Bodenwassers tatsächlich stattfindet." (PFAU 1966, S. 34)

SCHRÖDTER (1985) schreibt dazu, daß das Phänomen der aET von so komplexer Natur ist, daß auch nur eine näherungsweise quantitative Bestimmung bis heute auf außerordentliche Schwierigkeiten stößt. Die Bestimmung der aET kann nur mit Lysimetern annähernd genau erfolgen. Eine Übersicht über die komplexen Wechselbeziehungen, die die aET bestimmen, geben BRADEN (1982), VON HOYNINGEN-HUENE (1975) und RIJTEMA (1965). Kritische Betrachtungen zur Bestimmung der aET nach der BOWEN-Ratio (1926) bzw. SVERDRUP-Methode (1936) finden sich bei ANGUS & WATTS 1984, FUCHS & TANNER 1970, REVHEIM & JORDAN 1976 und SINCLAIR et al. 1975.

Trotz der Kritik vieler Autoren an der Bestimmung der aET über die BOWEN-Ratio (1926) bzw. die SVERDRUP-Methode (1936) wird die Ermittlung der aET nach diesen Verfahren von vielen Wissenschaftlern angewandt (DE JAGER & HARRISON 1982, GARRATT 1984, SCHÄDLER 1980 u.a.).

4.5.2 Die Bestimmung der Verdunstung nach THORNTHWAITE

Die von THORNTHWAITE (1948) entwickelte Formel zur Bestimmung der pET lautet:

$$pET = 1,6*(10*T/I)^a$$

wobei

pET   = potentielle Evapotranspiration [cm/Monat]
T   = Monatsmitteltemperatur [°C]
I   = Wärmeindex für die 12 Monate des Jahres, I = Σi
i   = Wärmeindex für den einzelnen Monat $(T/5)^{1,514}$
a   = Kennwert in Abhängigkeit von I
      = $(0,0675*I^3-7,71*I^2+1792*I+49239)*10^{-5}$

Für den Erhalt der endgültigen Werte der pET müssen Korrekturen nach einer dafür entwickelten Tabelle durchgeführt werden. Da die Angabe der Verdunstungshöhe heute allgemeingültig in mm erfolgt, wird die Formel wie folgt

$$pET = 16*(10*T/I)^a \quad [mm/Monat]$$

geschrieben (SCHRÖDTER 1985).

4.5.3 Die Bestimmung der Verdunstung nach der modifizierten Penman-Formel

Für die vorliegende Arbeit wurde die Verdunstung mit der „slightly modified Penman equation" nach DOORENBOS & PRUITT (1988) berechnet. Durch die Entwicklung des Korrekturfaktors „c" wurde eine Möglichkeit zur weltweiten Anwendung der PENMAN-Kombinationsformel geschaffen. Die von SCHRÖDTER (1985) angegebene Näherungsformel für den Korrekturfaktor „c", die für mitteleuropäische Verhältnisse entwickelt wurde, ergibt auch für den Untersuchungsraum gute Ergebnisse. Vergleiche mit den Tabellenwerten von DOORENBOS & KASSAM (1988) bestätigen dies.

Die PENMAN-Kombinationsformel hat demnach folgende Form:

$$pET (pV) = c[W*Rn+(1-W)*f(U)*(ea-ed)]$$

wobei

pET = potentielle Evapotranspiration [mm/d]

pV = potentielle Evaporation [mm/d]

c = 0,79-0,034*Um+0,028*Rs; Korrekturfaktor [mm/d]

Um = Windstärke [Beaufort/d]

Rs = (0,25+0,50*n/N)*Ra; Globalstrahlung [mm/d]

n = tatsächliche Sonnenscheindauer [h/d]

N = astronomisch mögliche Sonnenscheindauer [h/d]

Ra = extraterrestrische Strahlung [mm/d]

W = Wichtungsfaktor

1-W = Wichtungsfaktor

Rn = Rns-Rnl; Strahlungsbilanz [mm/d] [1]

Rns = $(1-\alpha)$*Rs; kurzwellige Strahlung [mm/d]

α = 0,25 für vegetationsbedeckte Oberflächen (pET) und

0,05 für Wasseroberflächen (pV); Albedo

Rnl = f(T)*f(ed)*f(n/N); langwellige Strahlung [mm/d]

f(T) = $1,98*10^{-9*(273+T)}$; Stefan Boltzmann'sche Konstante [K]

T = Tagesmitteltemperatur [°C]

f(ed) = 0,34-0,044*ed; [mbar]

ed = ea*rF/100; Dampfdruck [mbar]

ea = $6,107*10^{(7,5*T)/(235+T)}$; Sättigungsdampfdruck [mbar]

rF = relative Feuchte; Tagesmittel [%]

f(n/N) = 0,1+0,9*n/N

f(U) = $0,27*(1+U*f/100)$; Windfunktion [km/d]

U = Windgeschwindigkeit [km/d]

f = Höhenreduktionsfaktor für die Windgeschwindigkeit,

wenn U nicht in 2,0 m Höhe gemessen.

[1] Aus streng meteorologischer Sicht ist anzumerken, daß die Einheit mm für Rn nicht korrekt ist.

(PENMAN 1948, DOORENBOS & PRUITT 1988, DOORENBOS & KASSAM 1988, HÄCKEL 1985, MALBERG 1985 und SCHRÖDTER 1985)

Die Umwandlung der gemessenen Rn-Werte von W/m^2 in mm Verdunstungsäquivalent kann mit der bei KÖNNECKE (1990) angegebenen Formel

Rn* = Rn**/(694,5(1-0,000946(Ta-273,16)))

durchgeführt werden, wobei gilt

57

Rn* = Strahlungsbilanz in mm Verdunstungsäquivalent
Rn** = Strahlungsbilanz in W/m^2
Ta = Temperatur in Kelvin

oder durch die einfache Multiplikation der Strahlungsbilanz in W/m^2 mit der selbst empirisch bestimmten Konstante $1,4667^{-3}$ mm/Wm^{-2}. Die Abweichungen zwischen den beiden Umwandlungsverfahren liegen bei maximal 2 %.

Werte für Ra, W, N und f wurden den Tabellen in DOORENBOS & PRUITT (1988, S. 17 und 24-26) entnommen. Durch die Wichtungsfaktoren W und 1-W wird der relative Einfluß des Energie- und des Transportterms auf die Verdunstung berücksichtigt. Die Wichtungsfaktoren sind von der Lufttemperatur und der Höhe des Standortes üNN abhängig.

Als Resultate der modifizierten Kombinationsformel nach PENMAN liegen für die pET und pV Tageswerte in mm vor. Für den Erhalt von Monatswerten werden die Tageswerte mit den Tagen der Monate multipliziert. Bedingt durch das Schaltjahr wird für den Februar eine mittlere Tageszahl von 28,25 angenommen. Die zur Ermittlung der Verdunstung notwendigen Daten basieren auf den Mittelwertsberechnungen, die anhand der Klimajahrbücher 1971-1981 durchgeführt wurden. Ausgenommen davon sind die Werte für W, Ra und N, die den Tabellen in DOORENBOS & PRUITT (1988) und DOORENBOS & KASSAM (1988) entnommen wurden. Verwertbare Angaben zur tatsächlichen Sonnenscheindauer liegen für 27 der 70 verwendeten Stationen vor. Daraufhin wurde eine Regionalisierung anhand der Vegetationszonen und der orographischen Verhältnisse vorgenommen. Basierend auf dieser Regionalisierung wurden repräsentative Stationen mit gemessener tatsächlicher Sonnenscheindauer ausgewählt und die Werte auf die umliegenden Stationen mit fehlenden Daten zur Sonnenscheindauer übertragen. Der maximale Fehler in der Bestimmung der Verdunstung aufgrund einer nicht richtig interpolierten tatsächlichen Sonnenscheindauer beträgt - wie Vergleichsberechnungen zeigten - maximal 10 %. Fehler über 5 % sind jedoch nicht zu erwarten.
Eine Bestimmung der Ratio n/N anhand des Bewölkungsgrades nach DOORENBOS & PRUITT (1988) wurde nicht vorgenommen. Es bestätigte sich die Aussage von DOORENBOS & PRUITT (1988), daß es sich dabei nur um eine grobe Abschätzung der Ratio handeln kann. Ein Vergleich der Ratio, bestimmt aus gemessener tatsächlicher Sonnenscheindauer und berechnet aus dem Bewölkungsgrad, zeigte keine Zusammenhänge auf.

Für die Bestimmung der Verdunstung in den untersuchten Pflanzenbeständen (s. Kap. 7.3.4, 7.4.4 und 7.5.4) lagen Messungen zur Strahlungsbilanz vor. Damit kann ein Hauptkritikpunkt der PENMAN-Formel umgangen und die bis dahin indirekte Bestimmung der Strahlungsbilanz durch gemessene Werte ersetzt werden.

Die PENMAN-Formel hat jetzt folgende Form:

$$pET\ (pV) = c[W*Rn+(1-W)*f(U)*(ea-ed)]$$

wobei

pET = potentielle Evapotranspiration [mm/d]
pV = potentielle Evaporation [mm/d]
c = 0,79-0,034*Um+0,028*Rs; Korrekturfaktor [mm/d]
Um = Windstärke [Beaufort/d]
Rs = (0,25+0,50*n/N)*Ra; Globalstrahlung [mm/d]
n = tatsächliche Sonnenscheindauer [h/d]
N = astronomisch mögliche Sonnenscheindauer [h/d]
Ra = extraterrestrische Strahlung [mm/d]
W = Wichtungsfaktor
1-W = Wichtungsfaktor
Rn = Strahlungsbilanz [mm/d]
f(U) = 0,27*(1+U*f/100); Windfunktion [km/d]
U = Windgeschwindigkeit [km/d]
f = Höhenreduktionsfaktor für die Windgeschwindigkeit,
 wenn U nicht in 2,0 m Höhe gemessen
ea = 6,107*10$^{(7,5*T)/(235+T)}$; Sättigungsdampfdruck [mbar]
T = Tagesmitteltemperatur [°C]
ed = ea*rF/100; Dampfdruck [mbar]
rF = relative Feuchte; Tagesmittel [%]

Kann durch die Messung der Strahlungsbilanz auf eine Reihe von Ersatzparametern zu ihrer indirekten Bestimmung verzichtet und somit die Verdunstung in ihrer Größe exakter erfaßt werden, so weist SCHRÖDTER (1985) darauf hin, daß für eine wirklich genaue Erfassung der Tagesverdunstung die Verdunstung auf Stundenbasis berechnet werden sollte.

4.5.4 Die Bestimmung von Stundenwerten der Verdunstung mit Hilfe der modifizierten PENMAN-Formel

Gemäß der obigen Forderung von SCHRÖDTER (1985) wurde die im vorhergehenden Kap. 4.5.3 vorgestellte Formel für Tageswerte folgendermaßen für die Berechnung von Stundenwerten umgewandelt.

pET (pV) = c[W*Rn+(1-W)*f(U)*(ea-ed)]

wobei

pET = potentielle Evapotranspiration [mm/h.]
pV = potentielle Evaporation [mm/h]
c = 0,79-0,034*Um+0,028*Rs; Korrekturfaktor [mm/h]
Um = Windstärke [Beaufort/h]
Rs = (0,25+0,50*n/N)*Ra; Globalstrahlung [mm/h]
n = tatsächliche Sonnenscheindauer [h]
N = astronomisch mögliche Sonnenscheindauer [h]
n/N = $(n/N)/12$
Ra = $Ra/12$; extraterrestrische Strahlung [mm/h]
W = Wichtungsfaktor
1-W = Wichtungsfaktor
Rn = Strahlungsbilanz [mm/h]
f(U) = $(0,27/24)$*(1+U*f/100); Windfunktion [km/h]
U = Windgeschwindigkeit [km/h]
f = Höhenreduktionsfaktor für die Windgeschwindigkeit,
wenn U nicht in 2,0 m Höhe gemessen.
ea = 6,107*10$^{(7,5*T)/(235+T)}$; Sättigungsdampfdruck [mbar]
T = Stundenmitteltemperatur [°C]
ed = ea*rF/100; Dampfdruck [mbar]
rF = relative Feuchte; Stundenmittel [%]

Bei Annahme eines Tropentages und unter Berücksichtigung der Stundenmittelung der erfaßten Klimaparameter wurde die Umformung der Tageswerte der Strahlungsparameter für die Daten des Zeitraumes 07°° bis 18°° Uhr vorgenommen.

„As almost all evaporation takes place during daylight hours,[....]."
(OLIVER et al. 1987, S. 262)

Für die Funktion f(U) wurde für sämtliche Stundenmittel eine Abänderung durchgeführt. Die Abänderungen erfolgten empirisch mit den Daten und Ergebnissen der modifizierten

PENMAN-Formel in Kap. 4.5.3 Die Bestimmung der Tagesverdunstung erfolgt über die Aufsummierung der Werte von 07°° bis 18°° Uhr.

Wie sehr sich die Tageswerte der Verdunstung, berechnet aus Tages- und Stundenmitteln (07°°-18°° Uhr) der Klimaparameter, unterscheiden, wird in den Kap. 7.3.4 und 7.4.4 ersichtlich.

Werden mit Hilfe der Formel nach THORNTHWAITE und der modifizierten PENMAN-Gleichung Werte zur pET und pV berechnet, so kann aus dem Strom latenter Wärme (LE) die aktuelle Verdunstung (aET) bestimmt werden.

4.5.5 Die Bestimmung der aET aus dem Strom latenter Wärme

Da die Verdunstung über die Verdunstungsenergie mit dem Energiehaushalt verknüpft ist, erfolgt die Bestimmung der aET aus dem Strom latenter Wärme. Die Energiebilanzgleichung für eine idealisierte vegetationsbedeckte Erdoberfläche lautet:

$$0 = Rn+G+H+LE+P+C$$

wobei

Rn	= Strahlungsbilanz [W/m²]
G	= Bodenwärmestrom [W/m²]
H	= Strom fühlbarer Wärme [W/m²]
LE	= Strom latenter Wärme [W/m²]
P	= Wärmestrom aus der Pflanzenmasse [W/m²]
C	= Wärmestrom aus chemischen Umsetzungen (Metabolismus) [W/m²]

Der Wärmestrom aus P und C kann wegen des geringen Anteils gegenüber den anderen Strömen vernachlässigt werden. Somit lautet die Gleichung:

$$0 = Rn+G+H+LE$$

Auf Grundlage dieser Energiebilanzgleichung kann nach Umformung (s. dazu SCHRÖDTER 1985) LE bestimmt werden:

$$LE = -(Rn+G)/(1+H/LE)$$

Die Größe H/LE wird nach BOWEN (1926) als BOWEN-Ratio (β) bezeichnet. Da LE aber nicht aus sich selbst bestimmt werden kann (s. Formel oben), ist nach SVERDRUP (1936) die BOWEN-Ratio auch über:

$$\beta = \gamma * (\Delta T / \Delta ed)$$

bestimmbar, wobei

γ = 0,66 hPa/°C; Psychrometerkonstante

ΔT = Differenz der Temperatur (2,0 und 0,5 m Höhe) [°C]

Δed = Differenz des Dampfdruckes (2,0 und 0,5 m Höhe) [hPa]

Somit ergeben sich die Ströme latenter und fühlbarer Wärme über:

$$LE = -(Rn+G)/(1+\beta)$$

$$H = -(Rn+G)/(1+1/\beta)$$

Werte für G wurden der Literatur entnommen und mit 0 für Tagesmittel (OLIVER et al. 1987, SHARMA 1984 und WALKER 1984) und für gut entwickelte Bestände (BRUNEL 1989) angenommen. Für lichte Bestände und Kulturen wie Mais, Sorghum etc. wurde G mit 10 % Rn festgelegt (CLOTHIER et al. 1986 und ENZ et al. 1988). Die Bestimmung der aET in mm aus dem Strom latenter Wärme erfolgte für Tageswerte und unter Angabe in W/m² über LE/678,7 und bei Stundenwerten über LE/28,27.

Von Bedeutung für eine genaue Bestimmung der aET aus dem Strom latenter Wärme sind homogene Bestände mit einem langen fetch (große horizontale Ausrichtung in Luv-Richtung). Ein zu kurzer fetch führt zur Advektion von Energie und somit zur Verfälschung der Werte. Ungenau werden die Werte gleichfalls bei geringen Temperatur- und Feuchtegradienten, wie sie insbesondere morgens und abends auftreten, und bei inhomogenen Beständen, da diese die turbulenten Diffusionsprozesse lokal verändern (VON HOYNINGEN-HUENE et al. 1986 und SCHRÖDTER 1985).

Durch die Einführung eines Korrekturgliedes in die Sverdrup-Formel berücksichtigte VON HOYNINGEN-HUENE (1980) den Strom advektiver Energie. Allerdings sind dazu in einiger Entfernung von der Klimahauptmeßstation an einer zweiten Meßstelle Messungen zur Windgeschwindigkeit, Temperatur und relativen Feuchte notwendig.

4.5.6 Ergebnisse zur Bestimmung der aET aus dem Strom latenter Wärme

Wie die Tab. 15 zeigt, liegen die Tageswerte der aET, bestimmt aus Stundenmitteln, grundsätzlich - unabhängig vom Humiditäts-/Ariditätswandel - niedriger als die aus dem Tagesmittel der Temperatur und relativen Feuchte ermittelten Werte. Wird die aET aus Tagesmitteln berechnet, so führt ein geringer Temperatur- und Feuchtegradient zu überhöhten Werten. D.h., daß die Differenzbeträge von ΔT und Δed in etwa gleichhohe Werte aufweisen. Dies gilt vor allem bei dem Versuch, die aET innerhalb eines Agroforstsystems mit Hilfe der BOWEN-Ratio zu bestimmen (s. Tab. 15, Virginia - Kaffeepflanzung).

Tab 15: Vergleich von Tageswerten der aET bestimmt aus Stundenmitteln (07^{00} - 18^{00} Uhr) und aus Tagesmitteln

Tag	Virginia Kaffeepflanzung Stunden-mittel	Tages-mittel	Tag	Boliche Bohnenfeld Stunden-mittel	Tages-mittel	Tag	Pichilingue Maisfeld Stunden-mittel	Tages-mittel
01.10.'91	0,8	**5,4**	07.11.'91	4,1	5,8	01.12.'91	3,2	5,0
02.10.'91	2,2	**8,5**	08.11.'91	3,4	5,4	02.12.'91	1,1	1,2
03.10.'91	1,9	*-9,7*	09.11.'91	3,4	**5,7**	03.12.'91	2,7	2,3
04.10.'91	0,7	0,1	10.11.'91	3,8	6,0	04.12.'91	4,7	6,8
05.10.'91	1,1	**3,2**	11.11.'91	2,3	**4,6**	05.12.'91	2,6	3,2
06.10.'91	0,5	0,3	12.11.'91	2,4	**4,3**	06.12.'91	2,7	4,2
07.10.'91	1,3	*-1,1*	13.11.'91	4,0	6,6	07.12.'91	2,4	3,7
08.10.'91	1,4	**4,4**	14.11.'91	3,8	5,9	08.12.'91	3,0	4,6
09.10.'91	1,7	1,5	15.11.'91	2,5	**4,3**	09.12.'91	3,0	5,4
10.10.'91	2,2	2,1	16.11.'91	3,0	4,8	10.12.'91	2,3	4,3
11.10.'91	2,5	2,2	17.11.'91	3,3	5,5	11.12.'91	3,0	3,5
12.11.'91	1,5	1,0	18.11.'91	3,6	5,5	12.12.'91	2,4	2,6
13.10.'91	1,7	**3,6**	19.11.'91	3,6	5,8	13.12.'91	4,0	5,0
14.10.'91	0,5	0,6	20.11.'91	3,2	4,6	14.12.'91	3,3	4,0
15.10.'91	0,8	1,5	21.11.'91	2,1	3,9	15.12.'91	3,2	4,0
16.10.'91	0,5	0,7	22.11.'91	1,7	3,5	16.12.'91	2,2	2,3
17.10.'91	0,8	1,3	23.11.'91	0,9	2,5	17.12.'91	4,4	5,7
18.10.'91	3,0	1,9	24.11.'91	1,2	2,2	18.12.'91	2,4	**5,0**
19.10.'91	1,5	0,0	25.11.'91	1,3	**6,5**	19.12.'91	2,7	*-0,6*
20.10.'91	1,7	**2,7**	26.11.'91	1,2	**6,6**	20.12.'91	4,8	5,7
21.10.'91	1,4	**27,4**	-	-	-	-	-	-
22.10.'91	2,1	1,1	-	-	-	-	-	-
23.10.'91	1,7	0,2	-	-	-	-	-	-
24.10.'91	2,4	0,2	-	-	-	-	-	-
25.10.'91	2,9	1,5	-	-	-	-	-	-
26.10.'91	1,2	0,5	-	-	-	-	-	-

-9,7 β > -1; **27,4 β < -1** und ≥ -0,7

Der geringe Temperatur- und Feuchtegradient im Tagesmittel wird durch die Angleichung oder auch Umkehr der Temperatur- und Luftfeuchteverhältnisse in 0,5 und 2,0 m Höhe während der Nacht hervorgerufen.

Eindeutig verbessert werden können die Ergebnisse, wenn auf der Basis von Stundenmitteln gerechnet wird, da hier die Nachtstunden unberücksichtigt bleiben. Ferner können eventuelle Ausreißer bei den Stundenwerten weggelassen werden.

Weiterhin ergeben die Untersuchungen zur aET, ermittelt aus der BOWEN-Ratio, folgende Ergebnisse:

- Ist β exakt -1, dann wird die Berechnung der aET nicht möglich, da im Nenner der Wert Null steht;
- ist β > -1, dann werden negative Werte der aET berechnet (s. Tab. 15);
- ist β < -1, dann werden hohe positive Werte der aET bestimmt (s. Tab. 15);
- bei negativen β-Werten zwischen -0,7 und -0,99 treten die hohen positiven Werte der aET besonders stark hervor (s. Tab. 15 - 21.10.'91, Virginia - Kaffeepflanzung);
- negative β-Werte, die zwischen -0,1 und < -0,7 liegen, führen zu positiven Werten der aET, die lediglich an Stationen mit einer generell geringen Verdunstung hervortreten (s. Tab. 15 - Virginia - Kaffeepflanzung), sowohl im Vergleich zu den Werten der aET ermittelt aus Stundenmitteln als auch aus Tagesmitteln.

An den Stationen mit einer längeren humiden Periode und höheren Bodenfeuchtegehalten ergeben sich für die aET, bestimmt aus Tagesmitteln (bei negativen β-Werten), im Vergleich zu anderen aET-Werten aus Tagesmitteln (bei positiven β-Werten) keine auffallenden Unterschiede. Jedoch lassen sich im Vergleich zu der aET, berechnet aus Stundenmitteln, wiederum zu hohe Werte erkennen (s. Tab 15 - Boliche - Bohnenfeld und Pichilingue - Maisfeld).

Unabhängig von OHMURA 1980 und SCHÄDLER 1980 wurden somit die gleichen Grenzwerte ermittelt.

4.5.7 Vergleich der Resultate nach PENMAN und THORNTHWAITE

Der Vergleich zwischen den Verdunstungswerten nach der modifizierten PENMAN-Gleichung und THORNTHWAITE-Formel bezieht sich auf die in Kap. 4.5.2 und 4.5.3 dargestellten Gleichungen. Es werden dabei die Werte der pET miteinander verglichen, da nach der Formel von THORNTHWAITE keine Bestimmung der pV erfolgt. Der Vergleich der Werte wird entsprechend dem Niederschlagsgradienten in der COSTA für die Stationen Portoviejo (425,8 mm/a), Pichilingue (2.022,9 mm/a) und Cayapas (3.177,7 mm/a) durchgeführt.

Zunächst sind dazu in Fig. 7 die monatlichen Verdunstungsraten an den Stationen dargestellt. Wie der Fig. 7 zu entnehmen ist, wird an den Stationen Pichilingue und Cayapas die nach PENMAN bestimmte pET in allen Monaten von den Werten nach THORNTHWAITE übertroffen. Lediglich an der Station Portoviejo werden mittels der Formel nach THORNTHWAITE während der Trockenzeit von August bis November niedrigere Werte errechnet.

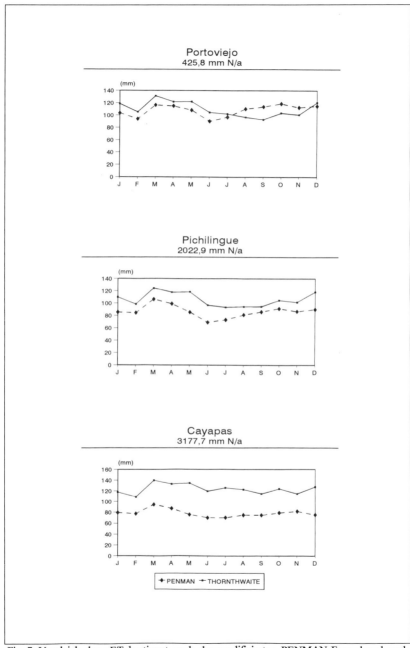

Fig. 7: Vergleich der pET bestimmt nach der modifizierten PENMAN-Formel und nach THORNTHWAITE an den Stationen Portoviejo, Pichilingue und Cayapas

Um einen besseren Einblick in die Größenordnung der generellen Überbewertung der Verdunstung nach THORNTHWAITE zu erlangen, werden die monatlichen Quotienten aus der ETP nach THORNTHWAITE und nach der modifizierten PENMAN-Gleichung gebildet (s. Tab. 16).

Tab. 16 Quotienten der pET nach THORNTHWAITE und der modifizierten PENMAN-Formel

Station	Jan.	Feb.	Mär.	Apr.	Mai	Jun.	Jul.	Aug.	Sep.	Okt	Nov.	Dez.
Portoviejo	1,2	1,1	1,1	1,1	1,1	1,2	1,1	0,9	0,8	0,9	0,9	1,1
Pichilingue	1,3	1,2	1,2	1,2	1,4	1,4	1,3	1,2	1,1	1,2	1,2	1,3
Cayapas	1,5	1,4	1,5	1,5	1,8	1,7	1,8	1,6	1,5	1,6	1,4	1,7

Es zeigt sich, daß die Überbewertung der pET nach THORNTHWAITE mit der Höhe der Jahresniederschläge deutlich zunimmt. Dabei kann es zu einer Überbewertung der pET von bis zu 80 % kommen. Während der Trockenzeit werden demgegenüber, insbesondere im Bereich der Wüsten und Halbwüsten, die Werte unterschätzt.

Ohne auf eine weitere detailliertere Analyse der Daten eingehen zu wollen, soll die Genauigkeit und Verwendungsmöglichkeit der pET, ermittelt nach THORNTHWAITE, insbesondere für die Tropenregion anhand von zwei Zitaten dargelegt werden.

„Während die relative Luftfeuchtigkeit die Verdunstung unabhängig von der Jahreszeit mehr oder weniger gut beschreibt, gilt das für die Lufttemperatur nicht." (GIESE 1974, S. 185)

„Several examples were used to check Thornthwaite's proposal and it was concluded that the method should not be avoided, as has been suggested, neither for irrigation scheduling nor for climatic classification and crop zoning." (PEREIRA & PAES DE CAMARGO 1989, S. 149)

Bislang wurden alle derartigen Arbeiten, wie sie von PEREIRA & PAES DE CAMARGO 1989 genannt werden, in Ecuador unter Benutzung der Formel nach THORNTHWAITE durchgeführt (INAMHI 1974, CAÑADAS CRUZ 1983 u.a.).
Es ergibt sich deutlich der Bedarf nach einer Weiterentwicklung der agrarklimatischen Arbeiten in der COSTA und somit in ganz Ecuador mit dem Ziel der Verbesserung der Resultate.

JAYAWARDENA (1989) schlägt zur Behebung der schlechten Resultate vor, den Faktor „16" in der Formel nach THORNTHWAITE anhand von Lysimetermessungen zu kalibrieren. Wie aber die Klimaanalyse gezeigt hat, ist die COSTA von vielfältigen Klimazonen geprägt, so daß die Kalibrierung des Faktors für die jeweilige Klimazone einen hohen finanziellen und logistischen Aufwand darstellen würde.
Einfacher wäre es, unter der Voraussetzung, daß die Werte nach der modifizierten PENMAN-Gleichung der „wirklichen" Verdunstung nahezu entsprechen, die Monatsquoti-

enten aus der pET nach der modifizierten PENMAN-Gleichung und der
THORNTHWAITE-Formel an den Stationen zu bilden und mit diesen die Werte nach der
THORNTHWAITE-Formel zu multiplizieren. Dazu wäre allerdings ein erheblicher
Rechenaufwand mit verschiedenen Verifikationen der einzelnen Klimaparameter erforderlich. Erst nach Beendigung dieser Arbeiten ließe sich dann erkennen, ob die Erstellung
derartiger Korrekturfaktoren für die THORNTHWAITE-Formel im Bereich der COSTA
anwendbar ist. Sie hätte auf jeden Fall den Vorteil, daß überall schnell anhand einfacher
Temperaturmessungen die pET z.b. für wasserhaushaltliche Fragestellungen bestimmt
werden könnte.

Da im Rahmen dieser Arbeit keine derartige Kalibrierung der Werte nach
THORNTHWAITE durchgeführt werden konnte, geht in sämtliche wasserhaushaltlichen
Berechnungen die Verdunstung (pET und pV); bestimmt nach der modifizierten PENMAN-
Gleichung; ein.

4.5.8 Vergleich der berechneten Verdunstungswerte mit den gemessenen des Evapo-rimeters nach Piche

Da, wie soeben gezeigt, die Werte der Verdunstungsbestimmung nach THORNTHWAITE
unrealistische Größen annehmen, findet der Vergleich zwischen berechneten und gemessenen Verdunstungswerten anhand der ermittelten Daten nach der modifizierten PENMAN-
Gleichung statt. Dabei ist zu berücksichtigen, daß die Werte des Evaporimeters nach Piche
die potentielle Evaporation wiedergeben, womit ein Vergleich zu den berechneten pV-
Werten nach der modifizierten PENMAN-Gleichung erfolgt.
Zur Beurteilung der gemessenen Werte wird wie im vorangehenden Kapitel 4.5.7 die
Quotientenmethode angewandt. Dabei wird der Quotient zwischen der pV, gemessen mit
dem Evaporimeter nach Piche, und der pV, berechnet nach der modifizierten PENMAN-
Gleichung, gebildet (s. Tab. 17).

Tab. 17: Quotienten der pV des Evaporimeters nach Piche und nach der modifizierten
PENMAN-Formel

Station	Jan.	Feb.	Mär.	Apr.	Mai	Jun.	Jul.	Aug.	Sep.	Okt	Nov.	Dez.
Portoviejo	0,9	0,8	0,6	0,7	0,9	1,0	1,0	0,9	0,9	0,9	1,0	1,0
Pichilingue	0,6	0,5	0,5	0,5	0,6	0,6	0,6	0,7	0,8	0,8	0,9	0,8
Cayapas	0,4	0,4	0,4	0,4	0,4	0,4	0,4	0,4	0,4	0,4	0,4	0,4

Deutlich erkennbar wird der hohe Grad der Unterbewertung der pV gemessen mit dem
Evaporimeter nach Piche. Dabei ist eine starke Abhängigkeit vom Humiditätscharakter der
Station klar zu erkennen. Desweiteren erfolgt eine Unterbewertung der pV auch in den
semiariden/ariden Räumen während der Regenzeit.

„Bei Regen mit gleichzeitiger stärkerer Abkühlung kann sich der umgekehrte Effekt einstellen und Wasser in das Röhrchen eingesaugt werden." (SCHRÖDTER 1985, S. 25)

Eine Bestimmung monatlicher Korrekturfaktoren für die mit dem Evaporimeter nach Piche gemessenen Verdunstungsraten wäre ähnlich aufwendig und problembehaftet wie für die Werte der pET nach THORNTHWAITE. Somit können die mit dem Evaporimeter nach Piche gemessenen Verdunstungsraten in erster Linie lediglich einem relativen regionalen Vergleich im Verdunstungsgeschehen dienen.

Ein Vergleich der pV ermittelt mit der modifizierten PENMAN-Gleichung und den Werten aus den Messungen mit der Class-A-Pan findet nicht statt, da aufgrund mangelnder stationärer Datenlage für die Class-A-Pan Messungen keine aussagekräftige Beurteilung durchgeführt werden kann.

Abschließend läßt sich sagen, daß die Verdunstungsbestimmung in der COSTA noch großen Problemen unterworfen ist. Wie die Tab. 16 und 17 zeigen, liegen die Abweichungen der pET nach THORNTHWAITE und die der pV des Evaporimeters nach Piche deutlich über 10 % zu den Werten der pET und pV bestimmt nach der modifizierten PENMAN-Gleichung (s. Kap. 4.5.7 und 4.5.8). So liegen die Werte nach THORNTHWAITE und die des Evaporimeters nach Piche über dem maximalen Fehler, der bei einer Interpolation der tatsächlichen Sonnenscheindauer auftreten kann (s. Kap. 4.5.3). Die Bestimmung der Verdunstung nach der modifizierten PENMAN-Gleichung liefert nach wie vor im Rahmen einfacher Verdunstungsformeln die besten Ergebnisse. Infolgedessen geht sie als Outputfaktor in den Versuch einer Bestimmung der Wasserhaushaltsbilanz der COSTA ein.

5. Humidität/Aridität in der COSTA

Wie die bisherigen Ausführungen gezeigt haben, prägt insbesondere ein steiler Niederschlagsgradient die COSTA Ecuadors. Dieser führt grundsätzlich bei Zunahme der Niederschläge, Verlängerung der Regenzeit und Abnahme der Niederschlagsvariabilität zu einem Wandel von xeromorphen zu hygrophilen Vegetationsformationen. Entscheidend ist dabei allerdings nicht allein die Höhe der Niederschläge, sondern die Dauer der humiden und ariden Zeit.

Zudem ist die Länge der Anbauzeit für annuelle Kulturen durch die Zahl der humiden Monate und die Anbaumöglichkeit für Dauerkulturen durch die Anzahl der ariden Monate begrenzt (JÄTZOLD 1976). Die Bestimmung der Dauer der humiden/ariden Zeit kann dabei nach verschiedenen Ansätzen erfolgen:

- klimatische Wasserbilanz (N - pV): Der Begriff der klimatischen Trockengrenze (N = pV) wurde 1976 von HENNING & HENNING eingeführt. Nach GEROLD (1986, 1986a) treten klimatisch humide Monate in der Regenzeit auf und hängen maßgeblich von der Dauer der Regenzeit mit Niederschlägen über 120-150 mm/Monat ab.

- klimaökologische Wasserbilanz (N - pET): Grundlage der klimaökologischen Wasserbilanz ist die pET, die nach THORNTHWAITE (1948) die aerische Outputgröße der Wasserbilanz eines genormten Rasens wiedergibt. Dabei wird ein optimaler Bodenwassergehalt vorausgesetzt. Die entsprechende Trockengrenze wurde von LAUER & FRANKENBERG (1979) eingeführt.

- landschaftsökologische Wasserbilanz (N - pLV): Die pLV (potentielle Landschaftsverdunstung) unterscheidet sich von der pET vor allem dadurch, daß sie die realen Verhältnisse von evaporierendem Boden und transpirierender Pflanzenoberfläche berücksichtigt. Die Ableitung der pLV geschieht mit Hilfe gleitender Reduktionsfaktoren aus der pV. Die landschaftsökologische Trockengrenze ergibt sich bei N = pLV (LAUER & FRANKENBERG 1981).

- agrarklimatische Wasserbilanz (N - 0,4 pV): Zur Bestimmung der agrohumiden Periode führte JÄTZOLD (1976) die agrarklimatische Trockengrenze (N = 0,4 pV) ein. Der Wert 0,4 pV kennzeichnet die Wassermenge, die die meisten Kulturpflanzen für ihr Wachstum benötigen. Da die Zählung der humiden/ariden Monate für eine hygrische Differenzierung des Agrarklimas nicht ausreicht, stellte JÄTZOLD (1970, 1976, 1984) Intensitätsklassen der Humidität/Aridität vor.

perhumid N =	> 1,2	pV
humid N =	0,8 - 1,2	pV
semihumid N =	0,4 - 0,8	pV
semiarid N =	0,2 - 0,4	pV
arid N =	0,15 - 0,2	pV
perarid N =	< 0,15	pV

Der Bereich zwischen 0,4 und 0,8 pV stellt den Bereich pflanzenphysiologischer Humidität in Bezug auf die Kulturpflanzen dar. Werte zwischen 0,2 - 0,4 pV gewährleisten noch ein Überleben der Dauerkulturen (survival period), während bei < 0,2 pV die meisten Kulturpflanzen absterben (dying period). Bei einer durchschnittlichen Maximalverdunstung der Kulturpflanzen von 0,8 pV gelten Niederschläge, die diesen Wert überschreiten, als Überschußwasser. Während der Hauptvegetationszeit weisen allerdings viele Kulturpflanzen einen Wasserbedarf von 0,8 - 1,2 pV auf. Übertreffen die Niederschlagsraten 1,2 pV, so stellen sie speicherfähige Überschüsse dar. Gleichzeitig treten nachteilige Erscheinungen wie Bodenauslaugung, Versauerung, Verschlämmung, Staunässe oder Bodenluftmangel ein. In Anlehnung an SCHMIEDECKEN (1978, 1979) kann die Humiditätsintensität einer Station in Form einer Feuchtekennziffer (FKZ) wiedergegeben werden. Dabei werden die ermittelten Zahlen der perhumiden, humiden, semihumiden, semiariden, ariden und perariden Monate zu einer sechsstelligen Kennziffer zusammengefaßt. Um zweistelligen Monatswerten (z.B. 11 aride Monate) vorzubeugen, werden die Zahlen 10 = A, 11 = B und 12 = C gesetzt.

Die Ergebnisse der vorgestellten Wasserhaushaltsbilanzierungen sind in Karte 15 dargestellt. Der folgende Vergleich findet dabei mit der Karte der Klima-/Vegetationszonierung nach TROLL & PAFFEN (1964) statt (s. Karte 7). Deutlich zeigt sich der Humiditäts-/Ariditätswandel vom Süd-Westen zum Nord-Osten der COSTA. Weist die Vegetationsformation der Wüsten/Halbwüsten nach der klimatischen Wasserbilanz 0 humide Monate auf, so sind im Nordosten der COSTA im Bereich des Regenwaldes 12 humide Monate zu verzeichnen. Bestätigt werden kann die von GEROLD (1986, 1986a) für das ostbolivianische Tiefland von Santa Cruz getroffene Aussage, daß klimatisch humide Monate nur bei Niederschlägen von über 120-150 mm/Monat auftreten. Dabei kann für die COSTA ein Monatsniederschlag von 130 mm als Grenzniederschlag festgelegt werden.

Bei einer Betrachtung der klimaökologisch humiden Monate (s. Karte 15) ergibt sich für den Bereich der Wüsten/Halbwüsten sowie für die Dornsavanne kaum eine Veränderung. Erst im Übergangsbereich von der Dorn- zur Trockensavanne verzeichnen einige Stationen eine Erhöhung um einen Monat. Der Bereich der Feuchtsavanne ist mit 4 humiden Monaten gekennzeichnet und zeigt zur klimatischen Wasserbilanz wiederum kaum eine Verlängerung der humiden Zeit auf. Im Übergangsbereich zur Feuchtsavanne steigt die Zahl der humiden Monate gegenüber der klimatischen Wasserbilanz wieder leicht an. Nördlich von Puerto Ila zeigen sich so gut wie keine Differenzen in der Anzahl klimatisch und klimaökologisch humider Monate.

Prägnante Veränderungen in der Anzahl humider Monate an den Stationen ergeben sich durch die landschaftsökologische Wasserbilanz. So weisen insbesondere die Regionen der Wüste/Halbwüste und Dornsavanne eine Zunahme von bis zu 2 humiden Monaten auf. Im

Bereich der süd-westlichen Trockensavanne (Guayaquil, Virginia) gleichen sich die Werte der landschaftsökologischen Wasserbilanz mit denen der klimatischen und klimaökologischen bei vier humiden Monaten an und weisen bis in den nord-östlichen Küstenbereich keine Veränderungen auf. Somit kann gesagt werden, daß ab einem mittleren Jahresniederschlag von 1.000 mm (s.a. Karte 11) die Anzahl humider Monate nach der klimatischen, klimaökologischen und landschaftsökologischen Wasserbilanz in der COSTA kaum Unterschiede aufweist.

Waren bis jetzt hauptsächlich Erhöhungen in der Anzahl humider Monate für die Trockenregionen der COSTA zu verzeichnen, so weist die agrarklimatische Wasserbilanz vor allem für die Wüste/Halbwüste einen Rückgang in den humiden Monaten auf. In der Trockensavanne ergeben sich zu den vorhergehenden Wasserbilanzierungen keine Veränderungen. Im Übergangsbereich von der Trocken- zur Feuchtsavanne setzt jedoch eine deutliche Verlängerung der agrohumiden Periode ein, die zwischen Pichilingue, Flavio Alfaro und Cayapas mit bis zu 4 Monaten die deutlichste Zunahme zeigt. Bei GEROLD (1986, 1986a) ergibt sich für das ostbolivianische Tiefland von Santa Cruz entsprechend dem klimazonalen Wandel gleichfalls eine klar differenziertere mittlere Dauer der humiden Periode.

Neben der Anzahl humider Monate ist vor allem ihre jahreszeitliche Lage für die Vegetationsperiode der Kulturpflanzen von Bedeutung. Exemplarisch ist die agrarklimatische Wasserbilanz für die Stationen Portoviejo, Milagro, Pichilingue und Cayapas in Fig. 8 dargestellt.

Wie die agrarklimatische Wasserbilanz an den vier exemplarischen Stationen zeigt, ist das Agrarklima in der COSTA durch Extreme geprägt (s. Tab. 18). Entweder herrschen Humiditäts-/Ariditätssituationen vor, die ein Absterben der meisten Kulturpflanzen bewirken (< 0.2 pV; dying period) oder solche, die durch extrem hohe Niederschläge zu den genannten nachteiligen Erscheinungen führen. Übergangssituationen sind kaum ausgeprägt (s. Milagro und Pichilingue). Beginn und Ende der Regenzeit setzen in der COSTA sehr abrupt ein.

Tab. 18: Feuchtekennziffern der Stationen Portoviejo, Milagro, Pichilingue und Cayapas

Stationen	Intensitätsstufen der Humidität/Aridität						FKZ
	>1,2pV	0,8-1,2pV	0,4-0,8pV	0,2-0,4pV	0,15-0,2pV	<0,15pV	
Portoviejo	0	1	3	0	0	8	013008
Milagro	4	0	1	1	1	5	401115
Pichilingue	5	1	1	0	1	4	511014
Cayapas	C	0	0	0	0	0	C00000

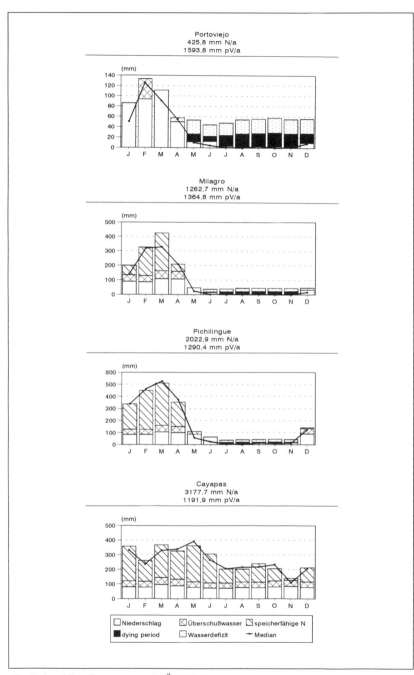

Fig. 8: Agroklimadiagramme nach JÄTZOLD

Zwar räumt JÄTZOLD (1976) ein, daß einige Kulturpflanzen, wenn kein Wachstum mehr erforderlich ist, im Reifestadium mit einer Wassermenge von 0,2 pV auskommen, doch sind 5-6 aride Monate (s. Milagro, Pichilingue) unterhalb des Wertes für fast alle Kulturpflanzen unzureichend, insbesondere dann, wenn der Wert 0,15 pV unterschritten wird. Daß diese Abstufung für die COSTA keine Geltung haben kann, zeigt der Anbau von Bohnen, Sorghum etc. an der Station Boliche (s. Kap. 7.4) sowie die Kakaoplantagen und der Anbau von Mais an der Station Pichilingue (s. Kap. 7.5).

6. Konsequenz der bisherigen Ergebnisse

Wie die bisherigen Ausführungen gezeigt haben, sind rein klimatische Verfahren für eine flächenhafte Wasserhaushaltsdifferenzierung und zur Bestimmung der agrohumiden Periode, insbesondere für den zentralen Bereich der COSTA, nicht geeignet. Gleichfalls geben die Ansätze zur Klima-/Vegetationszonierung für diesen Bereich eine Überbewertung der semiariden Gebiete wieder.

Daß aber dennoch während einer ausgeprägten Trockenzeit ein Anbau von Dauerkulturen und annuellen Kulturen in dieser Region möglich ist, kann somit nur durch eine langfristige Wasserspeicherung der regenzeitlichen Niederschläge im Boden gewährleistet sein. Die gleiche Aussage hat Gültigkeit für die Verbreitung eines potentiellen Regenwaldes in dieser Region (s.a. Kap. 3.7.5).

Für die Erfassung des Bodenwasserhaushalts sind bestandsspezifische Verdunstungsraten und genaue Angaben zur Bodentextur notwendig. Eine Abschätzung der notwendigen Daten zur Bodentextur aus den verschiedenen Bodenkarten im Maßstab 1:200.000 (s.a. Kap. 3.5), wie sie JÄTZOLD & KUTSCH (1982) und JÄTZOLD & SCHIDT (1982) vorschlagen, ist zu ungenau. Dies belegt der Vergleich der aufgenommenen Bodentypen in den Detailuntersuchungsgebieten mit denen aus den Bodenkarten entnommenen (s.a. Kap. 3.5). Somit wurde auf die pedo-klimaökologische   Wasserbilanz nach SCHMIEDECKEN (1978, 1979) verzichtet.

Zudem ist die Verdunstung, bestimmt aus den Daten der amtlichen meteorologischen Stationen, nicht repräsentativ für die große Anzahl verschiedener Kulturen und Kultursysteme, die spezifische Verdunstungsverhalten aufweisen.

Detaillierte bodenphysikalische Untersuchungen und Kenntnisse über die bestandsspezifischen Verdunstungsraten sind wichtige Grundlagen für eine Sicherung der Produktivität und der optimalen Ausnutzung der zur Verfügung stehenden Bodenwasserressourcen.

Anhand von drei Detailuntersuchungsgebieten, die in Abhängigkeit vom steilen Niederschlagsgradienten in der COSTA ausgewählt wurden, sollen bestandsklimatische und bodenwasserhaushaltliche Unterschiede in der COSTA und deren Problematik, nicht zuletzt im Hinblick auf eine flächenhafte Wasserhaushaltsdifferenzierung, aufgezeigt werden

7. Bestandsklima und Bodenwasserhaushaltsbilanzierung auf drei Versuchsstationen

7.1 Der Boden als Wasserspeicher

„Es wird voraussichtlich eine Zeit kommen, wo man über die standörtlichen und die geographischen Unterschiede in der Menge des den Pflanzen im Boden zur Verfügung stehenden Wassers ähnlich unterrichtet sein wird, wie jetzt über Regenmenge und Lufttemperatur, und Karten derselben wird entwerfen können, die man mit Karten der Verdunstungsgrößen vergleichen wird." (KÖPPEN 1900, S. 603)

KÖPPEN erkannte schon 1900 die Relevanz des Bodenwassers für ein Ökosystem, aber erst durch die Arbeiten von NEEF und seinen Schülern (NEEF 1960, 1961, NEEF et al. 1961 und THOMAS-LAUCKNER & HAASE 1967, 1968) wurde dem Bodenwasser eine wissenschaftliche Grundlage in seiner Erfassung als ökologisches Hauptmerkmal neben der Bodenform und der Vegetation gegeben.

Die Bedeutung eines ökologischen Hauptmerkmals liegt darin, daß es mit möglichst vielen Komponenten und Faktoren eines Systems verbunden ist und somit gewissermaßen einen Querschnitt über den Gesamtkomplex darstellt (NEEF 1961).

So nimmt das Bodenwasser eine Schlüsselstellung im landschaftlichen Ökosystem ein. Es steht in direkter Abhängigkeit von wichtigen Bodeneigenschaften sowie den Klimagrößen Niederschlag und Verdunstung. Zudem besitzt es einen unmittelbaren Einfluß auf die Vegetation bzw. das Produktivitätspotential des Bodens (LARCHER 1984, LESER 1991, NEEF 1961 und MOSIMANN 1980).

Im Vergleich mit den ökologischen Hauptmerkmalen Bodenform und Vegetation reagiert das Bodenwasser spontan und stark auf Veränderungen innerhalb des Systems und eignet sich daher insbesondere zur Kennzeichnung von dynamischen Vorgängen im Geoökosystem. Kurzfristige Schwankungen im Bodenwassergehalt charakterisieren typische Systemeigenschaften und machen deren ökologischen Folgen erkennbar. Die Bodenlösung ist wichtigstes Reaktions- und Transportmedium im Boden und hat somit eine große Bedeutung für den Stoffumsatz.

Rückblickend läßt sich feststellen, daß sich die Hoffnung von KÖPPEN (1900) lediglich zum Teil erfüllt hat. Eine kontinuierliche Messung der Bodenfeuchtegehalte, wie sie bei der Niederschlags- und Temperaturmessung schon lange besteht, ist ohne hohen meßtechnischen Aufwand noch nicht möglich.

Des weiteren birgt die Übertragbarkeit der Standortwasserbilanz auf den Raum noch erhebliche Schwierigkeiten in sich (Regionalisierung). Dies gilt insbesondere im Hinblick auf eine agroökologische Zonierung im Bereich der Tropen (JÄTZOLD 1984, JÄTZOLD & KUTSCH 1982 und JÄTZOLD & SCHMIDT 1982). Die vorliegenden Bodenkarten stellen häufig lediglich eine grobe Übersicht dar (s.a. Kap. 3.5), so daß eine Abschätzung der nFKWe (nutzbare Feldkapazität des effektiven Wurzelraums) mit großen Fehlern behaftet ist. Vor allem im Bereich von Trockengebieten wird die Dauer der agrohumiden Periode überbewertet (s. Kap. 6).

Neuere Ansätze zur Regionalisierung des Bodenwasserhaushalts befinden sich erst in Bearbeitung und werden für den mitteleuropäischen Klimaraum entwickelt (z.b. AMBETI - BRADEN 1990 und REKLIP - PARLOW 1994).

Die speicherbare Wassermenge eines Bodens ist von den physikalischen Zusammenhängen zwischen Bodenwasser und Bodenmatrix abhängig. Die physikalischen Zusammenhänge sind gesetzmäßig, so daß jeder Bodenart in Abhängigkeit vom Gehalt an organischer Substanz und von der Lagerungsdichte eine speicherbare Wassermenge zugewiesen werden kann.

Die wichtigsten wasserhaushaltlichen Kennwerte können dabei entweder aus den Tabellen der Bodenkundlichen Kartieranleitung (AG BODENKUNDE 1982) abgeleitet oder nach Bestimmung der Porengrößenverteilung direkt bestimmt werden. In der vorliegenden Arbeit wurde die Porengrößenverteilung mit Hilfe der Regressionsgleichungen nach RENGER (1971) berechnet.

Den wichtigsten Parameter innerhalb der wasserhaushaltlichen Kennwerte nimmt die nutzbare Feldkapazität (nFK) ein. Sie stellt den Anteil des Gesamtbodenwassers dar, der pflanzenverfügbar ist, d.h. konventionell den Wassergehalt zwischen pF 1,8 bzw. 2,5 und 4,2. Dabei wird der pF-Bereich 1,8-2,5 durch die engen Grobporen (10-50 µm) und der pF-Bereich 2,5-4,2 durch die Mittelporen (0,2-10 µm) charakterisiert. Bei der Bestimmung der nFK muß nach Böden mit tiefem oder mit hohem Grundwasserstand sowie nach staunassen Böden unterschieden werden. So liegt die nFK bei Böden mit niedrigem Grundwasserstand zwischen pF 2,5 und 4,2, entspricht also dem Mittelporenanteil. Bei grund- und stauwasserbeeinflußten Böden wird der pF-Bereich zwischen 1,8 und 4,2 zur Bestimmung der nFK herangezogen (enge Grobporen und Mittelporen).

Die nutzbare Feldkapazität des effektiven Wurzelraumes (nFKWe) berechnet sich über die nFK, multipliziert mit der Tiefe des effektiven Wurzelraumes. Nach SPÄTH (1976) wird für annuelle Kulturen eine maximale Durchwurzelungstiefe von 1,2 m im Reifestadium angenommen. Eine gute Zusammenstellung von maximaler Durchwurzelungstiefe und Tiefe der Wurzeln zur Hauptnährstoffversorgung für verschiedene Kulturen gibt LANDON (1984). Demnach wird in den folgenden Berechnungen zum Bodenwasserhaushalt der mittlere effektive Wurzelraum mit 1,0 m angenommen. Dies entspricht den Werten der mittleren effektiven Durchwurzelungstiefe - bestimmt nach der AG-Bodenkunde (1982) - für die untersuchten Böden.

(AG-BODENKUNDE 1982, HARTGE 1978, KUNTZE et al. 1988, LARCHER 1984, MÜLLER et al. 1970, PFAU 1966, RENGER 1971a, SCHEFFER & SCHACHTSCHABEL 1989 und SCHMIEDECKEN 1978)

7.2 Modelle zur Bodenwasserhaushaltsbilanzierung

Bislang wird die Anwendung von Modellen zur Bodenwasserhaushaltsbilanzierung in den Tropen lediglich in sehr eingeschränktem Maße durchgeführt (CARNEIRO DA SILVA 1986, RADULOVICH 1987 u.a.). Grundsätzlich kann bei Wasserhaushaltsmodellen nach Ein- und Mehrschichtmodellen unterschieden werden.

Von Bedeutung für die Simulierung des Bodenfeuchteganges in den Tropen und dessen Übertragbarkeit in die Fläche ist, daß die verwendeten Modelle den Bodenfeuchtegang relativ genau nachzeichnen sollen, ohne zu viele Eingangsparameter zu verlangen, die aufgrund zu geringer Forschungskapazität in dieser Region nicht zur Verfügung stehen.

Somit schließen sich eine Vielzahl von Wasserhaushaltsmodellen von selbst aus (CASCADE*, BRISSON et al. 1992, FEDERER 1979, WASMOD*, KOITZSCH 1977, DUYNISVELD et al. 1983, DUYNISVELD & STREBEL 1983, RENGER et al. 1986, WESSOLEK 1983 u.a.). *Computersimulationsmodelle

Vor allem die Bestimmung der Lage des Grundwasserspiegels über das Jahr als Eingangsgröße in die Berechnungen stellt sich als schwierig heraus. Des weiteren fehlen Angaben über Pflanzenparameter wie Wurzeldichteverteilung, Blattflächenindex, Deckungsgrad etc., die bislang für die gesamte phänologische Phase tropischer Kulturpflanzen noch nicht vorliegen.

Hier stellt sich die Frage, ob die Ergebnisse komplexer Modelle mit vielen Eingangsparametern signifikant von den Resultaten einfacherer Modelle abweichen. Um diese Frage abschließend beantworten zu können, wäre eine umfassende Modellvergleichsstudie notwendig. Einen Einblick in eine derartige Untersuchung gibt WESSOLEK (1989).

In der vorliegenden Arbeit findet ein Vergleich zwischen dem agrarmeteorologischen Bodenwassermodell AMWAS und der Bilanzierung des Bodenwasserhaushalts nach PFAU (1966) statt. Beide Modelle wurden für Mitteleuropa/Nordamerika entwickelt, wobei die Bilanzierung des Bodenwasserhaushalts nach PFAU (1966) ein einfaches Einschichtmodell darstellt, das schon von verschiedenen Autoren für subtropisch-tropische Regionen angewandt wurde (JÄTZOLD & SCHMIDT 1982 → Kenia, SCHMIEDECKEN 1978, 1979 → Nigeria und SPÄTH 1975 → Türkei).

Im Gegensatz dazu ist AMWAS ein einfaches Mehrschichtmodell, das an der Zentralen Agrarmeteorologischen Forschungsstelle (ZAMF) des DWD in Braunschweig entwickelt wurde. Bislang wurde AMWAS noch nicht in subtropisch-tropischen Regionen eingesetzt.

7.2.1 Bodenwasserhaushaltsbilanzierung nach PFAU

Die von PFAU (1966) vorgestellte Bilanzierung des Bodenwasserhaushalts ist eine Weiterentwicklung der von THORNTHWAITE & MATHER (1955, 1957) vorgelegten Tabellen zur Kalkulation des Wasserhaushalts. Zudem stellt sie die Grundlage der agroökologischen Zonierung nach JÄTZOLD (1984), JÄTZOLD & KUTSCH (1982) und JÄTZOLD & SCHMIDT (1982) dar.

Grundlage für die Bilanzierung des Bodenwasserhaushalts nach PFAU (1966) ist die einfache Gleichung:

$$N = aET + \Delta Sp + S$$

wobei

N = Niederschlag (mm/Monat bzw. d)
aET = aktuelle Evapotranspiration (mm/Monat bzw. d)
ΔSp = Änderung des Bodenwassergehalts Sp (mm/Monat bzw. d)
S = Überschuß, der in die tieferen Bodenschichten versickert (mm/Monat bzw. d)

Gegenüber den Tabellen von THORNTHWAITE & MATHER (1955, 1957) führt PFAU (1966) als wesentliche Neuerung in die Bilanzierung des Bodenwasserhaushalts folgende Formel für Zeiten mit $N < pET$ ein:

$$Sp_n = Sp_{n-1} / e^{\,|N - pET|\,/\,nFKWe}$$

wobei

Sp_n bzw. Sp_{n-1} = Wassergehalt des Bodens zum Zeitpunkt $_n$ bzw. $_{n-1}$ (mm/Monat bzw. d)
e = 2,718282; Eulersche Zahl
pET = potentielle Evapotranspiration (mm/Monat bzw. d)
N = Niederschlag (mm/Monat bzw. d)
$nFKWe$ = nutzbare Feldkapazität des effektiven Wurzelraumes (mm/Monat bzw. d)

Bezeichnend für die Formel ist, daß die Änderung des Bodenwassers nicht linear entsprechend dem Verdunstungsanspruch verläuft, sondern sich mit abnehmenden Bodenwasser langsamer vollzieht. Sie nähert sich somit asymptotisch dem Wert nFKWe = 0.

Wichtig ist es, bei der Interpretation der Bilanzrechnung zu berücksichtigen, daß Prozesse, wie kapillarer Wasseraufstieg in größeren Mengen durch oberflächennahe Grund- und Stauwasserzonen, lateraler Zu- und Abfluß und Oberflächenabfluß infolge des vorhandenen Reliefs nicht berücksichtigt sind (SCHMIEDECKEN 1978).

Nachfolgend ist die Bilanzierung der Wasserhaushaltsgrößen auf Monatsbasis für die Station Pichilingue mit einer angenommenen mittleren nFKWe von 199 mm exemplarisch in Tabellenform dargestellt (Tab. 19).

Tab. 19: Bilanzierung des Wasserhaushalts an der Station Pichilingue nach PFAU

1	Monat	Jan.	Feb.	Mär.	Apr.	Mai	Jun.	Jul.	Aug.	Sep.	Okt.	Nov.	Dez.
2	N	338,0	449,3	510,7	352,3	110,2	62,7	7,3	8,3	13,5	13,5	16,5	140,6
3	pET	85,3	84,5	106,1	99,1	85,6	68,8	72,9	81,0	85,7	91,0	86,5	89,9
4	N - pET	252,7	364,8	404,6	253,2	24,6	-6,1	-65,6	-72,7	-72,2	-77,5	-7,0	50,7
5	Sp	199,0	199,0	199,0	199,0	199,0	192,9	138,7	96,2	66,9	45,3	43,7	94,4
6	ΔSp	103,0	0,0	0,0	0,0	0,0	-6,1	-54,2	-42,5	-29,3	-21,6	-1,6	96,0
7	aET	85,3	84,5	106,1	99,1	85,6	68,8	61,5	50,8	42,8	35,1	18,1	89,9
8	aWa / pET	4,0	5,3	4,8	3,6	1,3	1,0	0,8	0,6	0,5	0,4	0,2	1,6
9	S	136,3	364,8	404,6	253,2	24,6	-	-	-	-	-	-	0
10	WV	100,0	100,0	100,0	100,0	100,0	96,9	69,6	48,3	33,6	22,8	21,9	41,5

Erläuterungen zu Tab. 19:
Zeile 1: Angabe der Monate. **Zeile 2:** Mittlerer Monatsniederschlag N (Bei Niederschlag in fester Form mit Modifikation nach THORNTHWAITE & MATHER 1957). **Zeile 3:** Mittlere monatliche potentielle Evapotranspiration; berechnet nach der "modifizierten PENMAN-Gleichung" (s. Kap. 4.5.3). **Zeile 4:** Vom Niederschlag nicht auszugleichender Verdunstungsanspruch der Atmosphäre (Minus - Werte), der sich aus der Differenz von Niederschlag und potentieller Evapotranspiration (N - pET) ergibt. **Zeile 5:** Das am Ende des Zeitraumes n im Boden befindliche und für die Pflanzen nutzbare Wasser, errechnet für die Zeiten mit N < pET nach der bei PFAU (1966) angegebenen Formel (s.o) und für Zeiten mit N > pET nach $Sp_n = Sp_{n-1} + (N - pET)$. Mit der Bilanzierung ist zu einem Zeitpunkt zu beginnen, für den eine Sättigung des Bodens anzunehmen ist (am Ende der Regenzeit oder zu Beginn der Vegetationsperiode). Reicht der während der Regenzeit gefallene Niederschlag nicht aus, den Boden bis zur nFKWe aufzufüllen, wird ein Approximationsverfahren nach THORNTHWAITE & MATHER (1957) durchgeführt, das einen Ausgangswert bestimmt. **Zeile 6:** Änderung des Bodenwassers, die sich berechnet aus $\Delta Sp = Sp_n - Sp_{n-1}$. **Zeile 7:** Die aktuelle Evapotranspiration ergibt sich bei N ≥ pET aus aET = pET und bei N < pET aus aET = N - ΔSp. **Zeile 8:** Der Quotient aWa / pET (= aET / pET für Perioden mit N < pET und N / pET für Perioden mit N ≥ pET) dient zur Bestimmung der Humidität bzw. der Aridität und ihrer Abstufung. **Zeile 9:** Der Überschuß ist nur für Perioden mit Spn = nFKWe durch S = N - ΔSp - aET zu bestimmen. **Zeile 10:** Wasserversorgung der Pflanzen in % nFKWe.

Bei der Frage nach dem optimalen Versorgungsgrad und der Schadensgrenze für die Kulturpflanzen kommen verschiedene Autoren zu differierenden Aussagen.

So schreiben KORTE & CZERATZKI (1959), daß schon bei einer Sp > 80 % nFKWe Wachstumshemmungen infolge Bodenluftmangels zu erwarten sind. Ertragsmindernde Schäden durch Trockenheit werden erst bei einer Sp < 30 % nFKWe erwartet. 1966 nimmt

CZERATZKI dagegen eine Beeinträchtigung des Pflanzenwachstums bei einer Sp von < 50 % nFKWe an.

SCHMIEDECKEN (1978) geht davon aus, daß erst bei Wassersättigung des Bodens (Sp $\geq$ 100 % nFKWe) Beeinträchtigungen des Wachstums durch zu geringen Bodenluftgehalt zu erwarten sind. Eine Trockenschädigung der Pflanzen, die zu Ertragseinbußen führt, nimmt er gleichfalls wie CZERATZKI (1966) und RENGER et al. (1974, 1974a) bei Unterschreitung der Sp von 50 % nFKWe an.

Der Bereich für optimale Lebensbedingungen der Kulturpflanzen wird dementsprechend für Werte der nFKWe zwischen > 50 % und < 90 % festgelegt.

7.2.2 Das agrarmeteorologische Bodenwassermodell AMWAS

Nachdem mit der Tabelle nach PFAU (1966) zur Bilanzierung des Bodenwasserhaushalts ein Einschichtmodell vorgestellt wurde, legte BRADEN (1992) mit dem agrarmeteorologischen Bodenwassermodell AMWAS ein Mehrschichtmodell vor. Anzahl der Schichten und die jeweilige Schichtdicke sind frei wählbar.

Ziel war es, ein universell einsetzbares Modell zu konzipieren, das der Berechnung der Bodenwasserströme und -gehalte unter Berücksichtigung bodenwassergehaltsabhängiger Evaporations- und Transpirationsreduktionen dienen soll.

Das Programm AMWAS bietet die Auswahl zwischen zwei Verfahren (CAMPBELL 1985 und VAN GENUCHTEN 1980) zur Bilanzierung des Bodenwasserhaushalts. In der vorliegenden Arbeit wurde mit dem Verfahren nach CAMPBELL (1985) gearbeitet, da weitergehende notwendige Informationen über die pF- und K-Funktionen der Böden für das Verfahren nach VAN GENUCHTEN (1980) nicht vorliegen. Eine pF-Bestimmung anhand der gemessenen Tensiometerwerte konnte nicht erfolgen, da die Wasserspannungen in den Böden der Untersuchungsgebiete den Meßbereich der Tensiometer überschritten (Trockenzeit). Zudem soll es Zweck dieser Arbeit sein, Berechnungsverfahren zum Bodenwasserhaushalt zu testen, die bei der geringen Laborausstattung in den Tropenländern mit einfach zu erfassenden Eingansparametern gute Ergebnisse liefern.

Eine ausführliche Beschreibung der mathematischen Gleichungssysteme ist bei CAMPBELL (1985) und BRADEN (1992) zu finden.

Eingangsparameter zur Berechnung des Bodenwasserhaushalts sind:
- Niederschlag (mm/d);
- potentielle Evapotranspiration (mm/d);
- Ton- und Schluffgehalt je Schichtdicke (%);
- Bodenart je Schichtdicke (optional);

- Lagerungsdichte je Schichtdicke (g/cm³);
- Wurzeldichteverteilung je Schichtdicke (cm/cm³) (optional);
- Anfangswassergehalt je Schichtdicke (Vol.-%).

Um das Programm vor „unsinnigen" Werten zu schützen, ist die Möglichkeit der Verdunstungsreduktion infolge von Wassermangel vorgesehen.

Für die <u>Bodenevaporation</u> wird dabei bei nicht mehr ausreichendem kapillaren Aufstieg eine Austrocknungszone von der Bodenoberfläche herab berechnet.

Zur Bestimmung der <u>Reduktion der Transpiration</u> aufgrund von Bodenwassermangel stehen zwei Varianten zur Verfügung, die beide ein minimales Wasserpotential Ψ_{Tmi} (Ψ_{Tmi} = -15.000 hPa = Ψ_{PWP}) erfordern.

In der <u>Variante 1 „Bodenwasserpotential"</u> fällt der Beitrag einer Bodenschicht zur Transpiration weg, sobald für das betreffende Matrixpotential $\Psi \leq \Psi_{Tmi}$ gilt.

Die <u>Variante 2 „Pflanzenwasserpotential"</u> berechnet zunächst aus den Wichtungsfaktoren für die Bodenschichten und den jeweiligen Bodenwasserpotentialen ein für die nicht reduzierte Transpiration erforderliches Pflanzenwasserpotential. Das Pflanzenwasserpotential wird für die Berechnung der schichtweisen Entnahmeterme auf Werte $\geq \Psi_{Tmi}$ begrenzt. Bei Matrixpotentialen $\Psi \leq \Psi_{Tmi}$ wird wie bei der Variante 1 der Wasserentzug aus einer Bodenschicht verhindert.

Die Vorteile der zweiten Variante gegenüber der ersten liegen darin, daß
a) die Transpirationsreduktion bei höherer Transpirationsanforderung verstärkt wirksam wird und
b) beim Wasserentzug Schichten mit guter Wasserverfügbarkeit bevorzugt werden (BRADEN 1992, S. 11 und 12).

Als wasserhaushaltliche Parameter stehen als Ausgabe zur Verfügung:
- Der schichtweise Wassergehalt zum Ende eines Tages (Vol.-%);
- die eingelesenen Randbedingungen Niederschlag und potentielle Evapotranspiration (mm/d);
- die Infiltration (mm/d);
- die aktuelle Verdunstung (mm/d);
- der Gesamtwassergehalt des Bodens (mm/d) und
- die Wasserströme QM zwischen den Bodenschichten (mm/d) (QM < 0 bei kapillarem Aufstieg).

Getestet werden sollen die vorgestellten Bodenwassermodelle im folgenden unter verschiedenen Humiditäts-/Ariditätsbedingungen in der COSTA und unter den Verdunstungsbedingungen in unterschiedlichen Kultursystemen. Dazu ist es erforderlich, das Bestandsklima der Kultursysteme, das von vielseitigen Faktoren gesteuert und beeinflußt wird, zu erfassen.

7.3 Untersuchungen zum Bestandsklima und Bodenwasserhaushalt auf der Hacienda La Susana - Virginia

Im Zeitraum vom 01.10.-26.10.'91 wurden in einer Kaffeepflanzung und in einem Brache-feld auf der Hacienda La Susana in der Ortschaft Virginia Untersuchungen zum Bestands-klima durchgeführt. Zu den bestandsklimatischen Messungen ist anzumerken, daß die Messungen nicht in allen Kulturen in der Standardhöhe von 2,0 m über dem Bestand durchgeführt werden konnten (s.a. Kap. 7.4 und 7.5). Daraus ergibt sich ein methodisches Problem in der Erfassung der Bestandsverdunstung und damit schließlich auch in der Gebietsverdunstung (s.a. Kap. 8). Ohne einen extrem hohen meßtechnischen Aufwand (Meßtürme in Agroforstsystemen und „mitwachsende" meteorologische Stationen in annuellen Kulturen) läßt sich die Verdunstung unterschiedlicher Bestände, wie sie in dieser Arbeit u.a. ermittelt, wird nur näherungsweise bestimmen.

Die durchgeführten Messungen geben somit einen vergleichenden Einblick in die be-standsklimatischen Verhältnisse, die sich in 2,0 m Höhe über dem Wasserspeicher Boden befinden. Nach RICHTER (1986) besitzen die durchgeführten Messungen einen hohen ökologischen Stellenwert, da vor allem das Mikroklima in der gemessenen Höhe die Stabili-tät eines Bestandes charakterisiert. Insbesondere die Strahlungsverhältnisse geben dabei Auskunft über die Stabilität. So ist bei dichter Pflanzendecke und hohen Strahlungsintensitä-ten die Bodenevaporation gering, während die Transpiration einer ständigen Regulierung, insbesondere bei Bodenwassermangel, unterliegt. Bei einer lichten oder fehlenden Vegeta-tionsdecke dagegen kann es durch die hohen Strahlungsintensitäten zu einem ungehinderten kapillaren Aufstieg des Bodenwassers kommen. Vor allem während der Trockenzeit führt dies zu einer starken Absenkung des Bodenwassergehalts, die durch die Regenzeit nur zum Teil wieder ausgeglichen werden kann.

Im folgenden werden Untersuchungen zum Bestandsklima und Bodenwasserhaushalt in drei Regionen unterschiedlicher Humidität/Aridität vorgestellt und dargestellt inwiefern unter-schiedliche Kulturen und Kultursysteme das Bestandsklima und den Bodenwasserhaushalt variieren. Dabei werden bedeckte Tage mit Strahlungstagen verglichen, um die Spannweite der klimatischen Verhältnisse in den Beständen darzustellen.

Des weiteren erfolgte an den jeweiligen Standorten im Rahmen der komplexen Standortana-lyse und zur Bestimmung der wasserhaushaltlichen Kennwerte eine Bodenaufnahme.

7.3.1 Einführung in das Untersuchungsgebiet

Die Ortschaft Virginia liegt ca. 15 km südlich der Kantonhauptstadt Jipijapa des gleichna-migen Kantons bei 80°32'W und 01°28'S (s. Karte 16). Die nächsthöhere administrative Einheit bildet die Provinz Manabi.

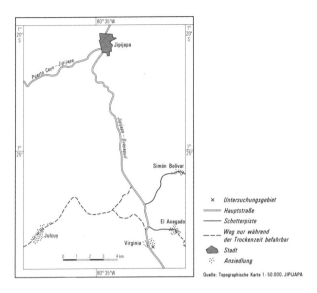

Karte 16: Das Untersuchungsgebiet Hacienda La Susana - Virginia

Virginia liegt im Zentrum der Küstenkordillere zwischen dem westlichen und östlichen Kordillerenstrang auf einer Höhe von 380 m üNN.
Der geologische Untergrund wird aus Konglomeraten, Sandsteinen und Mudden des mittleren Miozän gebildet (s.a. Karte 5).
Die in Kap. 3.7.1 - 3.7.4 durchgeführten Klima-/Vegetationszonierungen weisen Virginia nach KÖPPEN (1936) dem Savannenklima (Awh - s. Karte 6), nach TROLL & PAFFEN (1964) dem Dornsavannengürtel (V4 - s. Karte 7) und nach HOLDRIDGE (1987) dem tropischen Trockenwald (s. Karte 9) zu. Nach LAUER & FRANKENBERG (1978) wird Virginia dem Klimatyp II-4 (s. Karte 8) zugeordnet. Virginia liegt nach den ersten drei Klassifikationen jeweils im Grenzbereich zur nächst arideren Vegetationszone. Die Niederschläge betragen an der 2 km nord-östlich gelegenen Niederschlagsstation El Anegado im langjährigen Mittel (1971-1981) 842 mm mit einem ausgeprägten Jahresgang. Dagegen weist die 8 km weiter westlich gelegene Station Julcuy im langjährigen Mittel (1971-1981) lediglich eine Niederschlagshöhe von 403,4 mm auf. Die Anzahl der klimatisch humiden Monate beträgt 3-4.
Die Hacienda liegt im Vergleich zu ihrer Umgebung im Relief etwas tiefer und wird an ihrer östlichen Seite von einem periodisch fließenden Bach während des invierno durchzogen. Durch diese Lage im Relief ist vor allem bodenhydrologisch eine bessere Situation gegen-über den umliegenden Hügeln gegeben (lateraler Wasserzufluß).

Das natürliche Vegetationsbild ist durch die Landnahme stark degradiert, und nur noch vereinzelt stehende *Ceiba pentandra* zeugen von deren urspünglich dominant landschaftsprägender Verbreitung.

Die dominanten Kulturen, die in dieser Region angebaut werden, sind zum einen als annuelle Kultur der Hartmais und zum anderen als mehrjährige Kultur der Kaffeestrauch (*Coffea arabica*). Wie bei fast allen einjährigen Kulturen erfolgt die Aussaat des Hartmaises von Januar bis Mitte April und die Ernte von Mitte April bis Mitte August. Die Kaffeernte findet von Juni bis August statt. Nach der Ernte erfolgt eine Migration eines Großteils der Landbevölkerung in die größeren Zentren der COSTA (z.B. nach Guayaquil und Manta), da die Einkünfte aus der landwirtschaftlichen Produktion für viele Familien nicht zur Existenzsicherung ausreichen, zumal sie meistens als Pächter das bebaute Land bewirtschaften (COLLIN-DELAVAUD 1976, 1987 und HORNBERGER 1989).

Die Erträge, vor allem der annuellen Kulturen, sind in starkem Maße von der Variabilität der Niederschläge abhängig (s. Kap. 4.1.3). Zudem läßt sich anhand längerer Datenreihen erkennen, daß die Vernichtung der natürlichen Vegetation zu einer langfristigen Abnahme der Niederschläge führt (s. SEDRI-IICA 1982 und Kap. 4.1.3). Dies hat eine verringerte Speicherung von Wasser aus der Regenzeit im Boden zur Folge, wodurch sich die Vegetationszeit für Kulturpflanzen verkürzt. Somit ergibt sich selbst für mehrjährige Baum- und Strauchkulturen ein erhöhtes Anbaurisiko.

So hat der Kanton Jipijapa, der einst das Kaffeezentrum Ecuadors darstellte, an Bedeutung verloren und die Kaffeepflanzungen sind durch überalterte Kaffeesträucher geprägt. Daraufhin wurde 1984 von staatlicher Seite ein Programm zur Wiederbelebung des Kaffeeanbaus in dieser Region initiiert. Ziel ist es, Kaffeesträucher zu züchten, die eine höhere Trockenresistenz aufweisen, und überalterte Pflanzungen durch neue zu ersetzen (MBS-IICA 1986). Ein Teil dieses Programms wird auf der Hacienda La Susana in der Ortschaft Virginia durchgeführt. Die Experimente werden vom INIAP koordiniert.

Die Hacienda La Susana stellt gleichzeitig das Zentrum der UOCAM (Union de Organizaciónes Campesinas Agropecuarias de Manabi) dar. Die 1984 gegründete UOCAM ist eine lokal entwickelte Selbsthilfeorganisation und arbeitet mit 18 Dörfern zusammen. Ziel ist es, Programme zur Verbesserung der Lebenssituation der Kleinbauern zu entwickeln. Hierzu gehören u.a. Wiederaufforstungen, der Bau von Bewässerungstanks sowie der Gemüsenanbau zur ausgeglicheren Ernährung der Bevölkerung und zum Verkauf.

Seit Mitte der 80er Jahre wird die UOCAM durch den DED (Deutscher Entwicklungsdienst) unterstützt (DED 1989 und UOCAM 1991).

Das Flächenverhältnis von landwirtschaftlicher Nutzfläche zu Brache wird in dieser Region mit einem Verhältnis von 1:1 angegeben. Die Brachedauer beträgt dabei auf kleinen Farmen (1-2 ha) ca. 2 Jahre, auf mittleren (2-5 ha) und auf großen (5-10 ha) 2-3 Jahre. Die Brachedauer ist jedoch insbesondere bei den kleinen Farmen rückläufig, wodurch eine schnellere Bodendegradation gegeben ist, die wiederum zum Rückgang in den Erträgen führt (HORNBERGER 1989). Die Folge sind letztendlich Landflucht und die Bildung von Slumvierteln am Rand von Guayaquil.

Die Brachfläche, in der die Untersuchungen auf der Hacienda La Susana durchgeführt worden sind, besteht seit 3 Jahren. Auf ihr hat sich eine dichte Strauchformation ausgebildet, die von überalterten Mangobäumen (*Mangifera indica*) durchstanden ist. In ihrer vorherigen Nutzung als Kaffeepflanzung war sie mit Bananenstauden (*Musa spp.*) und Mangobäumen als Schattenbäume überstanden.

7.3.2 Bestandsklima in der Kaffeepflanzung

Infolge der jungen Kaffeeanpflanzung (3-4 Jahre) und des dadurch bedingten relativ lichten Schirms der Schattenbäume kann die Strahlung relativ ungehindert bis zur Bodenoberfläche vordringen (s. Foto 2). Belegt wird dieser Tatbestand durch die negativen Strahlungswerte (Fig. 9) zwischen 19^{00} und 06^{00} Uhr, die auf die Lage der Austauschfläche hindeuten.

Da die Messungen zur Strahlungsbilanz in 1,8 m Höhe unter dem Schirm der Schattenbäume (*Musa spp.* und *Leucaena Leucocephala*) erfolgten, kann der Kronenbereich der Schattenbäume als Austauschfläche ausgeschlossen werden. Des weiteren bilden die Kaffeesträucher mit einer Höhe von 1,7-1,8 m und einer Pflanzweite von 3*3 m gleichfalls keine Austauschfläche für die Strahlungsbilanz. Somit kann die Bodenoberfläche im Bestand als Austauschfläche für die Strahlung angesehen werden.

Foto 2: Standort der Dataloggerstation in der Kaffeepflanzung

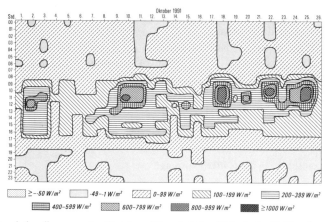

Fig. 9: Isoplethendiagramm der Strahlungsbilanz in 1,8 m Höhe in der Kaffeepflanzung

Über den gesamten Meßzeitraum beginnt die Ausstrahlung regelmäßig nach Sonnenuntergang. Mit Beginn des Sonnenaufgangs endet der Zeitraum der Ausstrahlung. Durch diese sich immer zur selben Zeit vollziehende Umkehrung von Einstrahlung zu Ausstrahlung wird die 12stündige Tageslänge in den inneren Tropen besonders deutlich.

Zwar ist eine Regelmäßigkeit in der Ausstrahlung zu erkennen und eine Abhängigkeit von der Höhe der Einstrahlung anzunehmen, jedoch ergab eine Korrelation der Einstrahlungswerte mit den Ausstrahlungswerten lediglich einen schwach positiven Zusammenhang ($r = 0,35$).

Im Verlauf der Nacht führt insbesondere die Zustrahlung gleichwarmer Nachbarpflanzen zu leicht positiven Strahlungswerten, die zwischen 1 und 5 W/m² betragen. Gegen 05^{00} und 06^{00} Uhr kommt es an einigen Tagen wiederum zu einem erneuten leichten Anstieg, der sich damit erklären läßt, daß zu diesem Zeitpunkt die Ausstrahlungswärme der Pflanzen nicht mehr ausreicht, die negative Strahlungsbilanz zu überdecken. Des weiteren kann sich durch eine nächtliche Bewölkungszunahme die atmosphärische Gegenstrahlung erhöhen, wodurch die Ausstrahlung gleichfalls überdeckt wird.

In Fig. 10 sind die Stundenmittel der Strahlungsbilanz über den Meßzeitraum dargestellt. Das Maximum der Strahlungsbilanz ist um 11^{00} Uhr mit 373,2 W/m². Danach erfolgt die Abnahme der Strahlungsintensität und um 19^{00} Uhr ist mit -11,0 W/m² der höchste Ausstrahlungswert zu verzeichnen. Während der Nachtstunden verringert sich die Ausstrahlung und erhält gegen 01^{00} Uhr erste leicht positive Strahlungswerte. Eine zweite Periode negativer Strahlungsbilanz ist an einigen Tagen um 05^{00} und 06^{00} Uhr zu verzeichnen. Zu berücksichtigen ist allerdings, daß es sich in Fig. 10 um Mittelwerte handelt und daß es nach

Fig. 9 nur an 4 von 26 Tagen am frühen Morgen zu einer erneuten negativen Ausstrahlungsperiode kommt.

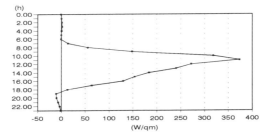

Fig. 10: Stundenmittel der Strahlungsbilanz in 1,8 m Höhe über die Meßperiode in der Kaffeepflanzung

Der unterschiedliche Strahlungsgang an einem bedeckten Tag und an einem Strahlungstag ist in Fig. 11 wiedergegeben. Die Summe der eingestrahlten Energie am Strahlungstag beträgt mit 3.375,1 W/m² das 4,4-fache derjenigen des eines bedeckten Tages mit 795,5 W/m². Das Maximum der Ausstrahlung, das am Strahlungstag -11,8 W/m² und am bedeckten Tag -14,8 W/m² beträgt, verdeutlicht nochmals den schwachen Zusammenhang zwischen Einstrahlung und Ausstrahlung.

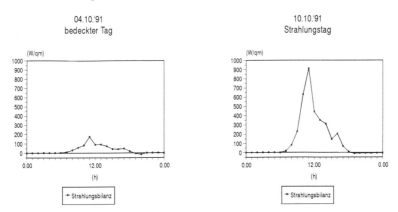

Fig. 11: Tagesgang der Strahlungsbilanz in 1,8 m Höhe an einem bedeckten Tag und an einem Strahlungstag in der Kaffeepflanzung

In direkter Abhängigkeit von der eingestrahlten Energiemenge steht die Temperatur. Der Temperaturgang in der Kaffeepflanzung in 2,0 m Höhe wird in Fig. 12 dargestellt.
Auffällig ist die relativ scharfe Klassengrenze der Temperaturen von 17-19 °C am Morgen. Der Übergang zur nächsthöheren Klasse (20-24 °C) erfolgt 1-2 Std. nach Sonnenaufgang.

Die Temperatur reagiert also mit einer Zeitverzögerung auf den Strahlungsanstieg, wodurch sich der mäßig positive Zusammenhang (r = 0,75) zwischen der Strahlungsbilanz und der Temperatur in 2,0 m Höhe erklären läßt.

Nach Sonnenuntergang läßt sich keine derartig deutliche Klassengrenze ausgliedern. Daraus kann gefolgert werden, daß mit einem Strahlungsanstieg eine gewisse zeitverzögerte Linearität im Temperaturanstieg gegeben ist. Im Gegensatz dazu führt die Strahlungsabnahme (s. Fig. 10) nicht zu einer gleichartigen linearen Abnahme der Temperatur (s. Fig. 12). Die höchste Temperaturklasse (30-32 °C) ist nur an drei Tagen vorzufinden und liegt zwischen 12°° und 16°° Uhr.

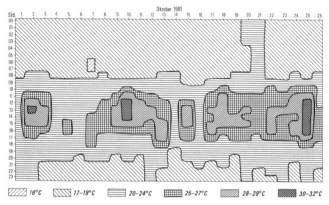

Fig. 12: Isoplethendiagramm der Temperatur in 2,0 m Höhe in der Kaffeepflanzung

In Fig. 13 ist das Stundenmittel der Temperatur über den Meßzeitraum aufgetragen und zeigt die deutlichen Maxima der Temperatur zwischen 13°° und 15°° Uhr mit 26,8 bzw. 26,7 °C. Im Vergleich mit Fig. 10 wird wieder die klare zeitliche Differenz von zwei bis drei Stunden zum Strahlungsmaximum erkennbar. Das Minimum der Temperatur liegt zur selben Zeit wie das erneute Maximum der Ausstrahlung am frühen Morgen kurz vor Sonnenaufgang.

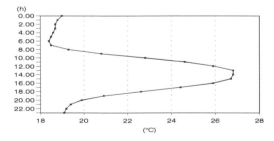

Fig. 13: Stundenmittel der Temperatur in 2,0 m Höhe über die Meßperiode in der Kaffeepflanzung

Der Tagesgang der Temperatur in 2,0 m Höhe ist in Fig. 14 für einen Strahlungstag und einen bedeckten Tag dargestellt. Gleichzeitig ist der Tagesgang der relativen Feuchte in 2,0 m Höhe eingezeichnet. Sehr deutlich tritt der gegenläufige Tagesgang von Temperatur und relative Feuchte hervor (r = -0,99).

Beträgt die mittlere Lufttemperatur in 2,0 m Höhe am bedeckten Tag 20 °C und die mittlere relative Feuchte 87,6 %, so liegen die Werte am Strahlungstag bei 21,9 °C und bei 77,5 %.

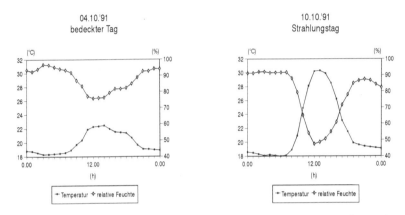

Fig. 14: Tagesgang der Temperatur und der relativen Feuchte in 2,0 m Höhe an einem bedeckten Tag und an einem Strahlungstag in der Kaffeepflanzung

Wie für die Strahlungbilanz und die Temperatur in 2,0 m Höhe wurde für die relative Feuchte in 2,0 m Höhe ein Diagramm mit Raum-Zeit-Muster für klassifizierte Luftfeuchtewerte erstellt (s. Fig. 15).

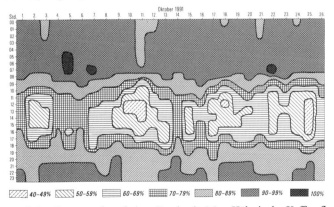

Fig. 15: Isoplethendiagramm der relativen Feuchte in 2,0 m Höhe in der Kaffeepflanzung

Markant tritt die Ähnlichkeit der Raum-Zeit-Muster der relativen Feuchte mit denen der Temperatur hervor. Mit dem raschen Temperaturanstieg (s. Fig. 12) erfolgt eine gleichartig rasche Abnahme der relativen Feuchte. Allerdings ist das Raum-Zeit-Muster der niedrigsten Klasse der relativen Feuchte nicht immer identisch mit dem der Klasse der höchsten Temperaturen. Dennoch ergibt die Korrelation von Temperatur mit relativer Feuchte eine extrem negative Korrelation (r = -0,99).

Das Raum-Zeit-Muster der Wasserdampfsättigung der Luft befindet sich in den frühen Morgenstunden zwischen 05°° und 07°° Uhr. Im Mittel über die Meßperiode werden zu diesem Zeitpunkt 93,7 % relative Feuchte gemessen (s. Fig. 16). Mit 60,1 % relativer Feuchte wird dagegen um 13°° Uhr der niedrigste Wert erreicht.

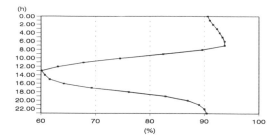

Fig. 16: Stundenmittel der relativen Feuchte in 2,0 m Höhe über die Meßperiode in der Kaffeepflanzung

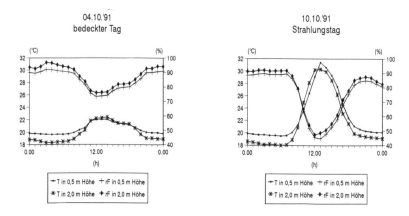

Fig. 17: Tagesgang der Temperatur und der relativen Feuchte in 0,5 m und 2,0 m Höhe in der Kaffeepflanzung

Bei einer Betrachtung der Temperaturverläufe in Fig. 17 fällt auf, daß die Temperaturkurve in 0,5 m Höhe trotz ihrer näheren Lage zur Austauschfläche während der Nachtstunden höhere Temperaturen aufweist als die Temperaturmessungen in 2,0 m. So liegt das absolute

Temperaturminimum in 0,5 m gegenüber dem in 2,0 m Höhe am bedeckten Tag um 1,3 °C höher und am Strahlungstag um 1,5 °C. Über den gesamten Meßzeitraum liegt es in 0,5 m Höhe im Durchschnitt um 2,7 °C höher als in 2,0 m Höhe. Eine Erklärung für die höhere Minimumtemperatur in 0,5 m Höhe ergibt sich nach GEIGER (1961) durch eine Erhöhung der Temperatur in kurzer Distanz von der Austauschfläche durch die vom Boden ausgestrahlte Wärmeenergie, die im Verlauf der Tagesstunden gespeichert wurde. Mit der Höhe nimmt die Erwärmung wieder ab und hat somit die niedrigeren Minimumtemperaturen in 2,0 m Höhe zur Folge. Verstärkt wird dieser Effekt durch die geringen Windgeschwindigkeiten (s. Fig. 18 und 19) während der Nachtstunden, die eine stabile Schichtung in der Kaffeepflanzung begünstigen.

Im Gegensatz zum nächtlichen Temperaturgang ist der tägliche differenzierter. So übersteigt die Temperatur in 2,0 m die in 0,5 m Höhe am bedeckten Tag, während sie am Strahlungstag unter der in 0,5 m Höhe bleibt (s. Fig. 17).

Führt der geringe Windgang während der Nachtstunden zu einer stabileren Temperaturschichtung in der Kaffeepflanzung, so erfolgt am Tag eine turbulente Durchmischung. Dabei wird der Raum oberhalb der Kaffeepflanzen, in dem sich auch der Meßfühler in 2,0 m Höhe befindet, stärker vom Windgang beeinflußt und dies führt infolgedessen an strahlungsreichen Tagen zu einer niedrigeren absoluten Maximumtemperatur als in 0,5 m Höhe. Somit differieren die absoluten Temperaturmaxima in 0,5 und 2,0 m Höhe über den gesamten Meßzeitraum lediglich um 0,1 °C.

Im Gegensatz zur Temperatur weisen die Kurven der relativen Feuchte einen nahezu parallelen Verlauf auf, wobei die Werte in 2,0 m Höhe leicht höher sind. Allerdings führt der morgendliche Temperaturanstieg zu einem Angleichen der Feuchtewerte, das an Strahlungstagen stärker ausgeprägt ist als an bedeckten Tagen. In den Zeiten der Temperaturstagnation und -abnahme bildet sich die leichte Differenz im Tagesmittel von 3,0 bzw. 2,4 % für bedeckte bzw. strahlungsreiche Tage heraus. Im Verlauf der gesamten Meßperiode lag die relative Feuchte in 2,0 m Höhe um 2,2 % höher als in 0,5 m Höhe. Die höhere relative Feuchte in 2,0 m Höhe ist insbesondere durch die Transpiration der Kaffeepflanzen bedingt, die in dieser Höhe ihre Hauptblattmasse aufweisen. Eine Erhöhung der relativen Feuchte in 0,5 m gegenüber der in 2,0 m Höhe durch Bodenevaporation findet nicht statt. Zum Ende der Trockenzeit liegt der Bodenwassergehalt mit 5,5 Vol.-% in den obersten 40 cm unter Flur weit unter dem PWP (PWP = 32,8 Vol.-%). So kann der Wasserdampfstrom aus dem Boden durch Verdunstung vernachlässigt werden (s.a. Kap. 7.3.8). Insbesondere in den obersten 30 cm unter Flur weisen tiefe Trockenrisse auf den geringen Wassergehalt hin (s. Fig. 37). Messungen während der Regenzeit könnten hier unter Umständen einen umgekehrten Tagesgang der relativen Feuchte aufweisen.

Im folgenden soll die Windgeschwindigkeit über den Meßzeitraum und im Tagesgang erläutert werden (s. Fig. 18 und 19).

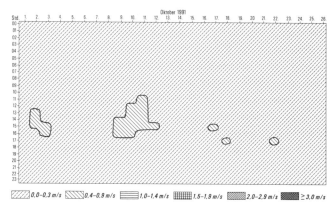

Fig. 18: Isoplethendiagramm der Windgeschwindigkeit in 2,0 m Höhe in der Kaffeepflanzung

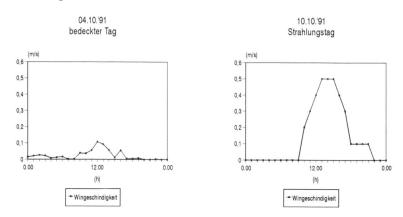

Fig. 19: Tagesgang der Windgeschwindigkeit in 2,0 m Höhe an einem bedeckten Tag und
an einem Strahlungstag in der Kaffeepflanzung

Auffällig ist der ähnliche Tagesgang von Windgeschwindigkeit (s. Fig. 19), Strahlungsbilanz
(s. Fig. 11) und Temperatur (s. Fig. 14) sowie der inverse Verlauf zur relativen Feuchte
(s. Fig. 14). So ergibt die Korrelation der Windgeschwindigkeit mit der Strahlungsbilanz
einen mäßig positiven (r = 0,65) und mit der Temperatur einen hohen positiven
Korrelationskoeffizienten (r = 0,93). Daraus kann abgeleitet werden, daß die Windgeschwindigkeit in erster Linie thermisch bedingt ist. Sie zeigt gleichfalls wie die Temperatur
eine Zeitverzögerung zum Strahlungsanstieg. Zur relativen Feuchte besteht mit r = -0,92 ein
hoher negativer Zusammenhang, wodurch der Einfluß der Windgeschwindigkeit auf das
Sättigungsdefizit und somit auf die Verdunstung deutlich wird.

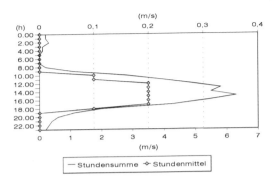

Fig. 20: Stundensumme und -mittel der Windgeschwindigkeit in 2,0 m Höhe über die Meßperiode in der Kaffeepflanzung

Wie der Fig. 20 zu entnehmen ist, herrschen zwischen 18°° und 11°° Uhr mit 0,0-0,1 m/s Windstillen vor. Die Summenwerte weisen maximale Werte der Windgeschwindigkeit für die Zeit von 13°° bis 15°° Uhr aus, die zeitlich mit den Maximalwerten der Temperatur zusammenfallen (s. Fig. 13). Die mittlere Windgeschwindigkeit gibt im Gegensatz dazu Werte von 0,2 m/s für die Zeit zwischen 12°° und 17°° Uhr an, was darauf hinweist, daß nur an wenigen Tagen höhere Windgeschwindigkeiten erreicht werden. So liegen die maximalen Windgeschwindigkeiten bei 0,5 m/s und werden zwischen 13°° und 16°° Uhr erreicht (s. Fig. 18). Das absolute Minimum liegt zwischen 05°° und 07°° Uhr mit 0,0 m/s und weist auf eine morgendlich stabile Lage der Luftmasse in der Kaffeepflanzung hin.

Neben einer Umwandlung der eingestrahlten Energie in den Strom latenter und fühlbarer Wärme, fließt ein weiterer Teil in die Erhöhung der Bodentemperatur. Dabei weisen die Maxima der Bodentemperatur eine zum Teil hohe zeitliche Verzögerung zu denen der Lufttemperatur auf. Liegt das Temperaturmaximum am Strahlungstag in 2,0 m Höhe um 13°° Uhr, so erreicht die Bodentemperatur in 20 cm Tiefe um 17°° Uhr und in 40 cm Tiefe um 23°° Uhr ihr Maximum (s. Fig. 21). Es findet somit auch innerhalb des Bodenkompartiments eine Zeitverzögerung statt. An bedeckten Tagen vergrößert sich die Zeitverzögerung, so daß die Maxima der Bodentemperaturen erst in der zweiten Nachthälfte auftreten.

Ein Maß für die vom Boden aufgenommene und abgegebene Energie ist die Temperaturamplitude. Am Strahlungstag beträgt sie für 20 cm Tiefe 3,3 °C und am bedeckten 1,4 °C. Ab 40 cm Bodentiefe nehmen die Amplituden stark ab und nähern sich an (0,5 °C und 0,3 °C). Für Tiefen ab 60 cm liegen vernachlässigbare Unterschiede vor. Über die Meßperiode betragen die Bodentemperaturen im Mittel in 20 cm 24,4 °C (R = 4,5 °C), in 40 cm 24,3 °C (R = 1,3 °C), in 60 cm 24,1 °C (R = 0,8 °C) und in 90 cm 22,6 °C (R = 0,5 °C).

Markant tritt die Abnahme der mittleren Bodentemperatur von 24,1 °C in 60 cm Tiefe auf 22,6 °C in 90 cm Tiefe hervor. Auf Veränderungen in der Bodentextur und im Bodenwassergehalt ist der Temperatursprung nicht zurückzuführen. Somit kann nur eine grundsätzlich exponentielle Abnahme der Bodentemperatur in einem Vertisol während der Trockenzeit angenommen werden, die auf eine geringe Wärmeleitfähigkeit infolge niedriger Bodenwassergehalte zurückzuführen ist.

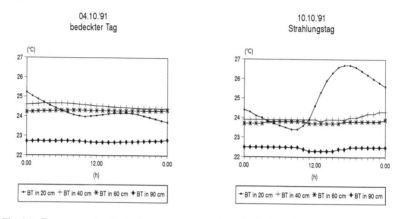

Fig. 21: Tagesgang der Bodentemperaturen an einem bedeckten Tag und an einem Strahlungstag in der Kaffeepflanzung

7.3.3 Vergleich der Ergebnisse zwischen Brachefeld und Kaffeepflanzung

Foto 3: Standort der Dataloggerstation im Brachefeld

Die Standortwahl für die Dataloggerstation im Brachefeld stellte sich als schwierig heraus, da es keine homogene Fläche in seiner Vegetationsbedeckung darstellte. Neben einer Strauchformation, die stellenweise 2-3 m Höhe erreicht, war die Brachfläche mit Mangobäumen durchstanden, die in der früheren Kaffeepflanzung u.a. als Schattenbäume gedient hatten. Um beiden Standorten in der Brachefläche gerecht zu werden, wurde die Dataloggerstation im Kronenrandbereich eines Mangobaumes aufgestellt, wobei sie noch vom lichten Blätterwerk überschattet war (s. Foto 3). Wie die folgenden Ergebnisse zeigen, reichte dieser Standort aus, den Strahlungshaushalt gegenüber der Kaffeepflanzung stark zu variieren.

So zeigt der Standort im Gegensatz zur Kaffeepflanzung z.B. nicht die prägnanten Ausstrahlungsverhältnisse. D.h., daß die Austauschfläche für die Strahlung trotz des lichten Blätterwerks und des Standortes im Randbereich des Mangobaumes im Kronenbereich liegt. Dadurch kommt es zu einem wesentlich geringeren Strahlungsgenuß (s. Fig. 22). Zudem lassen die Raum-Zeit-Muster der Strahlung nur noch in geringem Maße Parallelen zur Tageszeit erkennen. Gleichfalls zeigt die Fig. 23 im Gegensatz zur Kaffeepflanzung keine eindeutige Lage des Strahlungsmaximums. So tritt ein erstes Strahlungsmaximum mit 130,8 W/m² um 10°° Uhr auf und um 13°° Uhr mit 125,2 W/m² ein zweites. Die niedrigsten Strahlungswerte treten mit 8,3 W/m² nach Sonnenuntergang um 19°° Uhr. Danach bedingt die Wärmestrahlung des Mangobaumes ein leichtes Ansteigen der Strahlungswerte auf 11-12 W/m², die bis zum nächsten Morgen ziemlich konstant bleiben. Mit Sonnenaufgang um 06°° Uhr erfolgt der Anstieg der Strahlungswerte zum ersten Maximum um 10°° Uhr. Im

Mittel über die Meßperiode erreicht die Strahlungsbilanz unter dem Mangobaum 57,2 % der Intensität in der Kaffeepflanzung.

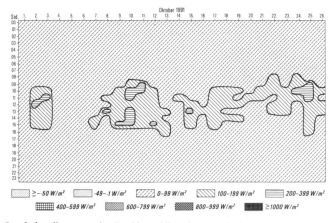

Fig. 22: Isoplethendiagramm der Strahlungsbilanz in 1,8 m Höhe im Brachefeld

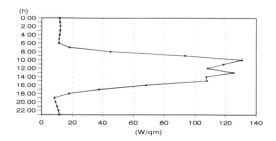

Fig. 23: Stundenmittel der Strahlungsbilanz in 1,8 m Höhe über die Meßperiode im Brachefeld

Der Tagesgang der Strahlung an einem bedeckten Tag und an einem Strahlungstag ist in Fig. 24 gegenübergestellt. Mit 1.949,5 W/m² liegt die Strahlungsbilanz am Strahlungstag um das 3,2-fache höher als am bedeckten Tag mit 611,8 W/m².

Ein Vergleich des Kurvenverlaufs der Strahlungsbilanz am Strahlungstag (s. Fig. 24) mit der gemittelten über den Meßzeitraum (s. Fig. 23) zeigt die Ähnlichkeit im Tagesgang, woraus auf eine strahlungsreiche Meßperiode geschlossen werden kann. Der Einbruch im Strahlungsgenuß während der Mittagszeit kann nicht auf eine strahlungsbedingte konvektive Wolkenbildung zurückgeführt werden, da die Messungen in der Kaffeepflanzung keinen derartigen Rückgang verzeichnen. So ist davon auszugehen, daß der Strahlungsbilanzmesser zu dieser Zeit einer erhöhten Beschattung durch das Blätterwerk des Mangobaumes ausgesetzt war.

96

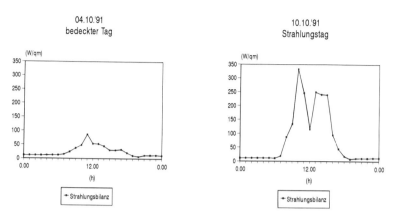

Fig. 24: Tagesgang der Strahlungsbilanz in 1,8 m Höhe an einem bedeckten Tag und an einem Strahlungstag im Brachefeld

Ergibt die Korrelation von Strahlungsbilanz und Temperatur für 2,0 und 0,5 m Höhe in der Kaffeepflanzung nur mäßig positive Zusammenhänge, so sind im Brachefeld mit r = 0,8 und r = 0,81 hohe positive Zusammenhänge nachgewiesen. Die Gleichheit der Korrelationskoeffizienten kann nur damit erklärt werden, daß sich die Austauschfläche für den Energieumsatz im Kronenbereich des Mangobaumes befindet und sich somit unter dem Baum ein gleichförmiges Wärmeniveau ausgebildet hat.

Konnte bereits in der Kaffeepflanzung zwischen den Lufttemperaturen in den beiden Meßhöhen eine extrem positive Korrelation mit r = 0,98 nachgewiesen werden, so wird am Standort Brachefeld durch das gleichförmige Energieniveau ein linearer Zusammenhang mit r = 1,00 vorgefunden.

Im Unterschied zur Strahlungsbilanz (s. Fig. 22) sind die Raum-Zeit-Muster der Temperatur in 2,0 m Höhe wieder klar ausgeprägt und weisen eine Zeitabhängigkeit auf (s. Fig. 25). Ein Vergleich mit den Raum-Zeit-Mustern der Temperatur in der Kaffeepflanzung (s. Fig. 12) zeigt eine große Ähnlichkeit der Muster. Dabei ist die Klasse der höchsten Temperaturen im Brachefeld nur einmal anstatt dreimal ausgeschieden und die der niedrigsten Temperaturen dagegen dreimal statt einmal. Somit zeigt der Temperaturgang im Brachefeld eine Tendenz zu leicht niedrigeren Werten als in der Kaffeepflanzung.

Die Werte der höchsten und niedrigsten Temperaturklassen sind zeitgleich mit denen in der Kaffeepflanzung. Allerdings zeigt sich hier deutlicher als in der Kaffeepflanzung, daß die Minimiumtemperaturen morgens zwischen 06°° und 07°° Uhr liegen (s. Fig. 25).

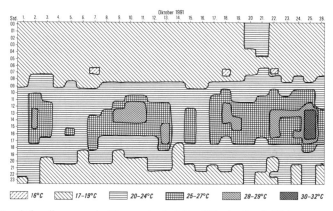

Fig. 25: Isoplethendiagramm der Temperatur in 2,0 m Höhe im Brachefeld

Da sich im Brachefeld kein eindeutiges Strahlungsmaximum feststellen läßt, kann ein Zeitverzug des Temperaturmaximums zu dem der Strahlung nicht genau angegeben werden. Bei der Annahme, daß das Maximum um 10^{00} Uhr das absolute ist, kann allerdings ein Zeitverzug von 4 Std. ermittelt werden, der somit 1-2 Std. über dem in der Kaffeepflanzung liegt. Es ist jedoch zu berücksichtigen, daß das zweite Strahlungsmaximum um 13^{00} Uhr einen wesentlichen Einfluß auf das Temperaturmaximum um 14^{00} Uhr hat (s. Fig. 26) und somit für die größere Zeitverzögerung verantwortlich ist.

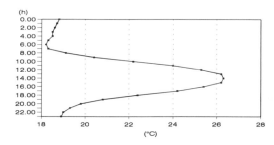

Fig. 26: Stundenmittel der Temperatur in 2,0 m Höhe über die Meßperiode im Brachefeld

In Fig. 27 sind die Tagesgänge der Temperatur und der relativen Feuchte in 2,0 m Höhe exemplarisch für einen bedeckten Tag und für einen Strahlungstag dargestellt. Im Vergleich zur Kaffeepflanzung liegt die Mitteltemperaur im Brachefeld am bedeckten Tag um 0,3 °C und am Strahlungstag um 0,4 °C niedriger. Die relative Feuchte liegt dahingegen im Brachefeld um ca. 1 % höher.

Trotz der wesentlich geringeren Strahlungsbilanz unter dem Mangobaum sind die Unterschiede in der Temperatur und in der relativen Feuchte im Vergleich zur Kaffeepflanzung relativ gering. Verursacht werden diese geringen Unterschiede vor allem durch die Advektion fühlbarer und latenter Wärme aus der Strauchformation unter dem Mangobaum.

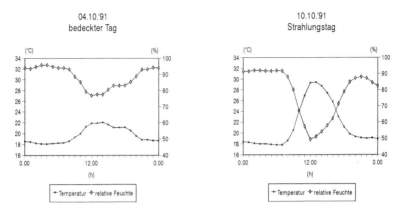

Fig. 27: Tagesgang der Temperatur und der relativen Feuchte in 2,0 m Höhe an einem bedeckten Tag und an einem Strahlungstag im Brachefeld

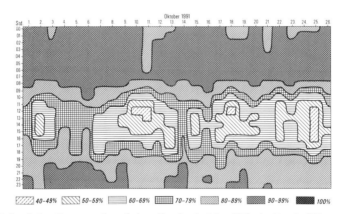

Fig. 28: Isoplethendiagramm der relativen Feuchte in 2,0 m Höhe im Brachefeld

Die Darstellung der relativen Feuchte im Raum-Zeit-Muster für klassifizierte Luftfeuchtewerte erfolgt in Fig. 28. Deutlich tritt die Ähnlichkeit der Muster mit denen aus der Kaffeepflanzung hervor (s. Fig. 15). Allerdings fällt auf, daß das Raum-Zeit-Muster der höchsten Klasse, das der Sättigungsfeuchte (100 %), nicht ausgeprägt ist. Das Raum-Zeit-Muster der niedrigsten Klasse dagegen ist nahezu lageidentisch mit dem im Kaffeebestand. Prägnant ist der Beginn des Musters zwischen 11°° und 12°° Uhr ausgebildet. Die niedrigsten Luftfeuchtewerte in 2,0 m Höhe werden im Mittel über die Meßperiode um 13°° Uhr

Geographisches Institut
der Universität Kiel

erreicht (s. Fig. 29). Das Minimum liegt 3 Std. nach dem ersten Strahlungsmaximum (s. Fig. 23) und eine Stunde vor dem Temperaturmaximum (s. Fig. 26).

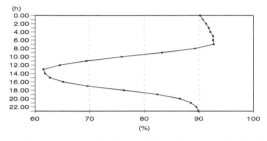

Fig. 29: Stundenmittel der relativen Feuchte in 2,0 m Höhe über die Meßperiode im Brachefeld

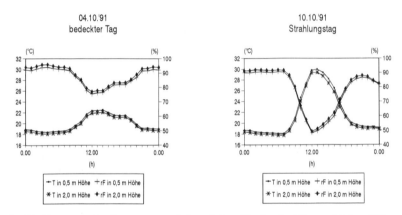

Fig. 30: Tagesgang der Temperatur und der relativen Feuchte in 0,5 m und 2,0 m Höhe an einem bedeckten Tag und an einem Strahlungstag im Brachefeld

Die in Fig. 30 dargestellten Kurven zeigen deutlich das ausgeglichenere Strahlungsklima unter dem Mangobaum, das fast lagetreue Kurvenverläufe bewirkt. Über die gesamte Meßperiode liegt eine Differenz von 0,4 °C vor. Ein Grund für die leichten Unterschiede kann die Windgeschwindigkeit sein, die in 2,0 m Höhe etwas höhere Werte zeigt als in 0,5 m Höhe, da der Reibungswiderstand durch die Vegetation in 2,0 m Höhe geringer ist als in Bodennähe. Daß die Windgeschwindigkeit im Brachefeld trotz niedrigerer Strahlungswerte und Temperaturen höhere Werte aufweist (s. Fig. 31 und 32) als in der Kaffeepflanzung, ist durch die lockere Bestandsdichte (geringerer Reibungswiderstand) begründet.

Wie anfangs bereits gesagt, wurden die Meßsensoren aufgrund des Zenitstandes der Sonne während der gesamten Meßperiode vom Blätterwerk des Mangobaumes beschattet, wodurch sich vor allem die niedrigeren Strahlungswerte gegenüber der Kaffeepflanzung erklären lassen. Außerdem kommt es dadurch zu leicht kühleren Verhältnisssen. In der Strauchformation treten demgegenüber höhere Strahlungswerte und Temperaturen auf, da keine Beschattung vorliegt. Für die höhere Windgeschwindigkeit ist vor allem der geringere Reibungswiderstand der Strauchformation im Vergleich zum Standort in der Kaffeepflanzung verantwortlich. Da die Dataloggerstation im Randbereich des Mangobaumes errichtet worden war und kein Hindernis für eine Windabbremsung vorlag, wurden die in der Strauchformation entstandenen höheren Windgeschwindigkeiten vom Anemometer der Dataloggerstation aufgezeichnet.

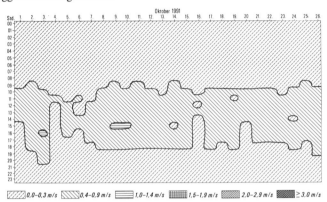

Fig. 31: Isoplethendiagramm der Windgeschwindigkeit in 2,0 m Höhe im Brachefeld

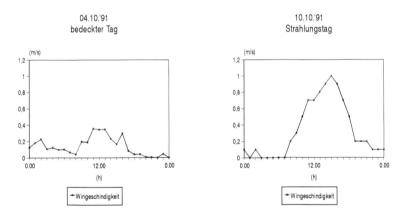

Fig. 32: Tagesgang der Windgeschwindigkeit in 2,0 m Höhe an einem bedeckten Tag und an einem Strahlungstag im Brachefeld

Die höchsten Windgeschwindigkeiten mit 1,0-1,1 m/s werden um 15°° und 16°° Uhr registriert (s. Fig. 31). Im Mittel über die Meßperiode liegen die höchsten Windgeschwindigkeiten mit 0,6 m/s zwischen 14°° und 16°° Uhr. Die niedrigsten Werte werden morgens zwischen 03⁰⁰ - 07⁰⁰ Uhr mit 0,0 m/s im Mittel aufgezeichnet (s. Fig. 33). Da die Temperatur zum Strahlungsanstieg eine leichte Zeitverzögerung verzeichnet, ist ein Anstieg in der Windgeschwindigkeit ebenfalls mit einer zeitlichen Verzögerung gekennzeichnet.

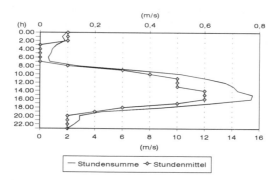

Fig. 33: Stundensumme und -mittel der Windgeschwindigkeit in 2,0 m Höhe über die Meßperiode im Brachefeld

Abschließend soll für den Standort Brachefeld eine Analyse der Bodentemperaturen erfolgen. In Fig. 34 ist der Tagesgang der Bodentemperaturen an einem strahlungsarmen und an einem strahlungsreichen Tag dargestellt. Auffällig sind - im Vergleich zu den Bodentemperaturen in der Kaffeepflanzung - die geringeren Temperaturen im Brachefeld (s. Tab. 20), die bis 60 cm Tiefe um etwas mehr als 2,0 °C niedriger liegen.

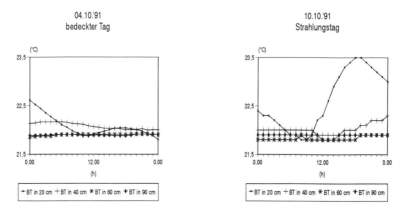

Fig. 34: Tagesgang der Bodentemperaturen an einem bedeckten Tag und an einem Strahlungstag im Brachefeld

Tab. 20: Differenz der Bodentemperaturen zwischen Brachefeld und Kaffeepflanzung

BT in	bedeckter Tag	Strahlungstag	Meßperiode
20 cm	-2,1	-2,4	-2,0
40 cm	-2,4	-2,0	-2,1
60 cm	-2,4	-2,0	-2,1
90 cm	-0,8	-0,5	-0,6

In 90 cm Tiefe weisen die Bodentemperaturen nur noch geringe Differenzen auf, so daß für diese Tiefe und für den Untersuchungsraum der Hacienda La Susana und vermutlich darüber hinaus eine Isothermie von 22,3 °C ± 0,3°C angenommen werden kann. Ob diese Isothermie auch während der Regenzeit Bestand hat, kann nicht gesagt werden und wäre durch weitere Untersuchungen zu klären. Hervorstechend sind zudem die höheren Differenzen in den Bodentemperaturen ab 40 cm Tiefe zwischen den beiden Standorten am bedeckten Tag und die geringeren am Strahlungstag. Daraus kann abgeleitet werden, je höher die eingestrahlte Energiemenge ist, desto geringer werden die Standortunterschiede in den Bodentemperaturen. Ist die eingestrahlte Energiemenge jedoch niedrig, so kommt es zu einem relativ höheren Anstieg der Bodentemperatur in der Kaffeepflanzung, da sich hier der Wärmeumsatz am Erdboden vollzieht, während unter dem Mangobaum durch Reflexion, Absorbtion und Transmission ein Großteil der Energie verbraucht wird und somit nicht einer Erhöhung der Bodentemperaturen zur Verfügung steht. Die Schwankungsbreite der Bodentemperaturen über die Meßperiode beträgt für 20 cm 3,0 °C ($\bar{x}$ = 22,4 °C), für 40 cm 1,5 °C ($\bar{x}$ = 22,2 °C), für 60 cm 0,9 °C ($\bar{x}$ = 22,0 °C) und für 90 cm 0,5 °C ($\bar{x}$ = 22,0 °C). Somit zeigt das Brachefeld im Vergleich zur Kaffeepflanzung insbesondere für die Bodentemperatur in 20 cm Tiefe eine wesentlich geringere mittlere Tagesamplitude.

7.3.4 Zusammenfassung zum Bestandsklima und Bestimmung der pET

Die Zusammenfassung der bestandsklimatischen Ergebnisse erfolgt insbesondere im Hinblick auf eine Wasserhaushaltsbilanzierung der Bestände. Sowohl in der Bilanzierung des Bodenwasserhaushalts nach PFAU (1966) als auch im Programm AMWAS stellt die pET den wichtigsten Outputfaktor dar. Neben der allgemeinen Problematik in der Bestimmung der Verdunstung (s. Kap. 4.5.1) stellen vor allem inhomogene Pflanzenbestände, wie sie auf der Hacienda La Susana ausgeprägt sind, ein meßtechnisches Problem dar.
Die wichtigsten Parameter in der PENMAN-Formel sind Strahlungsbilanz, Dampfdruckdefizit und Windgeschwindigkeit. Bedingt durch den höheren Beschattungseffekt des Mangobaumes im Brachefeld erreicht die Strahlungsbilanz 57,2 % des Wertes in der Kaffeepflanzung. Das Dampfdruckdefizit zeigt im Mittel über die Meßperiode mit 4,91 mbar in der Kaffeepflanzung und 4,81 mbar im Brachefeld eine vernachlässigbare Differenz auf. Im Gegensatz dazu weist die Windgeschwindigkeit wiederum hohe Unter-

schiede zwischen den Beständen auf. So wird für das Brachefeld mit 0,2 m/s gegenüber 0,1 m/s für die Kaffeepflanzung ein doppelt so hoher Windumsatz verzeichnet.

Neben der Strahlungsbilanz und der Windgeschwindigkeit zeigen vor allem die Messungen der Bodentemperaturen unterschiedliche Ergebnisse für die beiden Bestände. So liegen die Bodentemperaturen im Brachefeld bis 60 cm Tiefe um 2 °C niedriger als im Sorghumfeld. Für 90 cm Tiefe kann für den gesamten Untersuchungsraum eine Isothermie von 22,3 °C ± 0,3 °C angenommen werden.

Die Standorte unterscheiden sich in bezug auf die Parameter zur Verdunstungsbestimmung im wesentlichen in der Strahlungsbilanz und in der Windgeschwindigkeit. Die Kaffeepflanzung weist dabei die höhere Strahlungsbilanz und das Brachefeld den höheren Windumsatz auf. In Fig. 35 sind die Tageswerte der pET, berechnet aus Tagesmittelwerten, beider Bestände, dargestellt. Gleichfalls ist die pET für das freie Brachefeld (Strauchformation ohne Mangobäume) eingetragen. Sie wurde bestimmt, indem die Strahlungsbilanz des Brachefeldes durch die der Kaffeepflanzung ersetzt wurde. Alle anderen Werte wie Temperatur, relative Feuchte und Windgeschwindigkeit wurden beibehalten. Deutlich tritt die Ähnlichkeit mit den Werten der Kaffeepflanzung hervor. Daraus ist zu schließen, daß die Strahlungsbilanz den Hauptfaktor in der Bestimmung der Verdunstung nach der modifizierten PENMAN-Gleichung (1988) darstellt.

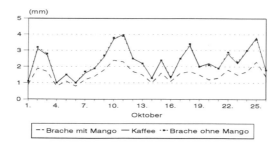

Fig. 35: Tageswerte der pET in der Kaffeepflanzung und im Brachefeld (mit und ohne Mangobäume) berechnet aus Tagesmitteln

Zudem weisen die Differenzen zwischen der pET in der Kaffeepflanzung und im Brachefeld eine exponentielle Abhängigkeit von der Strahlungsbilanz auf. D.h., daß sich bei einer Erhöhung der Strahlungsbilanz der Beschattungseffekt des Mangobaumes verstärkt.

Da insbesondere das Tag/Nacht-Verhältnis der Windgeschwindigkeit und der relativen Feuchte von großer Bedeutung für das Verdunstungsgeschehen ist, ist in Fig. 36 die pET in der Kaffeepflanzung, berechnet aus Tagesmitteln und aus den Stundenmitteln zwischen Sonnenauf- und -untergang, im Vergleich dargestellt. Die aus den Stundenwerten berechneten Resultate weisen um 10-38 % niedrigere Werte auf als die Verdunstungswerte aus Tagesmitteln. Für das Brachefeld liegen ähnliche Größenordnungen vor. In die Bodenwasserhaushaltsbilanzierung werden somit die Verdunstungswerte aus den Stundenmitteln als Outputfaktor eingebracht.

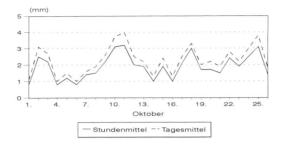

Fig. 36: Vergleich der pET berechnet aus Tages- und Stundenmitteln für die Kaffeepflanzung

7.3.5 Die bodenphysikalischen Verhältnisse in den Beständen

Neben dem Niederschlag als Inputfaktor und der Verdunstung als Outputfaktor stellen der Boden und seine physikalischen Eigenschaften zur Wasserspeicherung und -abgabe den wichtigsten Parameter in der Bilanzierung des Bodenwasserhaushalts dar. Von besonderer Bedeutung sind dabei die Porengrößenverhältnisse, die in den Fig. 37 und 38 für die Bestände dargestellt sind.

An beiden Standorten befindet sich nach der US-Soil-Taxonomy ein Vertisol auf Alluvialsedimenten. Dabei sind in der Kaffeepflanzung mit bis zu 30 cm Tiefe und 2 cm Breite die Trockenrisse stärker ausgebildet als im Brachefeld. Hier weisen die Trockenrisse eine maximale Tiefe von 5 cm auf. Dies ist bedingt durch den geringeren Feinporenanteil im Brachefeld gegenüber dem Standort in der Kaffeepflanzung (s. Fig. 37 und 38). Infolge der intensiveren Peloturbation in der Kaffeepflanzung findet eine tiefere und gleichmäßigere Einarbeitung der organischen Substanz in den Boden statt. Am Standort im Brachefeld sind die Peloturbationserscheinungen weniger markant, so daß eine Konzentration der organischen Substanz vor allem in den oberen 10 cm erfolgt. Da anhand von Tongehalt und organischer Substanz Zu- und Abschläge zu Porenvolumina erfolgen, fallen diese in der Kaffeepflanzung insbesondere in den oberen 10 cm geringer aus als im Brachefeld.

Lage: 80°32'W / 01°28'S   **Legende s. S. 108**
Höhe üNN / Neigung: 380 m / 0°
Bodentyp: Vertisol
Vegetation / Nutzung: Kaffeepflanzung mit *Musa spp.* und *Leucaena Leucocephala* als Schattenbäume
Ausgangsgestein: Alluvialsedimente

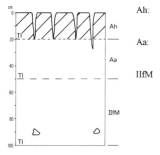

Ah: dunkel braun bis schwarz, humoser lehmiger Ton, mäßig dicht bis dicht gelagert, ausgeprägte Trockenrisse, an der Oberfläche Polygonnetz bildend

Aa: mittelbraun, schwach humoser lehmiger Ton, sehr dicht gelagert, vereinzelte Trockenrisse bis ca. 30 cm Tiefe

IIfM hellbraun bis gelb, sehr schwach humoser lehmiger Ton, sehr dicht gelagert, vereinzelte Steine

Volumenverhältnisse   Korngrößen   Lagerungsdichte & org. Substanz

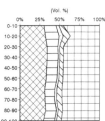 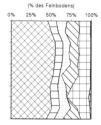 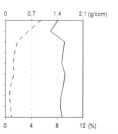

bodenphysikalische Parameter

Tiefe [cm]	Hori-zont	Boden-art	Ld [g/cm³]	Skelett	gS	mS	fS	gU	mU	fU	T	FP	MP	eGP	wGP	SV
							[Gew.-%]							[Vol.-%]		
0-20	Ah	Tl	1,31	0	0,2	1,0	14,1	16,2	11,2	9,4	48,1	31,4	16,0	4,4	7,1	41,1
20-50	Aa	Tl	1,56	0	0,1	0,8	15,3	10,5	9,2	9,4	54,8	34,3	13,5	2,1	4,8	45,3
50-100	IIfM	Tl	1,54	0	0,3	1,1	18,8	11,9	9,4	9,4	49,2	31,7	13,1	2,4	5,9	46,9

							bodenchemische Parameter					
Tiefe [cm]	Hori-zont	PWP	nFKWe	FK	LK	GPV	pH		C [%]	N [%]	C/N	org. C [%]	CaCO₃ [%]
				[mm]			KCL	CaCl₂					
0-20	Ah	31,4	16,0	47,4	7,1	58,8	6,0	6,3	2,22	0,25	8,9	4,4	2,6
20-50	Aa	34,3	13,5	47,8	4,8	54,7	6,3	6,7	0,74	0,11	6,9	1,5	2,0
50-100	IIfM	31,7	13,1	44,8	5,9	53,2	7,0	7,4	0,44	0,09	4,8	0,9	1,3

bodenchemische Parameter

Tiefe [cm]	Hori-zont	Fe-dit. [%]	Mn-dit. [%]	Fe-oxa. [%]	P [mg/kg]	Al [%]	Si	Austauschbare Nährstoffe [mmol IA/100g]							BS [%]
								Ca	Mg	K	Na	Al	H	AKeff.	
0-20	Ah	0,6	0,1	0,3	25,0	-	-	22,4	3,3	1,7	0,2	0,0	0,1	27,8	99,5
20-50	Aa	0,9	0,1	0,2	12,6	-	-	22,1	3,5	1,9	0,5	0,1	0,1	28,2	99,2
50-100	IIfM	1,4	0,1	0,1	2,9	-	-	18,2	2,7	1,7	1,4	0,0	0,1	24,2	99,2

Fig. 37: Profilbeschreibung und wichtige bodenphysikalische und -chemische Kennwerte des Vertisols in der Kaffeepflanzung

Lage: 80°32'W / 01°28'S
Höhe üNN / Neigung: 380 m / 0°
Bodentyp: Vertisol
Vegetation / Nutzung: Strauchformation mit *Mangifera indica* / Brache
Ausgangsgestein: Alluvialsedimente

Legende s. S. 108

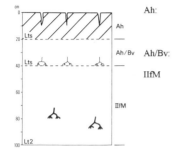

Ah: dunkel schwarz, nach unten brauner werdend, stark humoser sandig-toniger Lehm, sehr locker, gut durchwurzelt, Blattstreu-Auflage (überwiegend Mangoblätter), Trockenrisse bis ca. 8 cm Tiefe

Ah/Bv: braun, schwach humoser sandig-toniger Lehm, mäßig dicht, Feinwurzelgrenze in 40 cm Tiefe

IIfM: hellbraun, sehr schwach humos, schwach toniger Lehm, mäßig dicht, vereinzelte Baumwurzeln

Volumenverhältnisse   Korngrößen   Lagerungsdichte & org. Substanz

bodenphysikalische Parameter

Tiefe [cm]	Hori-zont	Boden-art	Ld [g/cm³]	Skelett	gS	mS	fS	gU	mU	fU	T	FP	MP	eGP	wGP	SV
								[Gew.-%]						[Vol.-%]		
0-20	Ah	Lts	1,13	0	0,4	1,6	36,3	19,2	6,0	8,0	28,8	22,3	20,0	9,0	11,7	37,0
20-40	Ah/Bv	Lts	1,38	0	0,1	1,1	39,0	13,2	5,8	7,0	34,0	24,0	13,7	4,6	11,7	46,0
40-100	IIfM	Lt2	1,43	0	0,0	0,5	30,4	19,3	8,2	8,4	33,2	23,8	13,9	4,2	10,5	47,6

bodenchemische Parameter

Tiefe [cm]	Hori-zont	PWP	nFKWe	FK [mm]	LK	GPV	pH		C	N	C/N	org. C	CaCO₃
							KCL	CaCl₂	[%]	[%]		[%]	[%]
0-20	Ah	22,3	20,0	42,3	11,7	63,0	6,9	7,0	3,81	0,37	10,3	7,6	2,3
20-40	Ah/Bv	24,0	13,7	37,6	11,7	54,0	6,3	6,5	0,68	0,12	5,7	1,4	2,0
40-100	IIfM	23,8	13,9	37,7	10,5	52,4	6,1	6,5	0,37	0,08	4,6	0,7	2,0

bodenchemische Parameter

Tiefe [cm]	Hori-zont	Fe-dit. [%]	Mn-dit. [%]	Fe-oxa. [%]	P [mg/kg]	Al	Si	Ca	Mg	K	Na	Al	H	AKeff.	BS [%]
						[%]		Austauschbare Nährstoffe [mmol IA/100g]							
0-20	Ah	0,3	0,1	0,2	18,5	-	-	25,4	1,4	2,0	0,0	0,0	0,2	29,0	99,4
20-40	Ah/Bv	0,9	0,0	0,2	8,7	-	-	16,9	1,5	1,2	0,1	0,0	0,1	19,8	99,2
40-100	IIfM	0,9	0,1	0,1	1,5	-	-	17,4	1,9	0,7	0,3	0,1	0,1	20,6	99,0

Fig. 38: Profilbeschreibung und wichtige bodenphysikalische und -chemische Kennwerte des Vertisols im Brachefeld

Legende zu den Fig. 37, 38, 71, 72, 110 und 111*

⌒ ⌒	Steine		Lsu	schluffig sandiger Lehm
⌄⌄⌄ ⌄⌄	Blattstreu		Lt	toniger Lehm
/////	Ah-Horizont		Lts	sandig toniger Lehm
⁷⁷ ⁷ ⁷	humoser Ackerboden (Ap-Horizont)		Ltu	schluffig toniger Lehm
T T	Verbraunung		Lu	schluffiger Lehm
T̄ T̄	Lessivierung		Slu	schluffig lehmiger Sand
Π Π	Tonanreicherung		Tl	lehmiger Ton

′₁′ ′₁′	kleine, feinverteilte Rostflecken		Ul	lehmiger Schluff
+ + +	Eisen- und Mangankonkretionen		Uls	sandig lehmiger Schluff
⊞	marmoriert, Bleich- und/oder		Us	sandiger Schluff
	Rostflecken (g), nach FAO Rostfleck,			
	Grund- oder Stauwasserhorizont		Aa	toniger (> 45 %) Horizont mit zeit-
~⊞~	Oxidauswaschung (Gley)			weilig breiten Trockenrissen
⌵ ⌵	Trockenrisse		Ah	humoser A-Horizont
⊂ID	Gänge von Bodenwühlern		Ap	A-Horizont durch regelmäßige
⋏	Feinwurzeln			Bodenbearbeitung geprägt
⋏	Baumwurzeln		Bv	verbraunter, verlehmter Mineral-
				horizont im Unterboden
⸻	scharfe Horizontgrenze		Cv	verwittertes Ausgangsgestein
− − −	deutliche Horizontgrenze		IIfAh	fossiler humoser A-Horizont
− − − − −	diffuse Horizont		IIfAl	fossiler lessivierter A-Horizont
			IIfBt	fossiler durch Einwaschung mit Ton
■	gS	(Grobsand)		angereicherter B-Horizont
▨	mS	(Mittelsand)	IIfBv	fossiler verbraunter, verlehmter
⊞	fS	(Feinsand)		Mineralhorizont im Unterboden
◩	gU	(Grobschluff)	IIfBvg	fossiler verbraunter, verlehmter
□	mU	(Mittelschluff)		Mineralhorizont mit Bleich- und
⊟	fU	(Feinschluff)		Rostflecken
⊠	T	(Ton)	IIfCv	fossiler Horizont mit verwittertem
				Ausgangsgestein
⊠	Feinporen		IIfM	fossiler Kolluvialhorizont
⊟	Mittelporen		IIIfGo	zweiter fossiler Horizont im Profil,
▢	enge Grobporen			oxidiert, im Grundwasserschwankungs-
◨	weite Grobporen			bereich entstanden
⊞	Substanzvolumen		M	Kolluvialhorizont
			Mg	Kolluvialhorizont mit Bleich- und
⸻	Lagerungsdichte			Rostflecken
− − − −	org. Substanz			

*Die aufgeführten Abkürzungen in den Tabellen sind in den **Erläuterungen der verwendeten Symbole** erklärt (s. Inhaltsverzeichnis).

Bezugnehmend auf die in Kap. 7.1 dargelegten Zusammenhänge zwischen der Porengrößenverteilung und den wichtigsten wasserhaushaltlichen Kennwerten findet im folgenden ein Vergleich der Kennwerte an den beiden Stationen statt (s. Fig. 39). Zur Bestimmung der wasserhaushaltlichen Kennwerte wird bei einem Grundwasserstand von 3,80 m von einem grundwasserfernen Standort ausgegangen.

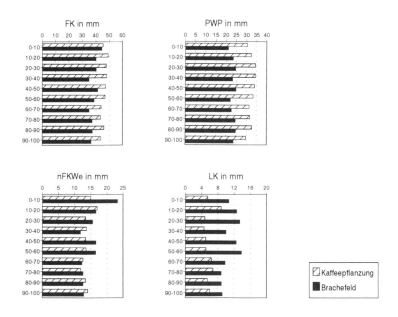

Fig. 39: Wasserhaushaltliche Kennwerte der Böden in der Kaffeepflanzung und im Brachefeld

Der Fig. 39 ist zu entnehmen, daß über das gesamte Profil die FK in der Kaffeepflanzung deutlich über der im Brachefeld liegt. Die FK in der Kaffeepflanzung wird mit 462 mm als hoch (FK 4) und die des Brachefeldes mit 386 mm als mittel (FK 3) eingestuft. Die Unterschiede in der FK sind in erster Linie durch den wesentlich höheren Feinporenanteil (s. PWP in Fig. 39) in der Kaffeepflanzung gegeben. So ergibt sich trotz höherer FK in der Kaffeepflanzung mit 138 mm eine geringere nFKWe gegenüber dem Brachfeld mit 151 mm. Die nFKWe der Kaffeepflanzung wird demnach als mittel (nFKWe 3) und die des Brachefeldes als hoch eingestuft (nFKWe 4).

Zusammenfassend läßt sich sagen, daß die Eigenschaften zur Wasserspeicherung und -abgabe an die Pflanzen im Brachefeld günstiger sind als in der Kaffeepflanzung. Zum einen ist der Luftkisseneffekt zu Beginn der Regenzeit im Brachefeld geringer, da bessere

Versickerungsbedingungen durch den höheren Anteil dränender Poren, insbesondere im Ah-Horizont, gegeben sind. Hier ist allerdings zu bedenken, daß der Regen infolge der größeren und tieferen Trockenrisse in der Kaffeepflanzung direkt bis in 30 cm Tiefe vordringen kann. Zum anderen steht der Vegetation im Brachefeld eine höhere nFKWe zur Verfügung, deren Versorgungsdauer jedoch vom Verdunstungsanspruch der aufstehenden Vegetation abhängig ist. Von großem Nachteil für die Kaffeepflanzung ist der hohe Anteil an Feinporen, die einen hohen PWP zur Folge haben. Dadurch wird zu Beginn der Regenzeit ein Großteil der Niederschläge im Totwasserbereich gespeichert, bevor der Mittelporenraum mit pflanzenverfügbarem Wasser aufgefüllt wird.

Grundsätzlich sind Vertisole durch starke Schwankungen im Wasser- und Lufthaushalt gekennzeichnet (Staunässe, Wassermangel, schlechte Durchlüftung etc.). Allerdings ist bei Bewässerung eine gute Nutzung der Böden möglich (WEGENER 1983). So wurde zum Ende der Untersuchungen in Virginia ein Bewässerungstank, insbesondere für die Kaffeepflanzung, fertiggestellt.

7.3.6 Bodenwasserhaushalt nach PFAU

Neben dem Niederschlag und der pET stellt die nFKWe die rechnerische Basis zur Ermittlung des Bodenwasserhaushalts nach PFAU (1966) dar. Mit der Bilanzierung ist zu einem Zeitpunkt zu beginnen, für den eine Sättigung des Bodens anzunehmen ist ($\geq$ 100 % nFKWe). Dieser Zeitpunkt ist am Ende der Regenzeit oder zu Beginn der Vegetationsperiode zu wählen. Ist der während der Regenzeit gefallene Niederschlag nicht ausreichend, um den Boden bis zur nFKWe aufzufüllen, so wird ein Approximationsverfahren nach THORNTHWAITE & MATHER (1957) durchgeführt, das einen Ausgangswert bestimmt.

Gegenüber den Tabellen von THORNTHWAITE & MATHER (1955, 1957), in denen eine Änderung des Bodenwassers linear entsprechend dem Verdunstungsanspruch berechnet wird, führte PFAU (1966) die in Kap. 7.2.1 erläuterte Formel ein, die bei abnehmendem Bodenwassergehalt die stärker werdenden Bindungskräfte des Bodens berücksichtigen soll. Somit nähert sich die nFKWe asymptotisch dem Wert 0. Daraus folgt, daß der Bodenwassergehalt niemals den PWP unterschreitet!

Da die Untersuchungen auf der Hacienda La Susana nicht über ein Jahr, sondern während der Trockenzeit vom 01.10.-26.10.'91 erfolgten, konnte als Startwert für die Bodenwasserbilanz weder eine Auffüllung der nFKWe angenommen noch das Approximationsverfahren durchgeführt werden. Somit wurde als Startwert der Bodenwassergehalt pro dm mit einem CM-Gerät bestimmt und über den effektiven Wurzelraum von einem Meter aufsummiert in das Berechnungsverfahren eingesetzt. Für die Kaffeepflanzung ergab die Bestimmung der

Bodenfeuchte mit dem CM-Gerät 94,5 mm und für das Brachefeld 99,7 mm. Daraus ergibt sich, daß der Wassergehalt des effektiven Wurzelraums in der Kaffeepflanzung 29,1 % und im Brachefeld 42,4 % des jeweiligen PWP beträgt. Obwohl der absolute Wassergehalt der Böden lediglich eine Differenz von 5,2 mm/m aufweist, liegt beim prozentualen Anteil am jeweiligen PWP mit 13,3 % ein erheblicher Unterschied vor (s. Fig. 40 und 41). Hierbei ist zu berücksichtigen, daß aufgrund des hohen Tongehaltes eine Unterschätzung der Boden-feuchtemessungen mit dem CM-Gerät von bis zu 10 % vorliegen kann. Dies gilt insbeson-dere für die Kaffeepflanzung.

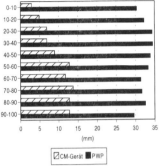

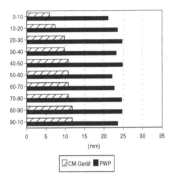

Fig. 40: Bodenwassergehalt und PWP
zum Beginn der Meßperiode
in der Kaffeepflanzung

Fig. 41: Bodenwassergehalt und PWP
zum Beginn der Meßperiode
im Brachefeld

Beide Figuren zeigen den Bodenwassergehalt und den PWP pro dm. Deutlich wird zum einen der leicht geringere Bodenwassergehalt in der Kaffeepflanzung, insbesondere in den oberen 60 cm. Zum anderen liegt der PWP in der Kaffeepflanzung bedeutend höher als im Brachefeld. Daraus folgt u.a., daß mit Beginn der Regenzeit in der Kaffeepflanzung ein größerer Anteil des Niederschlags im Totwasserbereich gespeichert wird, bevor eine Auffüllung des Porenbereichs mit pflanzenverfügbarem Wasser erfolgt. So müssen in der Kaffeepflanzung 230 mm und im Brachefeld 135 mm aufgefüllt werden, um den PWP zu erreichen.

Unter der Annahme gleicher jährlicher Niederschlagsverteilung auf der Hacienda La Susana wie an der Niederschlagsstation El Anegado wird selbst unter Vernachlässigung der Verdunstung die Auffüllung des Porenbereichs bis zum PWP im Brachefeld erst gegen Mitte bis Ende Januar und in der Kaffeepflanzung gegen Mitte Februar erreicht. Danach erfolgt die Auffüllung der nFKWe. Gleichfalls wird der PWP in der Kaffeepflanzung mit Beginn der Trockenzeit 2-3 Wochen eher unterschritten als im Brachefeld. Daraus folgt eine 4-6 Wochen kürzere humide Zeit in der Kaffeepflanzung gegenüber dem Brachefeld. Unter Einbeziehung der Verdunstung (N-pET) erfahren die Bodenkompartimente ihre Auffüllung bis zum PWP nochmals jeweils ca. 4 Wochen später.

Im Hinblick auf eine Bilanzierung des Bodenwasserhaushalts nach PFAU (1966) bedeutet die starke Unterschreitung des PWP, daß sie außer acht gelassen wird. Nach PFAU (1966) erreicht der Bodenwassergehalt (nFKWe) bei Annäherung an den PWP den Wert 0. Dies bedeutet, daß schon bei den ersten Regenfällen im Dezember unter Vernachlässigung der Verdunstung eine Auffüllung der nFKWe erfolgt. Bei Berücksichtigung der Verdunstung erfolgt die Auffüllung der nFKWe Anfang Januar. Daraus geht hervor, daß nach PFAU (1966) am Standort der Hacienda La Susana die Dauer der Vegetationsperiode unter Berücksichtigung der Auffüllung der nFKWe 5-6 Wochen eher beginnen müßte, als es in Wirklichkeit der Fall ist. Zudem wird die Dauer der humiden Periode durch dies Berechnungsverfahren verlängert.

Des weiteren wird eine Auffüllung der nFKWe in beiden Beständen zum gleichen Zeitpunkt angenommen, da mit 0 der gleiche Startwert zu Beginn der Regenzeit vorliegt. Die standörtlichen Unterschiede im Bodenwasserhaushalt bei gleichem Bodentyp werden nicht erfaßt.

Folglich läßt sich sagen, daß die Bilanzierung des Bodenwasserhaushalts nach PFAU (1966) grundsätzlich eine Überbewertung des für die Pflanzen zur Verfügung stehenden Wassers ergibt. Besonders deutlich tritt die Überbewertung des Bodenfeuchtegehalts und die damit verlängerte humide Periode in Regionen mit einer ausgeprägten Trockenzeit hervor.

Die Folgen der Überbewertung des Bodenfeuchtegehaltes sind weitreichend, insbesondere im Hinblick auf die agroökologische Zonierung nach JÄTZOLD (1984), JÄTZOLD & KUTSCH (1982) und JÄTZOLD & SCHMIDT (1982).
Grundlage der agroökologischen Zonierung ist die Bilanzierung des Bodenwasserhaushalts nach PFAU (1966). Folglich wird vor allem im Bereich der Savannen der Bodenwassergehalt überschätzt. Somit werden potentielle Anbauzonen für Kulturen ausgewiesen, in denen keine ausreichende Wasserversorgung für einen optimalen Ertrag oder für die Dauer der Vegetationszeit gegeben ist.
Überlegungen dahingehend, anstatt der nFKWe die FK zur Bestimmung des Bodenwassergehalts zu benutzen, ergaben keine zufriedenstellende Lösung. Zum Meßzeitpunkt ist der bodenbedingte Nachleitwiderstand für Wasserdampf erreicht, der trotz anliegendem Verdunstungspotentials keine weitere Verringerung des Bodenwassergehalts gegen 0 ermöglicht (s.a. Kap. 7.3.8).

Im folgenden sollen der optimale Versorgungsgrad und die Schadensgrenze für Kulturpflanzen kritisch betrachtet werden. So werden nach KORTE & CZERATZKI (1959) und PFAU (1966) Wachstumshemmungen infolge Bodenluftmangels bei einer Sp > 80 % nFKWe angenommen. SCHMIEDECKEN (1978) geht davon aus, daß bei Wassersättigung des Bodens (Sp = 100 % nFKWe) Einschränkungen im Wachstum durch Bodenluftmangel zu erwarten sind. Beide Grenzwerte gehen dabei anscheinend von grundwassernahen bzw.

stauwasserbeeinflußten Böden aus, denn hier berechnet sich die nFKWe aus dem Anteil an Mittelporen und den engen Grobporen. Wird jedoch die Bestimmung der nFKWe für einen grundwasserfernen Standort durchgeführt, so werden lediglich die Mittelporen berücksicht. Für grundwasserferne Standorte werden somit Wachstumshemmungen infolge Bodenluftmangels bei einer Auffüllung des Mittelporenvolumens bis zu > 80 % bzw. 100 % angenommen. Es wird infolgedessen der gesamte Anteil der engen Grobporen vernachlässigt. Somit ist weder der Grenzwert von > 80 % noch der von 100 % nFKWe für eine Abschätzung der Beeinträchtigung des Wachstums durch zu geringen Bodenluftgehalt für grundwasserferne Standorte geeignet.

Schließlich soll der Grenzwert 50 % nFKWe betrachtet werden, bei dessen Unterschreiten eine Trockenschädigung der Pflanzen angenommen wird (s. Kap. 7.2.1). Je nach Bodenart sowie Grund- bzw. Stauwassereinfluß kann die nFKWe starken Schwankungen unterliegen. Beispielhaft soll ein Boden mit einer mittleren nFKWe von 130 mm/m und ein Boden mit einer hohen nFKWe von 210 mm/m angenommen werden. Für beide Standorte wird nach dem Grenzwert < 50 % nFKWe eine Trockenschädigung der Kulturpflanzen angenommen, obwohl am Standort mit der hohen nFKWe effektiv 40 mm/m mehr an Bodenwasser vorhanden sind, als am Standort mit der mittleren nFKWe. Wird jetzt auf dieser Basis die mögliche Anbauzone z.B. für Sorghum berechnet, so findet für Standorte mit einer hohen nFKWe eine Unterbewertung der Anbaueignung statt.

Von grundsätzlicher Problematik ist das Fehlen pflanzenspezifischer Saugspannungen. Insbesondere für Trockenregionen ist die Kenntnis über die Möglichkeit einer Pflanze ihre Feinwurzelsaugspannung gegenüber der Bodensaugspannung zur Wasseraufnahme bei Unterschreiten des konventionellen PWP (-15 bar) zu erhöhen, von entscheidender Bedeutung. Hierzu sind Untersuchungen des Pflanzenbaus erforderlich.

Um die Überbewertung des Bodenwasserhaushalts, bestimmt nach PFAU (1966) im Detail zu belegen, wird in der vorliegenden Arbeit der Bodenwasserhaushalt nach diesem Verfahren unter Berücksichtigung der genannten Kritikpunkte berechnet.

7.3.7 Bodenwasserhaushalt mit AMWAS

Die Benutzung des Programms AMWAS ist nicht möglich, wenn die Wassergehalte wie in der Kaffeepflanzung und im Brachefeld weit unter dem PWP liegen. Ob das Progamm gleichfalls aussetzt, wenn die Anfangswassergehalte über dem PWP liegen und dann im Verlauf des Jahres auf Werte sinken, wie sie in den Beständen auf der Hacienda La Susana erreicht werden, wurde nicht untersucht. Dazu wären ganzjährige Meßreihen erforderlich.

Wie die weiteren Auswertungen an den Stationen Boliche und Pichilingue zeigen werden, ist bisher die Rechenfähigkeit des Programms AMWAS von der Höhe der Anfangswassergehalte abhängig.

7.3.8 Vergleich der aET nach PFAU und der BOWEN-Ratio-Methode

Sowohl nach PFAU (1966) als auch im Programm AMWAS wird die aET bestimmt. Auf die Problematik in der Ermittlung der aET wurde in Kap. 4.5.1 bereits eingegangen. Zwei weitere Methoden, die häufig angewandt werden, sind die Tensiometrie und die Bestimmung der aET aus dem Strom latenter Wärme (LE) (s. Kap. 4.5.5 und 4.5.6). Da durch die Tensiometrie lediglich Änderungen in der Wasserspannung bis maximal pF 2,9 nachvollzogen werden können (BRAMM & SOMMER 1989), sind die Daten der Tensiometermessungen auf der Hacienda La Susana nicht zu benutzen. Anhand der BOWEN-Ratio kann jedoch über den Strom latenter Wärme die aET bestimmt werden. Die in Kap. 7.3.6 gemachte Überlegung, anstatt der nFKWe die FK in die Berechnungen zum Bodenwasserhaushalt nach PFAU einzubringen, ergab keine besseren Werte zur aET. Exemplarisch sind die Werte der aET, nach PFAU und aus dem Strom latenter Wärme (LE) berechnet, in Fig. 42 für die Kaffeepflanzung dargestellt.

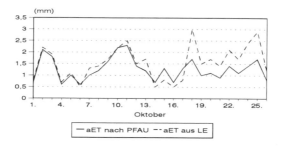

Fig. 42: Werte der aET nach PFAU und aus dem Strom latenter Wärme (LE) für die Kaffeepflanzung

Auffällig sind die fast identischen Werte nach den verschiedenen Berechnungsmethoden. Hieraus könnte der Schluß gezogen werden, daß die Bilanzierung des Bodenwasserhaushalts nach PFAU (1966) möglich ist, wenn anstatt der nFKWe die FK eingesetzt wird. Werden aber die Werte der aET aufsummiert und mit dem Bodenwassergehalt am Ende der Meßperiode verglichen - bestimmt mit dem CM-Gerät - so zeigt sich eine starke Diskrepanz. So wird nach PFAU (1966) über die Meßperiode eine aET von 32,8 mm ermittelt und aus dem Strom latenter Wärme sogar 40,0 mm. Die Messung der Bodenfeuchte mit dem CM-Gerät zu Beginn und zum Ende der Meßperiode weist jedoch mit 94,5 mm/m und

93,0 mm/m lediglich eine Differenz von 1,5 mm/m auf. Diese Abweichung liegt innerhalb der Fehlertoleranz des CM-Gerätes, die bei hohen Tongehalten bis zu 10 % betragen kann.

Würden die hohen Verdunstungswerte erzielt werden, wie sie nach PFAU (1966) und aus dem Strom latenter Wärme ermittelt wurden, so wäre zum Ende der Trockenzeit der Boden in der Kaffeepflanzung vollkommen ausgetrocknet. Die Bestimmung des Bodenfeuchtege-haltes mit dem CM-Gerät zeigt jedoch, daß der Nachleitwiderstand für Wasserdampf im Boden erreicht ist, der weiteren Wasserverlust verhindert. Für das Brachefeld gilt gleiches. Daraus folgt zum einen, daß durch den Austausch der nFKWe gegen die FK keine Verbes-serung in der Bilanzierung des Bodenwasserhaushalts nach PFAU (1966) gegeben ist. Zum anderen liefert die Bestimmung der aET aus dem Strom latenter Wärme, zumindest wäh-rend der Trockenzeit, keine verwertbaren Daten (s. Kap. 4.5.6).

7.3.9 Bedeutung von Bestandsklima und Bodenwasserhaushalt für die agrarklimati-sche Anbaueignung

Wie die Untersuchungen zum Bodenwasserhaushalt gezeigt haben, sinkt der Boden-feuchtegehalt in der Kaffeepflanzung 70 % und im Brachefeld 60 % unter den jeweiligen PWP. Damit liegt die Bodensaugspannung höher als die maximale Saugspannung der Feinwurzeln.

Die Berechnungen zur pET zeigen einen Verdunstungsanspruch der Atmosphäre, der durch eine Wassernachleitung aus dem Boden nicht gedeckt werden kann, da der Nachleitwider-stand erreicht ist. Die Folge sind Welkeerscheinungen und Blattverluste sowohl in der Kaffeepflanzung als auch im Brachefeld. So fand zum Anfang der Meßperiode nur eine geringe Blütenbildung in der Kaffeepflanzung statt.

Die Bestimmung der ET_{crop} für die Kaffeepflanzung ergibt für bedeckte Tage einen Wasser-bedarf von 1 mm und für Strahlungstage von 3 mm. Der für ein optimales Wachstum benötigte Wasserbedarf kann aber aufgrund des hohen Nachleitwiderstandes für Bodenwas-ser nicht gedeckt werden. Dabei wird die ETcrop durch die Multiplikation der berechneten pET mit dem kc-Faktor bestimmt. Der kc-Faktor stellt hierbei einen kulturspezifischen Faktor dar, der in Abhängigkeit von der phänologischen Phase variiert und unter optimaler Bodenwasserversorgung den Wasserbedarf der Kultur bestimmt.

Auf die umfangreiche Problematik und Diskussion zu den kc-Faktoren soll im Rahmen dieser Arbeit nicht näher eingegangen werden (s. ACHTNICH 1980, DOORENBOS & KASSAM 1988, DOORENBOS & PRUITT 1988 und WRIGHT 1982).

Der kc-Faktor für Kaffee schwankt je nach Anbaumethode zwischen 0,9 und 1,1 und zeigt keine Abhängigkeit von den phänologischen Phasen. Für die Kaffeepflanzung auf der

Hacienda La Susana mit *Musa spp.* und *Leucaena Leucocephala* als Schattenbäume wurde ein kc-Faktor von 1,1 angenommen.

Abschließend läßt sich sagen, daß der Anbau mehrjähriger Kulturen wie z.b. Kaffee im Untersuchungsgebiet nur dann möglich ist und zu lohnenden Erträgen führt, wenn diese bewässert werden. Dabei sollte insbesondere kurz vor Beginn der Blütezeit Ende September/Anfang Oktober der Bodenwassergehalt über dem PWP liegen.

Bei annuellen Kulturen läßt sich nur eine Ernte durchführen. Dabei sind C_4-Pflanzen (Mais, Zuckerrohr, Sorghum etc.) zum Anbau besser geeignet als C_3-Pflanzen (Erdnuß, Sojabohne, Bohnen etc.), da sie für die Produktion einer bestimmten Trockenmasse weniger Wasser benötigen (LARCHER 1984, REHM 1986, SQUIRE 1990, TESAR 1984, VON HOYNINGEN-HUENE & BRAMM 1981 u.a.). Ein tiefes Wurzelsystem der Kulturpflanzen ist gleichfalls von Vorteil.

Die Kenntnis von Bodenwassergehalt und kulturspezifischer Verdunstung sind somit von großer Bedeutung, um bei abnehmenden Wasserressourcen einen schonenden Umgang mit dem Bewässerungswasser zu erreichen. Einen Einblick in die Komplexität des Bewässerungslandbaus geben ACHTNICH 1980, DOORENBOS & KASSAM 1988, DOORENBOS & PRUITT 1988 u.a..

Wie auch insbesondere die Analysen zur Niederschlagsvariabilität und -intensität gezeigt haben, ist eine langfristige Sicherung der Erträge nur durch eine ausgewogene Bewässerung in dieser Klimaregion möglich. Unter diesem Aspekt wurde zum Ende der Meßperiode ein Bewässerungstank auf der Hacienda la Susana fertiggestellt.

Allgemein können Wiederaufforstungen und auch insbesondere Agroforstsysteme den rückläufigen Niederschlagsmengen (s. Kap. 4.1.3) entgegenwirken.

7.4 Untersuchungen zum Bestandsklima und Bodenwasserhaushalt auf der Forschungsstation Boliche des INIAP

Die Untersuchungen zum Bestandsklima in einem Bohnenfeld und in einem Sorghumfeld zum Ende der phänologischen Phase erfolgten vom 07.11.-26.11.'91. Gleichfalls wurden wie auf der Hacienda La Susana an den jeweiligen Standorten Bodenaufnahmen durchgeführt.

7.4.1 Einführung in das Untersuchungsgebiet

Administrativ gehört Boliche zum Kanton Yaguachi in der Provinz Guayas, deren Hauptstadt Guayaquil mit 1,2 Mio. Einwohner (1982) die größte Stadt Ecuadors ist. Boliche liegt in einer Höhe von 17 m üNN und ca. 26 km östlich von Guayaquil bei 79°38'W und 02°14'S (s. a. Karte 17).

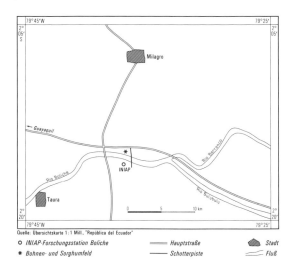

Karte 17: Das Untersuchungsgebiet Boliche - Forschungsstation des INIAP

Der geologische Untergrund des Untersuchungsgebietes ist durch Quartäre Sedimente geprägt. Die Ablagerungen erfolgen durch Überschwemmungen während der Regenzeit, aber vor allem während der El Niño Jahre. Die Felder der Forschungsstation sind gegen leicht höhere Überschwemmungen geschützt, indem der Río Boliche, der die Station durchfließt, durch Dämme eingefaßt ist.

Vegetationsgeographisch wird für Boliche nach KÖPPEN (1936) ein Savannenklima (Awh - s.a. Karte 6) nach TROLL & PAFFEN (1964) die Dornsavanne (V4 - s.a. Karte 7) und nach HOLDRIDGE (1987) ein tropischer Trockenwald (s.a. Karte 9) ausgegliedert. Nach LAUER & FRANKENBERG (1978) wird der Klimatyp I-4 bestimmt (s.a. Karte 8). Im Gegensatz zu Virginia liegt Boliche jedoch im Zentrum der Vegetationseinheiten und weist mit ca. 1.500 mm/a eine wesentlich bessere Niederschlagsversorgung auf. Die Dauer der klimatisch humiden Periode (4 Monate) ist jedoch im Vergleich zu Virginia (3-4 Monate) nur geringfügig länger.

Die Forschungsstation Boliche wurde 1969 gegründet und hat eine Fläche von 200 ha. Neben Versuchen zur Verbesserung der Schweinezucht gilt das Hauptaugenmerk der Produktivitätssteigerung sowie der Auswahl und Zucht neuer Kultursorten im landwirtschaftlichen Anbau. Es werden sowohl Düngeversuche als auch Versuche mit neuen Hybridarten durchgeführt. Die Hauptkulturen, die untersucht werden, sind: Reis, Baumwolle, Mais, Banane, Erdnuß, Rizinus, Sonnenblume, Safran, Tomate, Pfeffer, Melone u.a. (INIAP 1980).

Die Untersuchungen zum Bestandsklima in zwei Kulturen unterschiedlicher Bodenbedeckung und Wuchshöhe wurden in einem Sorghumfeld (*Sorghum bicolor*) und in einem Bohnenfeld (*Phaseolus graveolensis*) durchgeführt.

7.4.2 Bestandsklima im Bohnenfeld

Die Messungen zum Bestandsklima im Bohnenfeld erfolgten über der geschlossenen Pflanzendecke mit einer Wuchshöhe von 0,4 m (s. Foto 3). Markant treten in Fig. 43 die scharfen Klassengrenzen der Strahlungsbilanz hervor. Die auffälligste Klassengrenze wird vom Ausstrahlungsbeginn nach Sonnenuntergang zwischen 18^{00} und 19^{00} Uhr gezogen. Bis 00^{00} Uhr ist an allen Tagen (Ausnahme: 14.11.'91) ein Überwiegen der Ausstrahlungsverhältnisse zu verzeichnen. Danach kommt es an einigen Tagen zu leicht positiven Werten, die zwischen 1 und 11 W/m² schwanken und die sich durch die atmosphärische Gegenstrahlung erklären lassen. Damit können gleichfalls die geringen Korrelationen zwischen Einstrahlung und Ausstrahlung erklärt werden. Die Höhe der nächtlichen Ausstrahlung wird maßgeblich von der Stärke der atmosphärischen Gegenstrahlung und somit u.a. vom Bewölkungsgrad überdeckt.

Die positiven nächtlichen Strahlungswerte können nicht durch gleichwarme Nachbarpflanzen verursacht sein, da keine Pflanzen mit einer Höhe von über 2,0 m im näheren Umkreis (120 m) der Meßstation standen. Die letzten negativen Strahlungsbilanzen werden kurz vor Sonnenaufgang um 06^{00} Uhr gemessen. Die Lage der Austauschfläche kann somit für die oberen Blattschichten des Bohnenfeldes festgelegt werden.

Eine weitere scharfe Klassengrenze wird durch die Klasse von 100-199 W/m² gebildet. Insbesondere der Wert 100 W/m², der die untere Klassengrenze nachzeichnet, läßt eine klare Zeitabhängigkeit erkennen. So ist die untere Klassengrenze zum einen morgens zwischen 07°° und 08°° Uhr mit 12 von 20 Tagen und zum anderen am späten Nachmittag zwischen 17°° und 18°° Uhr mit 15 von 20 Tagen deutlich festgelegt. Die höchsten Strahlungswerte treten in der zweithöchsten Klasse (800-999 W/m²) zwischen 12°° und 14°° Uhr auf.

Foto 4: Standort der Dataloggerstation im Bohnenfeld

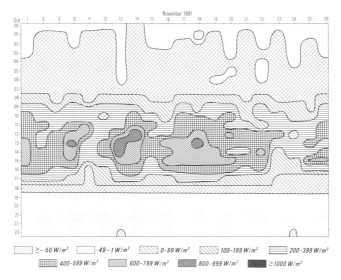

Fig. 43: Isoplethendiagramm der Strahlungsbilanz in 1,8 m Höhe im Bohnenfeld

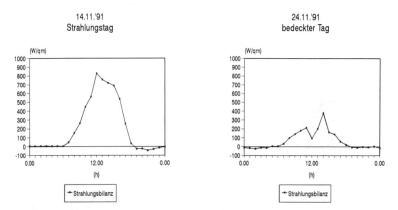

Fig. 44: Tagesgang der Strahlungsbilanz in 1,8 m Höhe an einem Strahlungstag und an einem bedeckten Tag im Bohnenfeld

In Fig. 44 sind die Auswirkungen eines unterschiedlichen Bewölkungsgrades auf den Tagesgang der Strahlungsbilanz im Bohnenfeld wiedergegeben. So liegt die Strahlungsbilanz am Strahlungstag mit 5.190,3 W/m² in der Summe um das 3,2-fache höher als am bedeckten Tag mit 1.632,9 W/m². Ist am Strahlungstag das Maximum schon um 12°° Uhr zu verzeichnen, so führt die Bewölkung am bedeckten Tag zu einem unsteten Anstieg der Strahlung mit einem Maximum um 14°° Uhr. Daraus läßt sich der Schluß ziehen, daß die zeitliche Lage des Strahlungsmaximums in erster Linie vom Bewölkungsgang und der Bewölkungsstärke abhängig ist.

Im Mittel liegen die höchsten Strahlungswerte zwischen 13°° und 15°° Uhr, wobei um 13°° Uhr mit 549,6 W/m² das Maximum erreicht wird (s. Fig. 45).

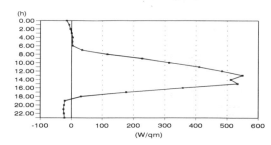

Fig. 45: Stundenmittel der Strahlungsbilanz in 1,8 m Höhe über die Meßperiode im Bohnenfeld

Das absolute Strahlungsmaximum liegt mit 972,3 W/m² am 18.11.'91 gleichfalls um 13°° Uhr. Die höchsten negativen Strahlungswerte werden im Mittel mit -26,0 W/m² um 21°°

Uhr verzeichnet. Der niedrigste positive mittlere Wert wird mit 2,4 W/m² um 05°° Uhr erreicht.

Durch das Auftreffen der kurzwelligen Strahlung auf das Bohnenfeld kommt es gemäß dem Wiener'schen Verschiebungsgesetz zur Ausstrahlung langwelliger Wärmeenergie und somit zu einem Temperaturanstieg nach Sonnenaufgang. Dabei weisen die Strahlungsbilanz und die Temperatur in 2,0 m und 0,5 m Höhe mit r = 0,66 und r = 0,77 mäßig positive Zusammenhänge auf. Es muß somit eine erhebliche Zeitdifferenz zwischen den beiden Klimaelementen vorliegen.

Im Gegensatz zur Nettostrahlung lassen die Temperaturklassen kaum scharfe Zeitgrenzen erkennen (s. Fig. 46). Der morgendliche Anstieg der Einstrahlung zieht einen diffusen Übergang zur nächst höheren Temperaturklasse (25-27 °C) mit einer Verzögerung von 2-4 Std. nach sich. Demgegenüber findet die Abnahme zur nächst niedrigeren Temperaturklasse (20-24 °C) mit einer einstündigen Verzögerung und großer Regelmäßigkeit zwischen 19°° und 20°° Uhr statt. Grundsätzlich lassen die Temperaturzunahmen keine große Zeitabhängigkeit über die Meßperiode erkennen. Im Unterschied dazu weisen die Temperaturabnahmen größere Zeitparallelen auf.

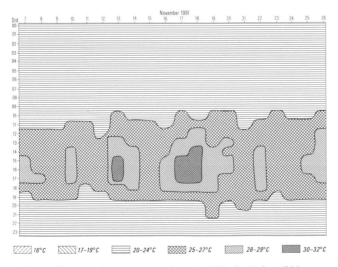

Fig. 46: Isoplethendiagramm der Temperatur in 2,0 m Höhe im Bohnenfeld

Das Raum-Zeit-Muster der höchsten Temperaturklasse (30-32 °C) ist trotz der hohen Einstrahlungsenergie nur an drei Tagen im Zeitraum zwischen 14°° und 17°° Uhr ausgebildet. Sowohl die starke zeitliche Verzögerung im Temperaturanstieg am Morgen als auch die geringe Ausprägung des Raum-Zeit-Musters der höchsten Temperaturklasse deuten darauf hin, daß ein Großteil der eingestrahlten Energie nicht der Erhöhung der Lufttemperatur zur Verfügung steht.

In diesem Zusammenhang ist anzunehmen, daß am Morgen ein Großteil der eingestrahlten Energie für den Verdunstungsprozeß der über Nacht im Bohnenfeld kondensierten Feuchtigkeit verbraucht wird. So zeigt die Bilanzierung der Ströme fühlbarer und latenter Wärme, daß im Mittel über die Meßperiode 21,6 W/m² in den Strom fühlbarer Wärme und 121,0 W/m² in den Strom latenter Wärme fließen. Durch den nahegelegenen Río Boliche kann am Tag genügend Wasserdampf durch den Strom latenter Wärme in die Luft gelangen. Die Bodenfeuchtegehalte sind zu diesem Zeitpunkt während der Trockenzeit zu gering, um eine derartige Verzögerung im Temperaturanstieg hervorzurufen. So liegt der aktuelle Bodenwassergehalt im Bohnenfeld bis 60 cm unter Flur unter dem PWP (s. Kap. 7.4.7). Eine Transpirationsleistung der Bohnen kann damit so gut wie ausgeschlossen werden, da der Hauptwurzelbereich der Bohnen für Wasseraufnahme in den oberen 50 cm unter Flur liegt (s. Fig. 71 und LANDON 1984). Advektive Energietransporte sind somit maßgeblich am Bestandsklima im Bohnenfeld beteiligt.

Das Maximum der Temperatur in 2,0 m Höhe liegt im Mittel über die Meßperiode mit 28,0 °C um 16°° Uhr und somit drei Stunden nach dem Strahlungsmaximum (s. Fig. 47 und 45). Das Minimum der Temperatur weist mit 21,5 °C eine Temperaturdifferenz von 6,5 °C zum Maximum auf und tritt kurz vor Sonnenaufgang um 06°° Uhr auf.

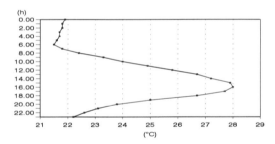

Fig. 47: Stundenmittel der Temperatur in 2,0 m Höhe über die Meßperiode im Bohnenfeld

Die Schwankungsbreite der Temperatur in 2,0 m Höhe an einem Strahlungstag und einem bedeckten Tag ist in Fig. 48 dargestellt. Da zwischen der Temperatur und der relativen Feuchte eine hohe negative Korrelation besteht (r = -0,85 für 2,0 m und r = -0,91 für 0,5 m Höhe), ist der Tagesgang der relativen Feuchte mit eingetragen. So beträgt die Spannweite der Temperatur am Strahlungstag 7,6 °C und am bedeckten Tag 4,9 °C. Demgegenüber weist die Tagesmitteltemperatur am Strahlungstag lediglich eine um 0,3 °C höhere Temperatur auf als am bedeckten Tag. Das Maximum der Temperatur liegt am Strahlungstag mit 28,8 °C um 16°° Uhr und am bedeckten Tag mit 26,4 °C bedingt, durch die Bewölkungszunahme um 14°° Uhr.

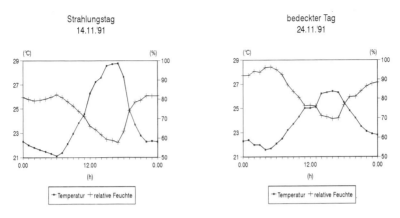

Fig. 48: Tagesgang der Temperatur und der relativen Feuchte in 2,0 m Höhe an einem Strahlungstag und an einem bedeckten Tag im Bohnenfeld

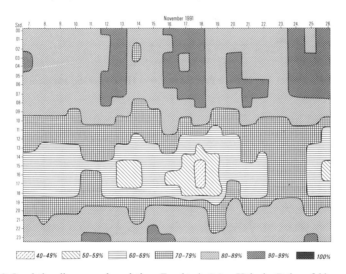

Fig. 49: Isoplethendiagramm der relativen Feuchte in 2,0 m Höhe im Bohnenfeld

Besteht zwischen der relativen Feuchte und der Temperatur in 2,0 m Höhe mit r = -0,85 ein hoher negativer Zusammenhang, so weist die Korrelation zwischen der relativen Feuchte und der Strahlungsbilanz mit r = -0,69 einen ähnlich mäßig negativen Zusammenhang auf, wie er zwischen der Temperatur und der Strahlungsbilanz vorliegt. Bei einem Vergleich der Raum-Zeit-Muster der Strahlungsbilanz (s. Fig. 43), der Temperatur (s. Fig. 46) und der relativen Feuchte in 2,0 m Höhe (s. Fig. 49) fällt zum einen die größere Übereinstimmung in der geringeren Zeitbeständigkeit im Anstieg von Temperatur und relativer Feuchte auf. Zum anderen zeigt sich, daß eine Abnahme der relativen Feuchte zur nächst niedrigeren Klasse (70-79 %) in etwa 1-2 Std. eher erfolgt als umgekehrt die Zunahme der Temperatur zur nächsthöheren Klasse. Dies kann wiederum als Beleg dafür angesehen werden, daß am Morgen in den ersten 2-3 Std. nach Sonnenaufgang mehr Energie in den Verdunstungsprozeß fließt als in eine Temperaturerhöhung der bodennahen Luftschicht.

Im Mittel über die Meßperiode wird nochmals der hohe negative Zusammenhang zwischen relativer Feuchte und Temperatur in 2,0 m Höhe deutlich (s. Fig. 50 und 47). So befindet sich das Maximum der relativen Feuchte morgens um 06°° Uhr zum Zeitpunkt der Minimumtemperaturen und das Minimum der relativen Feuchte um 16°° Uhr zum Zeitpunkt der Maximumtemperatur.

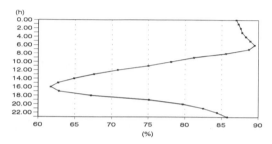

Fig. 50: Stundenmittel der relativen Feuchte in 2,0 m Höhe über die Meßperiode im Bohnenfeld

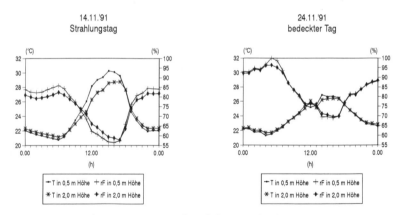

Fig. 51: Tagesgang der Temperatur und der relativen Feuchte in 0,5 m und 2,0 m Höhe an einem Strahlungstag und an einem bedeckten Tag im Bohnenfeld

Anhand der Fig. 51 sollen die Verhältnisse der Temperatur und der relativen Feuchte in 2,0 m und 0,5 m Höhe zueinander erläutert werden. Bei Betrachtung der Temperaturkurven fällt auf, daß die Temperatur in 2,0 m Höhe zwischen 07°° und 19°° Uhr unter der in 0,5 m Höhe liegt und während der übrigen Stunden leicht darüber. Dies gilt sowohl für den

Strahlungstag als auch für den bedeckten Tag. Die Schnittpunkte zwischen den Temperaturkurven liegen morgens jeweils 1-2 Std. nach Sonnenaufgang und abends bei Sonnenuntergang. Proportional umgekehrt zu den Temperaturkurven verhalten sich die Kurvenverläufe der relativen Feuchte. Die Kurve der relativen Feuchte in 2,0 m Höhe liegt hier am Tag über der in 0,5 m Höhe und in den Nachtstunden darunter.

Die Differenz der Mittelwerte der Temperatur beträgt am Strahlungstag 0,3 °C und am bedeckten Tag 0,1 °C. Über die Meßperiode liegt die Differenz gleichfalls bei 0,1 °C. Die Temperatur in 0,5 m Höhe weist dabei die jeweils geringfügig höhere Mitteltemperatur auf. Bedingt wird die leicht höhere Mitteltemperatur in 0,5 m Höhe über Grund durch die nahe Lage zur Obergrenze des Bohnenfeldes (0,4 m), die die Austauschfläche für die Strahlung darstellt. Dadurch kommt es sowohl bei den absoluten Minimumtemperaturen als auch bei den absoluten Maximumtemperaturen in 0,5 m Höhe zu extremeren Werten. So beträgt die Temperaturdifferenz zwischen den beiden Meßhöhen über die Meßperiode bei den Minimumtemperaturen 0,5 °C und bei den Maximumtemperaturen 2,2 °C. In Abhängigkeit von der Temperatur lassen sich die gleichen Aussagen mit umgekehrten Vorzeichen für die relative Feuchte machen. Der fast identische Verlauf der Kurven der Temperatur und der relativen Feuchte während der Nachtstunden wird durch den Massenaustausch hervorgerufen (s. Fig. 52 und 53).

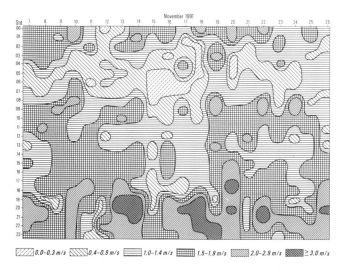

Fig. 52: Isoplethendiagramm der Windgeschwindigkeit in 2,0 m Höhe im Bohnenfeld

Beide Figuren zeigen deutlich eine Zunahme der Windgeschwindigkeit nach Sonnenuntergang. Ihr Maximum erreicht Werte zwischen 3,0 und 3,7 m/s. Die Windgeschwindigkeit ist besonders nachts ein Anzeiger für die Größe des Massenaustausches, der die Abkühlung der Austauschfläche auf die Luft überträgt. Ein Großteil der Wärmeenergie wird dabei am Tag in der 40 cm hohen Bohnenkrautschicht gespeichert. Durch die erhöhte Windgeschwindigkeit während der ersten Nachthälfte kommt es zu einer Durchmischung der bodennahen Luftschicht. Die Folge ist ein Angleichen der Temperaturen, wobei die Temperatur in 0,5 m Höhe leicht unter der in 2,0 m Höhe liegt.

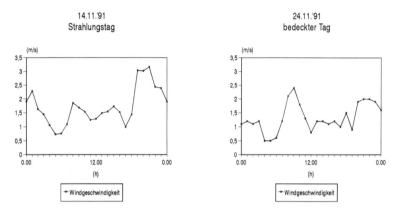

14.11.'91
Strahlungstag

24.11.'91
bedeckter Tag

Fig. 53: Tagesgang der Windgeschwindigkeit in 2,0 m Höhe an einem Strahlungstag und an einem bedeckten Tag im Bohnenfeld

Des weiteren weist die relative Feuchte in 0,5 m Höhe während der Nachtstunden etwas höhere Werte (ca. 3 %) als in 2,0 m Höhe auf. Besonders ausgeprägt sind die Unterschiede am Strahlungstag (s. Fig. 51). Wie schon in den Erläuterungen zu Fig. 46 dargelegt, findet während der kühleren Nachtstunden eine Kondensation der Luftfeuchtigkeit am Blattwerk des Bohnenfeldes statt, wodurch die relative Feuchte in 0,5 m Höhe erhöht wird. Da der Meßsensor mit einem Abstand von 0,1 m über dem Blattwerk des Bohnenfeldes angebracht ist, zeigt die Temperatur in dieser Höhe noch nicht den ausstrahlungsbedingten Minimumwert in kurzer Distanz zur Austauschfläche (GEIGER 1961).

Im Mittel über die Meßperiode werden um 21^{00} Uhr mit 2,3 m/s die höchsten Windgeschwindigkeiten erreicht (s. Fig. 54). Die stabilste Lage wird zwischen 03^{00} und 07^{00} Uhr mit mittleren Werten von 0,8 bis 0,9 m/s erreicht. Zum Zeitpunkt des Strahlungs- und Temperaturmaximums werden lediglich mittlere Windgeschwindigkeiten erreicht (s. Fig. 52 und 54).

Kennzeichnend für die Windverhältnisse sind die Korrelationskoeffizienten zwischen der Strahlungsbilanz sowie der Temperatur und der relativen Feuchte in 0,5 m und 2,0 m Höhe, die in Tab. 21 aufgelistet sind. Es können keine direkten Zusammenhänge nachgewiesen werden. Speicherung der am Tag eingestrahlten Energie in den Pflanzenkörpern des Bohnenfeldes und Abstrahlung während der Nachtstunden zum Temperaturausgleich zwischen Pflanze und Luft spielen eine bedeutende Rolle im Bestandsklima des Bohnenfeldes.

Tab. 21: Korrelationskoeffizienten (r) zwischen der Windgeschwindigkeit (*v*) und der Strahlungsbilanz (Rn), der Lufttemperatur (T) und der relativen Feuchte (rF)

Klimaelement	*v* in 2,0 m Höhe (m/s)
Rn in 2,0 m Höhe (W/m^2)	r = -0,09
T in 2,0 m Höhe (°C)	r = 0,00
T in 0,5 m Höhe (°C)	r = -0,03
rF in 2,0 m Höhe (%)	r = -0,12
rF in 0,5 m Höhe (%)	r = -0,10

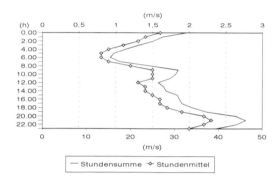

Fig. 54: Stundensumme und -mittel der Windgeschwindigkeit in 2,0 m Höhe über die Meßperiode im Bohnenfeld

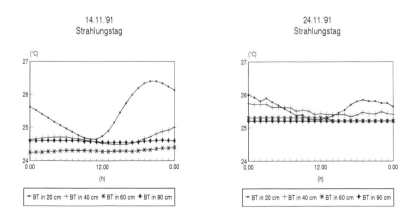

Fig. 55: Tagesgang der Bodentemperaturen an einem Strahlungstag und an einem bedeckten Tag im Bohnenfeld

Durch die Speicherung der eingestrahlten Energie in den Pflanzenkörpern des Bohnenfeldes wirkt dieses als Pufferzone zwischen Boden und Austauschfläche. Grundsätzlich weisen die Bodentemperaturen zu den Lufttemperaturen keine oder lediglich schwache negative Zusammenhänge auf (r = -0,27). Bedingt sind die schlechten Zusammenhänge zwischen der Luft- und Bodentemperatur in 20 cm Tiefe durch den Zeitversatz der Maximum- und Minimumtemperaturen. So liegt das Minimum der Bodentemperatur in 20 cm Tiefe bei $11^{\circ\circ}$ Uhr und das Maximum bei $20^{\circ\circ}$ Uhr (s. Fig. 55). Das Minimum der Lufttemperatur in 2,0 m Höhe liegt demgegenüber um $06^{\circ\circ}$ Uhr und das Maximum um $17^{\circ\circ}$ Uhr. Im Mittel über die Meßperiode betragen die Bodentemperaturen in 20 cm 25,3 °C (R = 3,6 °C), in 40 cm 24,8 °C (R = 2,2 °C), in 60 cm 24,6 °C (R = 1,4 °C) und in 90 cm Tiefe 24,8 °C (R = 0,8 °C). Im Bohnenfeld liegt somit ein isohyperthermisches Bodenwärmeregime vor.

7.4.3 Vergleich der Ergebnisse zwischen Sorghum- und Bohnenfeld

In einer Entfernung von ca. 180 m zum Standort Bohnenfeld wurde die Dataloggerstation im Sorghumfeld errichtet. Im Unterschied zum Bohnenfeld erreicht der Sorghum am Standort eine mittlere Höhe von 2,1 m. Somit erfolgen die Messungen an diesem Standort im Bestand und nicht darüber. Die Meßsensoren in 2,0 m Höhe befanden sich auf gleicher Höhe mit den Sorghumkolben und waren nicht von Blättern beschattet (s. Foto 5).

Foto 5: Standort der Dataloggerstation im Sorghumfeld

Im Vergleich zum Bohnenfeld (s. Fig. 43) fällt als erstes die große Ähnlichkeit im Verlauf der Raum-Zeit-Muster der Strahlungsbilanz auf (s. Fig 56). Dies gilt insbesondere für das Raum-Zeit-Muster der nächtlichen Ausstrahlung sowie für die Strahlungsklassen 0-99 W/m^2 und 100-199 W/m^2. Des weiteren sind die Klassen der höchsten Einstrahlungs- und Ausstrahlungsverhältnisse im Sorghumfeld stärker ausgeprägt. Im Mittel über die Meßperiode liegt die Strahlungsbilanz im Sorghumfeld um 15 % höher als im Bohnenfeld. Da ein unterschiedlicher Bewölkungsgang an den beiden Standorten mit einer derartigen Regelmäßigkeit ausgeschlossen werden kann, muß der Grund für die höhere Strahlungsbilanz im Sorghumfeld in der Physiognomie des Sorghum liegen und zwar in der größeren Speicherfähigkeit der eingestrahlten Energie durch die Sorghumpflanzen. Wird einer Pflanzendecke mehr Energie zugeführt als gleichzeitig an die Atmosphäre oder in den Boden abgeführt werden kann, dann wird diese in den Pflanzenorganen gespeichert. Massive Pflanzenorgane weisen dabei eine bessere Speicherfähigkeit auf (LARCHER 1984). So hat der Sorghum eine höhere Speicherfähigkeit für eingestrahlte Energie als die Bohnen. Die höchsten Strahlungsbilanzen werden mit über 1.000 W/m^2 zwischen 13^{00} und 14^{00} Uhr erreicht. Das

Maximum liegt mit 1.157 W/m² am 13.11'91 um 13°° Uhr. Somit wird zu diesem Zeitpunkt annähernd der Wert der Solarkonstante mit 1.370 W/m² erreicht.

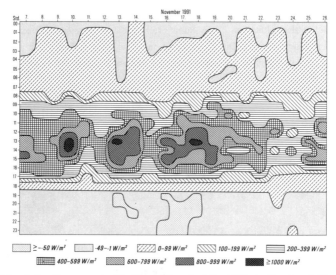

Fig. 56: Isoplethendiagramm der Strahlungsbilanz in 1,8 m Höhe im Sorghumfeld

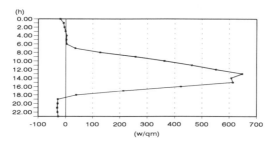

Fig. 57: Stundenmittel der Strahlungsbilanz in 1,8 m Höhe über die Meßperiode im Sorghumfeld

Im Stundenmittel über die gesamte Meßperiode beträgt die Nettostrahlung um 13°° Uhr 647,6 W/m² und stellt das erste Tagesmaximum dar (s. Fig. 57). Danach erfolgt ein leichter Einbruch und um 15°° Uhr mit 613,7 W/m² ein zweites, kleineres Maximum. Der höchste Ausstrahlungswert wird mit -31,5 W/m² um 21°° Uhr erreicht. Der Tagesgang der Strahlungsbilanz über die Meßperiode ist demnach gleichverlaufend mit dem im Bohnenfeld (s. Fig. 45). Ergänzend dazu ist in Fig. 58 der Tagesgang der Strahlungsbilanz an einem strahlungsreichen und an einem strahlungsarmen Tag gegenübergestellt.

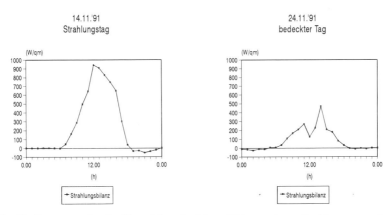

Fig. 58: Tagesgang der Strahlungsbilanz in 1,8 m Höhe an einem Strahlungstag und an einem bedeckten Tag im Sorghumfeld

Die Summe der eingestrahlten Energie beträgt am Strahlungstag mit 5.900,6 W/m² das 2,9-fache derjenigen eines bedeckten Tages mit 2.039,5 W/m². Bis auf die höheren Strahlungsbilanzwerte sind die Tagesverläufe über die gesamte Meßperiode nahezu identisch mit denen im Bohnenfeld. So besteht in Hinsicht auf einen Vergleich der beiden Bestände lediglich ein Unterschied in der im Mittel um 15 % höheren Strahlungsbilanz im Sorghumfeld. In welche Prozesse die höhere Strahlungsbilanz im Sorghumfeld umgesetzt wird, soll u.a. in den folgenden Auswertungen geklärt werden.

Neben einem Umsatz der eingestrahlten Energie in den Bodenwärmefluß und den Fluß latenter Energie findet eine Aufspaltung in den Strom fühlbarer Wärme statt. Infolgedessen ist in Fig. 59 der Temperaturgang in 2,0 m Höhe über die Meßperiode dargestellt. Bei einer Gegenüberstellung mit Fig. 46, die den Temperaturgang in gleicher Höhe im Bohnenfeld aufzeigt, fallen zwei Unterschiede deutlich auf. Zum einen ist die morgendliche Klassengrenze (25-27 °C) im Mittel eine Stunde früher ausgeprägt und zum anderen tritt das Raum-Zeit-Muster der höchsten Temperaturklasse häufiger und stärker auf. Daß im Sorghumfeld in 2,0 m Höhe ein höheres Temperaturniveau gegeben ist, kann erstens durch den höheren Strahlungsgenuß, zweitens durch einen geringeren Windeinfluß und drittens durch den geringeren Energiefluß in die latente Wärme verursacht sein. So wird im Sorghumfeld im Vergleich zum Bohnenfeld (21,6 W/m²) ein größerer Teil der eingestrahlten Energie in den Fluß fühlbarer Wärme umgewandelt (55,0 W/m²). Die Bodentemperaturen weisen im Vergleich zu denen im Bohnenfeld kleinere Amplituden auf und deuten somit auf einen geringeren Bodenwärmefluß hin (s. Fig. 68). Daraus kann die Schlußfolgerung gezogen werden, daß die um 15 % höhere Strahlungsbilanz im Sorghumfeld vor allem eine Temperaturerhöhung der Luft bewirkt. In den Strom latenter Wärme fließen demgegenüber im Vergleich zum Bohnenfeld (121,0 W/m²) im Mittel 98,9 W/m².

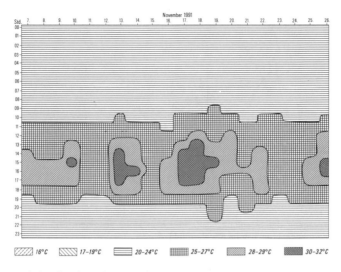

Fig. 59: Isoplethendiagramm der Temperatur in 2,0 m Höhe im Sorghumfeld

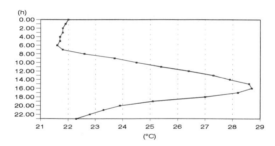

Fig. 60: Stundenmittel der Temperatur in 2,0 m Höhe über die Meßperiode im Sorghumfeld

Das Raum-Zeit-Muster der höchsten Temperaturklasse (30-32 °C) ist in der Zeit von 13°° - 17°° Uhr ausgeprägt (s. Fig. 59). Im Mittel über die Meßperiode (s. Fig 60) liegen mit 28,6 °C um 15°° Uhr und mit 28,7 °C um 16°° Uhr die höchsten Temperaturen vor. Gegenüber der Strahlungsbilanz ist das Temperaturmaximum um 3 Std. verschoben. Das Minimum der Temperatur über die Meßperiode liegt mit 21,6 °C um 06°° Uhr und weist zum Maximum um 16°° Uhr eine mittlere Spannweite von 7,1 °C auf.

Da die relative Feuchte zur Temperatur in 2,0 m Höhe mit r = -0,89 eine hohe negative Korrelation aufzeigt, ist ihr Tagesgang mit dem der Temperatur exemplarisch für einen Strahlungstag und für einen bedeckten Tag in Fig. 61 dargestellt.

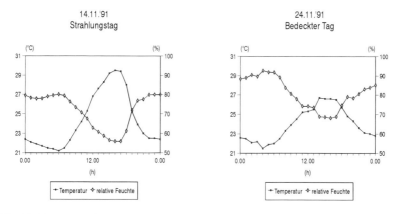

Fig. 61: Tagesgang der Temperatur und der relativen Feuchte in 2,0 m Höhe an einem Strahlungstag und an einem bedeckten Tag im Sorghumfeld

Sowohl die Maximum- als auch die Minimumtemperatur entsprechen am Strahlungstag in ihrer zeitlichen Lage dem Mittel über die Meßperiode. Grundsätzlich liegen am Strahlungstag extremere Temperaturen vor. So liegt die Minimumtemperatur um 0,3 °C tiefer und die Maximumtemperatur um 2,8 °C höher als am bedeckten Tag.

Für die relative Feuchte gilt die Aussage der extremeren Verhältnisse am Strahlungstag nur teilweise. Durch die im Mittel niedrigeren Temperaturen am bedeckten Tag kommt es zu einer schnelleren Erhöhung der relativen Feuchte. Dadurch ergeben sich sowohl beim Minimum als auch beim Maximum höhere relative Feuchtewerte als am Strahlungstag. Die Spannweiten unterscheiden sich dagegen kaum.

Zur weiteren Beschreibung der relativen Feuchte in 2,0 m Höhe werden die Fig. 62 und 63 herangezogen. Wird von der Temperatur am Morgen eine relativ scharfe Klassengrenze ausgebildet, so zeigt die Klassengrenze der relativen Feuchte von 70-79 % einen unsteten Verlauf. Daß die Klassen der relativen Feuchte (70-79 %) und der Temperatur (25-27 °C) im Sorghumfeld ca. 1-2 Std. eher ausgeprägt sind als im Bohnenfeld, kann zum einen durch eine geringere Benetzung der Sorghumblätter während der nächtlichen Kondensationsvorgänge und zum anderen durch die absolut höhere Strahlungsbilanz gegeben sein.

Im Mittel über die Meßperiode liegt sowohl das morgendliche Maximum als auch das Minimum am Nachmittag zur gleichen Zeit wie im Bohnenfeld (s. Fig. 63). Im Gegensatz zum Bohnenfeld sind die Mittel der relativen Feuchte im Sorghumfeld um 1,6-3,2 % niedriger. Dabei treten die größten Differenzen während der morgendlichen Einstrahlungsphase auf. Durch die unterschiedliche Umsetzung der eingestrahlten Energie in die Ströme latenter und fühlbarer Wärme erfolgt die oben beschriebene einstündige Verschiebung der Feuchteklassen (70-79 %) und infolgedessen die größeren Feuchtedifferenzen zwischen den beiden Standorten.

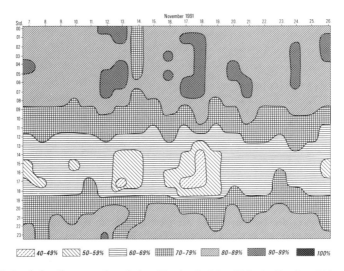

Fig. 62: Isoplethendiagramm der relativen Feuchte in 2,0 m Höhe im Sorghumfeld

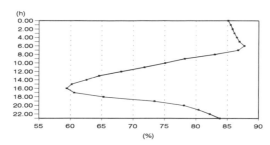

Fig. 63: Stundenmittel der relativen Feuchte in 2,0 m Höhe über die Meßperiode im Sorghumfeld

Zeigt die Korrelation zwischen der relativen Feuchte und der Temperatur in 2,0 m Höhe mit r = -0,89 bereits einen hohen negativen Zusammenhang auf, so wird für 0,5 m Höhe mit r = -0,93 ein noch etwas höherer negativer Zusammenhang nachgewiesen. Dies spricht dafür, daß sich die Austauschfläche für die eingestrahlte Energie aufgrund der lichten Bestandsstruktur entweder am Bestandsgrund oder im Bestand befindet.

In Fig. 64 sind die Tagesgänge der relativen Feuchte und der Lufttemperatur in den beiden Meßhöhen zueinander aufgetragen. Grundsätzlich ist ein nahezu identischer Kurvenverlauf mit den Messungen im Bohnenfeld (s. Fig. 51) zu erkennen. Jedoch lassen sich für die Kurvenverläufe während der Tagstunden größere Differenzen nachweisen. Im Gegensatz dazu kann für die Nachtstunden eine geringere Differenz festgestellt werden. So differieren

134

die absoluten Minimumtemperaturen im Sorghumfeld am Strahlungstag um 0,1 °C und am bedeckten Tag überhaupt nicht. Im Bohnenfeld liegt sowohl am Strahlungstag als auch am bedeckten Tag eine Differenz von 0,3 °C vor. Die Maximumtemperaturen weisen demgegenüber im Sorghumfeld am Strahlungstag eine Differenz von 3,1 °C und am bedeckten Tag von 1,5 °C auf. Im Vergleich dazu ist im Bohnenfeld für den Strahlungstag eine Differenz von 1,5 °C und am bedeckten Tag von 0,4 °C für die absolute Maximumtemperatur zu verzeichnen.

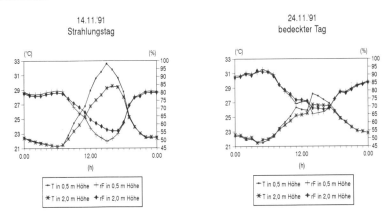

Fig. 64: Tagesgang der Temperatur und der relativen Feuchte in 0,5 m und 2,0 m Höhe an einem Strahlungstag und an einem bedeckten Tag im Sorghumfeld

Da in den Tagstunden bei starker Einstrahlung nur eine geringe Wärmeabfuhr durch den Bodenwärmefluß und den Strom latenter Wärme erfolgt, wird die zugeführte Energie z.T. vorübergehend in den Sorghumpflanzen gespeichert. Nach Sonnenuntergang erfolgt eine Abstrahlung der von den Pflanzen aufgenommenen Energie als Wärmestrahlung, wodurch im 2,1 m hohen Bestand ein relativ ausgeglichenes Temperaturfeld erzeugt wird. An bedeckten Tagen, an denen die Sorghumpflanzen nicht so viel Energie gespeichert haben, tritt in der zweiten Nachthälfte der Abkühlungseffekt an der Austauschfläche stärker in Erscheinung. Dadurch weist die Temperatur in 0,5 m Höhe geringfügig niedrigere Werte auf. Zudem ist der Windumsatz in der zweiten Nachthälfte in 2,0 m Höhe am bedeckten Tag wesentlich geringer als am Strahlungstag (s. Fig. 65), so daß sich ein Temperaturgradient leichter einstellen kann.

Wie im Bohnenfeld ist der erhöhte Windumsatz im Sorghumfeld während der ersten Nachthälfte ein Anzeiger für die Größe des Massenaustausches (s. Fig. 66). Daß die Windgeschwindigkeit im Sorghumfeld trotz einer um 15 % höheren Strahlungsbilanz gegenüber dem Bohnenfeld dennoch geringere Werte aufweist, ist auf den größeren Reibungswiderstand in Höhe des Anemometers zurückzuführen.

So zeigen die Raum-Zeit-Muster der Windgeschwindigkeit in Fig. 66 zwar auf den ersten Blick eine ähnliche Ausprägung wie im Bohnenfeld, allerdings ist jedes Raum-Zeit-Muster mit einer niedrigeren Klasse besetzt. Deutlich sind die Raum-Zeit-Muster höherer Windgeschwindigkeiten nach Sonnenuntergang ausgeprägt. Die höchste Windklasse ist jedoch nicht vertreten. Die maximale Windgeschindigkeit beträgt 2,4 m/s und wurde am 13.11.'91 um 20°° Uhr gemessen.

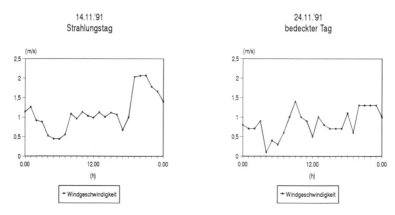

Fig. 65: Tagesgang der Windgeschwindigkeit in 2,0 m Höhe an einem Strahlungstag und an einem bedeckten Tag im Sorghumfeld

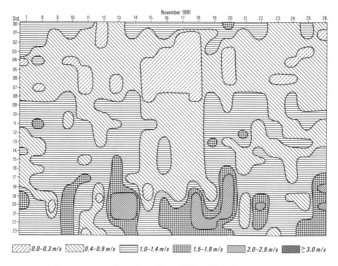

Fig. 66: Isoplethendiagramm der Windgeschwindigkeit in 2,0 m Höhe im Sorghumfeld

Im Mittel über die Meßperiode liegt die maximale Windgeschwindigkeit mit 1,5 m/s um 21°° Uhr (s. Fig. 67). Die geringste Windgeschwindigkeit im Mittel wurde für die frühen Morgenstunden kurz vor Sonnenaufgang mit 0,4 m/s um 05°° und 06°° Uhr verzeichnet. Wie im Bohnenfeld lassen sich auch hier bei der Korrelation zwischen der Lufttemperatur und dem Windumsatz keine direkten Zusammenhänge nachweisen. Das gleiche gilt für die relative Feuchte.

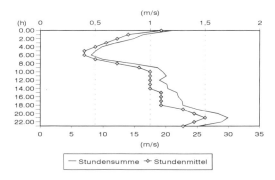

Fig. 67: Stundensumme und -mittel der Windgeschwindigkeit in 2,0 m Höhe über die Meßperiode im Sorghumfeld

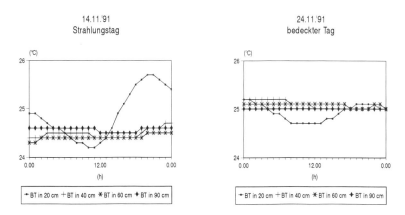

Fig. 68: Tagesgang der Bodentemperaturen an einem Strahlungstag und an einem bedeckten Tag im Sorghumfeld

Die Bodentemperaturen weisen sowohl bei den Mitteltemperaturen als auch bei den Spannweiten bis 40 cm Tiefe geringere Werte gegenüber dem Bohnenfeld auf (s. Fig. 55 und Fig. 68). Daraus kann gefolgert werden, daß trotz höherer Einstrahlungswerte ein geringerer Bodenwärmefluß stattfindet. Dies kann im wesentlichen durch zwei Ursachen begründet sein. Zum einen kann die Temperaturleitfähigkeit des Bodens geringer sein, und zum anderen ist vermutlich eine größere Pufferwirkung für eingestrahlte Energie durch die Sorghumpflanzen gegeben. Für die Bodentemperaturen in 60 und 90 cm Tiefe liegen vernachlässigbare Unterschiede vor. Im Mittel über die Meßperiode liegt die Spannweite der Bodentemperaturen in 20 cm bei 2,7 °C ($\overline{x}$ = 24,8 °C), in 40 cm bei 1,6 °C ($\overline{x}$ = 24,7 °C), in 60 cm bei 1,0 °C ($\overline{x}$ = 24,7 °C) und in 90 cm Tiefe bei 0,6 °C ($\overline{x}$ = 24,7 °C). Grundsätzlich sind im Sorghumfeld geringere Spannweiten der Bodentemperaturen als im Bohnenfeld zu verzeichnen. Die Mittelwerte unterscheiden sich ab 40 cm lediglich um 0,1 °C, und in 20 cm liegt die Temperatur im Bohnenfeld um 0,5 °C höher als im Sorghumfeld.

7.4.4 Zusammenfassung zum Bestandsklima und Bestimmung der pET

Die Untersuchungen zum Bestandsklima in einem Bohnen- und in einem Sorghumfeld zeigen einen deutlichen Unterschied in der Strahlungsbilanz. So liegt die Strahlungsbilanz im Sorghumfeld im Mittel um 15,5 % höher als im Bohnenfeld. Das Dampfdruckdefizit, das im wesentlichen Temperatur und relative Feuchte in 2,0 m Höhe widerspiegelt, beträgt im Mittel über die Meßperiode im Bohnenfeld 6,42 mbar und im Sorghumfeld 7,22 mbar. Die Windgeschwindigkeit weist im Gegensatz zur Strahlungsbilanz und zum Dampfdruckdefizit im Bohnenfeld die höchsten Werte vor. So beträgt sie im Mittel über die Meßperiode im Bohnenfeld 1,5 m/s und im Sorghumfeld 1,0 m/s. Der niedrigere Windumsatz im Sorghumfeld ist vor allem durch den größeren Reibungswiderstand in der Meßhöhe zu erklären. Des weiteren ist bei der Windgeschwindigkeit das Tag/Nacht-Verhältnis zu berücksichtigen, da die höchsten Windgeschwindigkeiten nach Sonnenuntergang bis Mitternacht erreicht werden. Ab Mitternacht bis Sonnenaufgang werden wiederum niedrigere Werte verzeichnet, so daß jedoch im Mittel während der Nachtstunden gleiche Windgeschwindigkeiten vorliegen wie in den Tagstunden. Die Bodentemperaturen im Bohnen- und Sorghumfeld zeigen im Vergleich zueinander nur geringe Unterschiede. Insbesondere durch die größere Pufferwirkung der Sorghumpflanzen liegt die mittlere Bodentemperatur im Sorghumfeld um 0,5 °C in 20 cm Tiefe niedriger als im Bohnenfeld. Ab 40 cm Tiefe unterscheiden sich die Bodentemperaturen der beiden Bestände lediglich um 0,1 °C, wobei die Bodentemperaturen im Bohnenfeld geringfügig höhere Spannweiten aufweisen.

Im Hinblick auf eine Bestimmung der pET weisen die höhere Strahlungsbilanz und das größere Dampfdruckdefizit im Sorghumfeld auf einen höheren Verdunstungsanspruch der Atmosphäre hin. So zeigt die Fig. 69 eine im Mittel über die Meßperiode um 15,2 % höhere pET im Sorghumfeld als im Bohnenfeld.

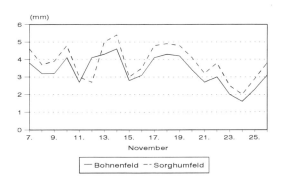

Fig. 69: Vergleich der Verdunstungsraten im Bohnen- und Sorghumfeld, aus Stundenmitteln (07^{00} - 18^{00} Uhr) berechnet

Die Fig. 70 soll nochmals den Unterschied in der Bestimmung der pET aus Tages- und Stundenmitteln für das Sorghumfeld verdeutlichen. Klar ersichtlich tritt die im Mittel um 27,5 % höhere pET aus Tagesmitteln berechnet hervor. Eine möglichst exakte Verdunstungsbestimmung ist somit für eine Bilanzierung des Bodenwasserhaushalts unerläßlich, aber auch zugleich sehr schwierig. Es kann bislang, außer bei Lysimetermessungen, immer nur eine größtmögliche Annäherung an den realen Wert stattfinden.

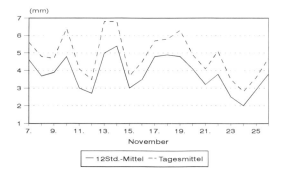

Fig. 70: Vergleich der Verdunstungsraten, bestimmt aus Tages- und Stundenmitteln (07^{00} - 18^{00} Uhr) für das Sorghumfeld

7.4.5 Die bodenphysikalischen Verhältnisse in den Beständen

An beiden Standorten hat sich nach der US-Soil-Taxonomy ein Fluvent auf Alluvial-sedimenten entwickelt (s. Fig. 71 und 72). An jedem Standort kann mindestens ein fossiler Boden nachgewiesen werden. So hat sich im Bohnenfeld der Fluvent über einem fossilen Psamment gebildet. Im Sorghumfeld dagegen liegt der Fluvent über einem fossilen Inceptisol, der wiederum über einem fossilen Gleysol ausgebildet ist.

Die Lage der Standorte im Auenbereich des Río Boliche und die Merkmale einer Vergleyung zeigen zur Bestimmung der wasserhaushaltlichen Kennwerte grundwassernahe/staunasse Bedingungen.

Die FK im Sorghumfeld liegt mit 485 mm/m 80 mm/m über der FK im Bohnenfeld mit 405 mm/m. An beiden Standorten kann die FK mit hoch (FK 4) eingestuft werden. Bedingt wird der geringe Unterschied in der FK an den beiden Standorten durch den höheren FP-Anteil (s. Fig. 71, 72 und Fig. 73) im Sorghumfeld. Hier wirkt sich die größere Distanz des Standorts zum Vorfluter, dem Río Boliche, und der daraus nachlassenden Transportkraft des Wassers bei Überschwemmungen aus. Deutlich zeigen dies die Diagramme zur Korngrößenverteilung in % des Feinbodens in den Fig. 71 und 72. Die Folge ist ein durchschnittlich höherer PWP im Sorghumfeld als im Bohnenfeld (s. Fig. 73). Dagegen unterscheidet sich die nFKWe an beiden Standorten kaum (s. Fig. 73). Sie kann für beide Standorte mit sehr hoch angegeben (nFKWe 5) werden. Wiederum in Abhängigkeit von der Transportkraft des Wassers bei Überschwemmungen ergibt sich für das Bohnenfeld eine höhere LK als im Sorghumfeld (s. Fig. 73). Während im Sorghumfeld die Anteile von T und fU höher liegen, sind im Bohnenfeld höhere Anteile an fS und mS gegeben.

In bezug auf die Bodenhorizonte ist im Bohnenfeld der IIfBvg und der IIfAh und im Sorghumfeld der IIfBv und der IIfCv hinsichtlich der Luftkapazität als hoch (LK 4) einzustufen. Die übrigen Horizonte weisen eine mittlere Luftkapazität (LK 3) auf.

Da sowohl die Bodenwasserbilanz nach PFAU (1966) als auch das Programm AMWAS in ihrer Durchführbarkeit von der Höhe der Anfangswassergehalte in Relation zum PWP abhängig sind, werden für das Sorghumfeld größere Probleme in der Bilanzierung des Bodenwasserhaltes erwartet.

Zusammenfassend betrachtet liegen für das Bohnenfeld etwas günstigere bodenphysikalische Eigenschaften vor. So ist hier insbesondere durch den im Mittel niedrigeren PWP eine langfristigere Wasserversorgung der Pflanzen gegeben. Zum einen wird zu Beginn der Regenzeit der Feinporenraum schneller mit Wasser gefüllt und somit der PWP überschritten, und zum anderen wird ein größerer Teil des Wassers im Porenraum der eGP gespeichert.

Lage: 79°38'W / 02°14'S
Höhe üNN / Neigung: 17 m / 0°
Bodentyp: Fluvent über fossilen Psamment
Vegetation / Nutzung: Bohnenfeld
Ausgangsgestein: Alluvialsedimente

Legende s. S. 108

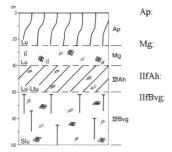

Ap: hellbraun, schwach bis mäßig humoser schluffiger Lehm, mäßig dicht, Ascheeinschlüsse, stark durchwurzelt

Mg: beige mit Rostflecken, schwach humoser schluffiger Lehm, mäßig dicht, Ascheeinschlüsse, Feinwurzelgrenze in 30 cm Tiefe

IIfAh: dunkelgrau mit Rostflecken, schwach humoser schluffiger (bis schluffig - toniger) Lehm, locker gelagert

IIfBvg: mittelbraun mit Rostflecken, sehr schwach humoser lehmig - schluffiger Sand, locker gelagert, schwache grau - hellbraune Marmorierung

Volumenverhältnisse   Korngrößen   Lagerungsdichte & org. Substanz

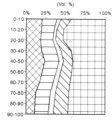
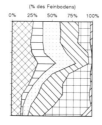
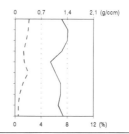

bodenphysikalische Parameter

Tiefe [cm]	Hori- zont	Boden- art	Ld [g/cm³]	Skelett	gS	mS	fS	gU	mU	fU	T	FP	MP	eGP	wGP	SV
					[Gew.-%]							[Vol.-%]				
0-25	Ap	Lu	1,34	0	0,1	2,6	14,8	22,5	21,8	13,3	24,9	19,6	16,9	4,3	10,9	48,3
25-40	Mg	Lu	1,30	0	0,0	1,2	8,4	25,1	25,8	15,5	24,0	19,3	17,6	5,3	11,9	45,9
40-60	IIfAh	Lu-Ltu	1,02	0	0,0	1,2	15,3	18,3	16,7	16,8	29,8	22,2	17,9	5,7	12,9	41,3
60-100	IIfBvg	Slu	1,22	0	0,0	4,9	40,4	25,8	9,9	4,5	14,4	13,0	17,7	6,4	17,3	45,6

							bodenchemische Parameter						
Tiefe [cm]	Hori- zont	PWP	nFKWe	FK	LK	GPV	pH		C	N	C/N	org. C	CaCO₃
				[mm]			KCL	CaCl₂	[%]	[%]		[%]	[%]
0-25	Ap	19,6	21,2	40,9	10,9	51,7	6,2	6,6	0,99	0,09	11,0	2,0	-
25-40	Mg	19,3	22,8	42,1	11,9	54,0	6,4	6,8	0,71	0,07	10,1	1,4	-
40-60	IIfAh	22,2	23,6	45,8	12,9	58,7	6,5	7,0	0,84	0,09	9,3	1,7	-
60-100	IIfBvg	13,0	24,1	37,1	17,3	54,4	6,6	7,1	0,37	0,03	12,3	0,7	-

bodenchemische Parameter

Tiefe [cm]	Hori- zont	Fe-dit. [%]	Mn-dit. [%]	Fe-oxa. [%]	P [mg/kg]	Al [%]	Si [%]	Austauschbare Nährstoffe [mmol IA/100g]							BS [%]
								Ca	Mg	K	Na	Al	H	AKeff.	
0-25	Ap	1,5	0,2	0,5	2,2	-	-	11,3	3,1	0,2	0,0	0,1	0,1	14,9	98,3
25-40	Mg	1,4	0,2	0,6	1,7	-	-	14,2	3,8	0,2	0,0	0,0	0,1	18,4	99,2
40-60	IIfAh	1,1	0,2	0,5	2,3	-	-	11,2	3,6	0,2	0,0	0,1	0,1	15,2	98,3
60-100	IIfBvg	1,2	0,1	0,3	1,5	-	-	9,8	3,4	0,2	0,0	0,1	0,1	13,4	98,5

Fig. 71: Profilbeschreibung und wichtige bodenphysikalische und -chemische Kennwerte des Fluvents im Bohnenfeld

Lage: 79°38'W / 02°14'S
Höhe üNN / Neigung: 17 m / 0°
Bodentyp: Fluvent über fossilen Inceptisol über fossilen Gleysol
Vegetation / Nutzung: Sorghumfeld
Ausgangsgestein: Alluvialsedimente

Legende s. S. 108

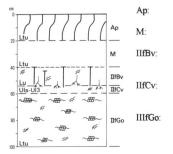

Ap:	hellbraun, humoser tonig - schluffiger Lehm, mäßig dicht, stark durchwurzelt
M:	mittelbraun, humoser tonig - schluffiger Lehm, mäßig dicht, schwach durchwurzelt
IIfBv:	grau mit feinverteilten Rostflecken, schwach humoser schluffiger Lehm, mäßig dicht, vereinzelt durchwurzelt, Durchwurzelungsgrenze bei ca. 55 cm Tiefe
IIfCv:	hellbraun mit feinverteilten Rostflecken, sehr schwach humoser sandig - lehmiger bis lehmiger Schluff, locker gelagert
IIIfGo:	grau mit feinverteilten Rostflecken, schwach humoser tonig - schluffiger Lehm, mäßig dicht

Volumenverhältnisse   Korngrößen   Lagerungsdichte & org. Substanz

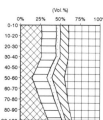
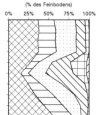
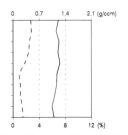

bodenphysikalische Parameter

Tiefe [cm]	Hori-zont	Boden-art	Ld [g/cm³]	Skelett	gS	mS	fS	gU	mU	fU	T	FP	MP	eGP	wGP	SV
							[Gew.-%]						[Vol.-%]			
0-20	Ap	Ltu	1,18	0	0,1	0,5	4,5	11,5	26,0	20,2	37,4	26,4	18,3	5,1	10,7	39,5
20-40	M	Ltu	1,22	0	0,1	0,3	3,9	11,7	25,4	21,9	36,9	26,2	18,3	5,3	10,8	39,4
40-54	IIfBv	Lu	1,25	0	0,0	3,2	18,9	26,6	18,4	9,7	23,3	18,6	17,9	6,1	14,4	43,0
54-60	IIfCv	Uls-Ul3	1,17	0	0,0	3,3	16,4	34,3	21,5	9,2	15,3	14,1	19,1	6,4	15,6	44,8
60-100	IIIfGo	Ltu	1,10	0	0,0	0,2	2,3	15,5	21,0	21,5	39,6	27,2	18,0	5,4	10,4	39,0

							bodenchemische Parameter						
Tiefe [cm]	Hori-zont	PWP	nFKWe	FK	LK	GPV	pH		C	N	C/N	org. C	CaCO₃
				[mm]			KCL	CaCl₂	[%]	[%]		[%]	[%]
0-20	Ap	26,4	23,5	49,9	10,7	60,6	6,7	6,9	1,37	0,11	12,5	2,7	-
20-40	M	26,2	23,6	49,8	10,8	60,5	6,6	6,9	1,21	0,12	10,1	2,4	-
40-54	IIfBv	18,6	24,0	42,6	14,4	56,9	6,7	7,0	0,73	0,08	9,1	1,5	-
54-60	IIfCv	14,1	25,5	39,5	15,6	55,1	6,6	7,0	0,43	0,04	10,8	0,9	-
60-100	IIIfGo	27,2	23,4	50,6	10,4	61,1	6,6	7,1	0,63	0,06	10,5	1,3	-

								bodenchemische Parameter							
Tiefe [cm]	Hori-zont	Fe-dit. [%]	Mn-dit. [%]	Fe-oxa. [%]	P [mg/kg]	Al [%]	Si [%]	Austauschbare Nährstoffe [mmol IA/100g]							BS
								Ca	Mg	K	Na	Al	H	AKeff.	[%]
0-20	Ap	1,5	0,3	0,5	4,6	-	-	27,0	6,1	0,3	0,2	0,0	0,1	33,7	99,5
20-40	M	1,3	0,3	0,5	5,2	-	-	22,1	5,9	0,3	0,1	0,0	0,2	28,5	99,4
40-54	IIfBv	1,3	0,1	0,3	3,0	-	-	15,5	3,7	0,3	0,0	0,1	0,1	19,8	98,7
54-60	IIfCv	1,5	0,1	0,3	2,3	-	-	12,0	3,2	0,2	0,0	0,0	0,1	15,6	99,0
60-100	IIIfGo	1,7	0,2	0,4	2,1	-	-	16,5	5,2	0,2	0,2	0,0	0,1	22,3	99,3

Fig. 72: Profilbeschreibung und wichtige bodenphysikalische und -chemische Kennwerte des Fluvents im Sorghumfeld

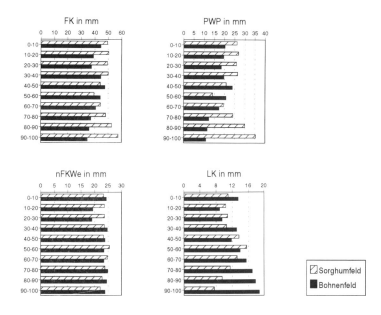

Fig. 73: Wasserhaushaltliche Kennwerte der Böden im Bohnen- und Sorghumfeld

7.4.6 Bodenwasserhaushalt nach PFAU

Die mit dem CM-Gerät bestimmten Bodenwassergehalte zeigen über die gesamte Profiltiefe eine Unterschreitung des PWP. So werden für das Bohnenfeld bei einem PWP von 174 mm 134 mm und für das Sorghumfeld bei einem PWP von 249 mm 147 mm Bodenwassergehalt verzeichnet. Demnach kann eine Bestimmung des Bodenwasserhaushalts nach PFAU (1966) nicht erfolgen.

7.4.7 Bodenwasserhaushalt mit AMWAS

Eine Betrachtung der Bodenwassergehalte auf dm-Basis führt gegenüber der Summe über die Profiltiefe zu einer differenzierteren Aussage (s. Fig. 74 und 75). Für das Bohnenfeld kann somit ab 80 cm Tiefe ein Bodenwassergehalt festgestellt werden, der über dem PWP liegt. In 60-80 cm Tiefe liegt der Bodenwassergehalt zudem lediglich geringfügig unter dem PWP. Daraus ergibt sich eine Differenz zwischen Bodenwassergehalt und PWP von 40 mm über die Profiltiefe. Andere Verhältnisse sind im Sorghumfeld gegeben. Aufgrund der höheren PWP-Werte pro dm ist lediglich für 50-60 cm Tiefe ein Bodenwassergehalt zu verzeichnen, der über dem PWP liegt. Die Differenz zwischen dem gemessenen Bodenwassergehalt und dem PWP beträgt mit 102 mm somit das 2,5-fache derjenigen im Bohnenfeld.

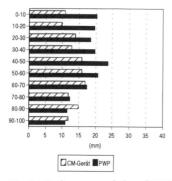

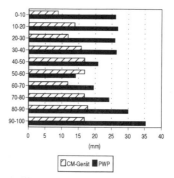

Fig. 74: Bodenwassergehalt und PWP
zum Beginn der Meßperiode
im Bohnenfeld

Fig. 75: Bodenwassergehalt und PWP
zum Beginn der Meßperiode
im Sorghumfeld

Die mit dem CM-Gerät bestimmten Anfangswassergehalte für das Programm AMWAS zeigen in ihrer Summe über das Profil mit 134 mm im Bohnenfeld und 147 mm im Sorghumfeld nur einen unwesentlichen Unterschied auf. Wichtiger ist das oben genannte Verhältnis von Bodenfeuchte zum PWP. Dies bestätigt jedenfalls das Ergebnis der Bodenwasserhaushaltsbilanzierungen, denn das Programm berechnete lediglich für den Standort Bohnenfeld einen Verlauf der Bodenfeuchtegehalte über die Meßperiode.

In Fig. 76 sind die Bodenwassergehalte in ihrer Summe über den effektiven Wurzelraum dargestellt. Dabei soll der Einfluß der pET als Outputgröße, berechnet aus Tages- und Stundenmitteln (07^{oo}-18^{oo} Uhr), deutlich gemacht werden. Zudem sind die mit dem CM-Gerät gemessenen Anfangs- und Endwassergehalte mit eingetragen.
Prägnant tritt hervor, daß die aus Tagesmittelwerten berechnete pET mit zunehmender Zeitdauer zu einer verstärkten Abnahme im Bodenwassergehalt führt. Beiden Bodenwassergehaltsverläufen ist jedoch gemeinsam, daß sie den wirklichen Wassergehalt im Bodenkompartiment unterschätzen. So liegt der Endwert des Bodenwassergehalts, bestimmt mit der pET aus Tagesmitteln, 65 mm unter dem mit dem CM-Gerät bestimmten Endwert. Der Wassergehalt, ermittelt mit der Outputgröße pET = Summe der Stundenmittel zwischen 07^{oo} und 18^{oo} Uhr, zeigt demgegenüber eine Unterschätzung von 54 mm.
Die Differenz von 21 mm zwischen Anfangs- und Endwert des Bodenwassergehaltes, gemessen mit dem CM-Gerät, kann durch

• kapillaren Aufstieg,

• Fehlertoleranz des CM-Gerätes sowie

144

● schnelle Austrocknung der Bodenproben im Bohrstock bei der Bestimmung der Anfangswassergehalte gegeben sein.

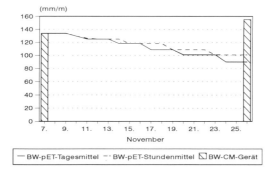

Fig. 76: Bodenwassergehalte im Bohnenfeld, bestimmt mit der pET aus Tages- und Stundenmitteln sowie mit dem CM-Gerät

Niederschläge wurden während des Meßzeitraumes nicht verzeichnet. Durch nächtlichen
Taufall sind derartige hohe Bodenwasseränderungen, insbesondere in den tieferen Bodenschichten und unter dichter Vegetationsdecke, gleichfalls nicht zu erklären.

Dies kann sowohl für einen verstärkten kapillaren Aufstieg als auch für die schnelle Austrocknung der Bodenproben im Bohrstock sprechen.. Für das Sorghumfeld sind die gleichen
Aussagen zu treffen. Hier liegt die Differenz zwischen End- und Anfangswassergehalt bei
18 mm. Gegen einen kapillaren Aufstieg spricht allerdings, daß über die Meßperiode das
anliegende Verdunstungspotential in beiden Beständen zurückgeht. Somit ist ein Fehler in
der unterschiedlichen Probennahme zur Bestimmung der Wassergehalte am wahrscheinlich-
sten.

Grundsätzlich läßt sich sagen, daß das Programm AMWAS zu einer Unterbewertung der
Bodenwassergehalte im Bohnenfeld führt. Das anliegende Verdunstungspotential wird
überbewertet, da der Bodenwassergehalt unter dem PWP simuliert wird und somit Probleme mit der Genauigkeit der Pedotransferfunktionen auftreten. Selbst unter der Voraussetzung, daß der Anfangswassergehalt dem mit dem CM-Gerät bestimmten Endwert
entspricht, wäre eine Unterschätzung des Bodenwassergehaltes von 34 mm (= 35 %) durch
AMWAS gegeben. Inwiefern die Genauigkeit der berechneten Werte mit den gemessenen
vom Humiditäts-/Ariditätscharakter des Standorts abhängig ist, sollen die Berechnungen
am Standort Pichilingue im Regenwaldrandbereich der COSTA zeigen (s. Kap. 7.5.7).

7.4.8 Vergleich der aET nach PFAU, AMWAS und der BOWEN-Ratio-Methode

Im folgenden werden die Werte der aET mit AMWAS und aus dem Strom latenter Wärme für das Bohnenfeld bestimmt miteinander verglichen. Eine Bestimmung der aET nach PFAU (1966) konnte nicht erfolgen.

Bei einer Betrachtung der Fig. 77 zeigt sich klar, daß aus dem Strom latenter Wärme höhere aET-Werte ermittelt werden als mit AMWAS. Über die gesamte Meßperiode findet nach AMWAS eine aktuelle Verdunstung von 38,9 mm und, aus dem Strom latenter Wärme berechnet, von 54,8 mm statt. Beide Verfahren zeigen somit eine starke Überbewertung der aET.

Zudem ist zu beachten, daß sich die Stomata der Kulturpflanzen bei Unterschreiten des PWP im Hauptwurzelbereich zur Wasseraufnahme schließen und die Pflanzen somit nicht transpirieren. Eine Wasseraufnahme durch vereinzelte tiefer reichende Wurzeln kann nicht ausgeschlossen werden. Es sind jedoch eher Fehler in der Bestimmung der aET mit AMWAS bei zu niedrigen Anfangswassergehalten und aus dem Strom latenter Wärme bei zu geringen Differenzen von ΔT und Δed dafür verantwortlich.

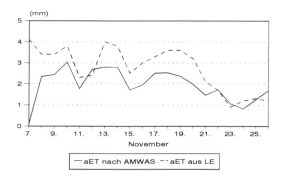

Fig. 77: Vergleich der aET bestimmt mit AMWAS und aus dem Strom latenter Wärme (LE)

7.4.9 Bedeutung von Bestandsklima und Bodenwasserhaushalt für die agrarklimatische Anbaueignung

Die Arbeiten zum Bestandsklima haben gezeigt, daß im Sorghumfeld eine um 15 % höhere pET vorliegt als im Bohnenfeld. Dabei wird im Sorghumfeld über die fast gesamte Profiltiefe der PWP unterschritten, während dies im Bohnenfeld nur bis ca. 60 cm unter Flur der Fall ist. Diese Unterschiede können zum einen durch die verschiedenen Durchwurzelungstiefen der Kulturen hervorgerufen sein (Sorghum → tief und Bohnen → flach) und zum anderen durch eine stärkere Wassernachleitung infolge eines größeren Verdunstungspotentials im Sorghumfeld.

Da die Kulturpflanzen unterhalb des PWP die Saugspannung ihrer Feinwurzeln gegenüber der Bodensaugspannung nicht erhöhen können, ist die stärkere Unterschreitung des PWP im Sorghumfeld durch Bodenevaporation zu erklären. Zudem gehört der Sorghum zu den C_4-Pflanzen, dessen Trockenresistenz neben einem dichten und tiefen Wurzelwerk auf niedrigen Transpirationsraten beruht.

Der Wasserbedarf für das Sorghumfeld liegt über die Meßperiode bei pET*0,75 und für das Bohnenfeld bei pET*0,9 (s.a. Kap. 7.3.9). Beide Bestände sind somit zum Ende der phänologischen Phase durch Wasserstreß gekennzeichnet. Da keine Angaben für den Beginn der Totreife vorliegen, können keine Aussagen zu Ertragseinbußen gegeben werden. Zum Zeitpunkt der Totreife spielt Wasserstreß keine so bedeutende Rolle.

7.5 Untersuchungen zum Bestandsklima und Bodenwasserhaushalt auf der Forschungsstation Pichilingue des INIAP

Die Messungen zur Erfassung des Bestandsklimas in einer mehrjährigen Baumkultur (Kakao) und im Vergleich dazu in einer annuellen Kultur (Mais) erfolgten vom 01.12.- 20.12.'91. Zur weiteren standörtlichen Beschreibung wurde in jedem Bestand ein Bodenprofil aufgenommen.

7.5.1 Einführung in das Untersuchungsgebiet

Die Forschungsstation Pichilingue liegt ca. 5 km süd-westlich der Kantonhauptstadt Quevedo an der Hauptverbindungsstraße Quito - Guayaquil. Pichilingue gehört administrativ zum Kanton Quevedo, der wiederum der Provinz Los Ríos eingegliedert ist. Die Höhe üNN ist mit 73 m angegeben, die Lage im Gitternetz mit 79°27'W und 01°06'S (s. Karte 18).

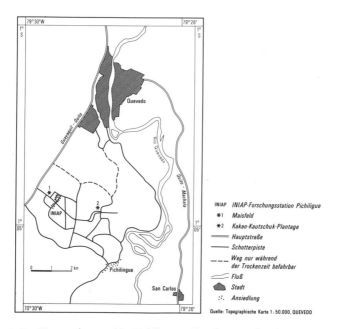

Karte 18: Das Untersuchungsgebiet Pichilingue - Forschungsstation des INIAP

Pichilingue liegt im Zentrum des größten hydrographischen Beckens der COSTA, dem des Río Guayas (34.670 km²) (ALEJANDRO VALDEZ 1987). Durch die Dynamik des Río

Guayas formten sich die fluvialen Terrassen aus dem Pleistozän, die den geologischen Untergrund der Forschungsstation bilden.

Die Einordung der Station in eine klima-/vegetationsgeographische Zone stellt sich als schwierig heraus. So wird sie nach KÖPPEN (1936) dem Savannenklima (Awh - s.a. Karte 6) zugeordnet. Nach TROLL & PAFFEN (1964) liegt sie mit 7 humiden Monaten im Grenzbereich von Trocken- und Feuchtsavanne (V3 und V2 - s.a. Karte 7), nach HOLDRIDGE (1987) ist sie dem feuchten tropischen Wald zugehörig (s.a. Karte 9), und nach LAUER & FRANKENBERG (1978) wird der Klimatyp II-6 für die Station ausgegliedert (s.a. Karte 8). Der Standort Pichilingue verdeutlicht in hohem Maße die Problematik der verschiedenen rein klimatischen Konzepte zur Klima-/Vegetationszonierung und deren starke Überzeichnung arider Räume (s.u. und Kap. 3.7.5).

Da durch die intensive Umwandlung der natürlichen Vegetation in Kulturflächen, insbesondere im Guayas - Becken, kaum Anhalte zur ursprünglichen Vegetation gegeben sind, ist eine Klassifikation nur anhand älterer botanischer Arbeiten möglich. So klassifiziert LITTLE (1948) für Pichilingue einen „wet tropical forest". In der Karte „Land Use and Forest Types of the Guayas Basin", die 1964 von der PAN AMERICAN UNION herausgegeben wurde, wird für Pichilingue ein „Evergreen broadleaf forest" angegeben. Zwar wird durch die genannten Arbeiten der Vegetationstypus gleichfalls nicht genau beschrieben, jedoch lassen sie eine eindeutig feuchtere Vegetationszone erkennen.

Die Station Pichilingue stellt die älteste Agrarforschungseinrichtung in Ecuador dar und wurde 1943 mit Unterstützung der PAN AMERICAN UNION gegründet. Seit 1963 ist sie Bestandteil des INIAP. Die Station ist mit ca. 1.400 ha die größte der sechs Forschungsstationen des INIAP (INIAP 1991).

Neben der Rinderzucht mit dem Ziel der Verbesserung der Fleisch- und Milchproduktion, dem Anbau verschiedener Bambusarten zur Eignungsprüfung zum Möbel- und Hausbau sowie Versuchen mit Reis im Regenfeldbau und dem Anbau verschiedener Sorghum- und Kaffeesorten werden speziell Experimente mit unterschiedlichen Hybrid-Mais- und -Kakaosorten durchgeführt.

Die Messungen zum Bestandsklima erfolgten daher in einem Maisfeld zum Ende der phänologischen Phase (Totreife) und in einer ca. 35 Jahre alten Kakaoplantage, die mit Kautschukbäumen (*hevea brasiliensis*) überstanden ist.

7.5.2 Bestandsklima im Maisfeld

Foto 6: Standort der Dataloggerstation im Maisfeld

Die Messungen zum Bestandsklima in einem Maisfeld erfolgten zum Ende der phänologischen Phase (Totreife) bei einer mittleren Bestandshöhe von 2,2 m. Vitales Blattwerk
war nur noch in den oberen 40 cm vorhanden, während vom Erdboden bis 1,8 m Höhe die
Blätter vollständig vertrocknet waren (s. Foto 6). Da die Blätter im vertrockneten Zustand
am Stamm der Maispflanze herunterhängen, ist es der Strahlung möglich, ungehindert bis
zur Bodenoberfläche vorzudringen. Das noch relativ vitale Blattwerk in den oberen 40 cm
ist nicht so stark ausgebildet und bietet daher nur einen geringen Beschattungseffekt. So
zeigt Fig. 78 das typische Bild einer Station, an der sich die Austauschfläche unterhalb der
Meßsensoren befindet. Wie an allen derartigen Meßstandorten ist nach Sonnenuntergang ein
starker Ausstrahlungsvorgang zu beobachten, der durch negative Strahlungsbilanzwerte
gekennzeichnet ist.

Zwischen den positiven und den negativen Strahlungsbilanzwerten besteht mit r = 0,39 ein
schwach positiver Zusammenhang. Auch hier zeigt sich, daß die Höhe der negativen
Strahlungsbilanzwerte nicht in erster Linie von der Höhe der eingestrahlten Energie,
sondern von der Stärke der atmosphärischen Gegenstrahlung abhängig ist.

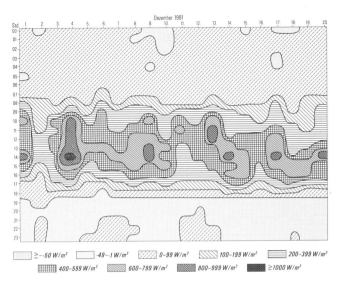

Fig. 78: Isoplethendiagramm der Strahlungsbilanz in 1,8 m Höhe im Maisfeld

Maximale Strahlungsbilanzwerte (> 800 W/m²) werden zwischen 10^{00} und 14^{00} Uhr erreicht. Das absolute Maximum liegt mit 1.111,4 W/m² am 04.12.'91 um 14^{00} Uhr (Solarkonstante 1.370 W/m²). Über die Meßperiode liegt die maximale Strahlungsbilanz im Mittel mit 584,0 W/m² gleichfalls um 14^{00} Uhr (s. Fig. 79).

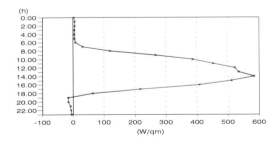

Fig. 79: Stundenmittel der Strahlungsbilanz in 1,8 m Höhe über die Meßperiode im Maisfeld

Das mittlere Minimum wird mit -15,8 W/m² um 19^{00} Uhr erreicht. Ab 00^{00} Uhr werden wieder leicht positive Werte verzeichnet, die im Mittel zwischen 2,2 W/m² und 7,6 W/m² bis 06^{00} Uhr betragen. Die Spannweite der Strahlungsbilanz reicht dabei je nach Bewöl-kungsgrad an den einzelnen Tagen von 0-12 W/m². Zumeist werden Strahlungsbilanzen von 10-12 W/m² zwischen 00^{00} und 06^{00} Uhr erreicht, wenn aufgrund eines nächtlichen

Niederschlagsereignisses ein hoher Bewölkungsgrad zu erhöhter atmosphärischer Gegenstrahlung führt.

In Fig. 80 ist der Tagesgang der Strahlungsbilanz an einem bedeckten Tag und an einem
Strahlungstag gegenübergestellt. Die Summe der eingestrahlten Energie beträgt mit 5.235,1
W/m² am Strahlungstag das 2,9-fache der eines bedeckten Tages mit 1.780,2 W/m².
Wird für den bedeckten Tag um 13°° Uhr mit 310 W/m² ein eindeutiges Maximum ausgewiesen, so wird dies am Strahlungstag erst um 14°° Uhr mit 818,7 W/m² erreicht. Der
niedrigste Wert der Strahlungsbilanz liegt am bedeckten Tag mit -12,0 W/m² um 00°° Uhr
und am Strahlungstag mit -40,8 W/m² um 19°° Uhr.

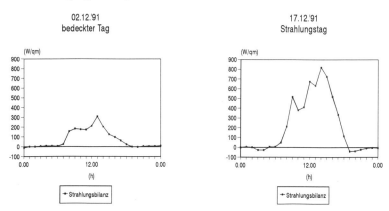

Fig. 80: Tagesgang der Strahlungsbilanz in 1,8 m Höhe an einem bedeckten Tag und an
einem Strahlungstag im Maisfeld

Für die weitergehende Interpretation des Bestandsklimas im Maisfeld sind die täglichen
Niederschlagssummen und ihr zeitliches Auftreten von großer Bedeutung. Für den exemplarischen Vergleich eines strahlungsarmen mit einem strahlungsreichen Tag wurden
allerdings niederschlagsfreie Tage ausgewählt. Während der gesamten Meßperiode wurden
80,2 mm Niederschlag gemessen. Das absolute Tagesmaximum liegt mit 25,0 mm am
14.12.'91 (s. Fig. 81). Der absolut maximale Niederschlag innerhalb einer Stunde wurde mit
10,2 mm am 11.12.'91 zwischen 05°° und 06°° Uhr gemessen. Auffallend ist, daß die
Niederschläge in der zweiten Nachthälfte und in den frühen Morgenstunden fallen
(s. Fig. 82). BRINKMANN (1985) und ZIMMERSCHMIED (1958) sprechen dabei von
einem Kondensationstyp des Niederschlags durch starke nächtliche Ausstrahlung im unteren
Teil der Troposphäre.

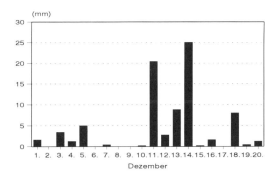

Fig. 81: Tagesniederschläge in 0,5 m Höhe über die Meßperiode im Maisfeld

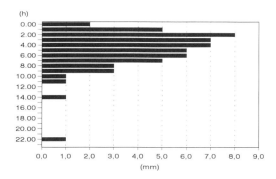

Fig. 82: Stundensummen des Niederschlags in 0,5 m Höhe über die Meßperiode im Maisfeld

Durch das Auftreffen der Strahlung an der Austauschfläche wird ein Teil der Energie in
langwellige Wärmestrahlung umgewandelt, die zu einer Erhöhung der Lufttemperatur führt.
Inwiefern die nächtlichen Niederschläge den Temperaturanstieg z.B. in 2,0 m Höhe
variieren, ist schwer zu quantifizieren, da z.B. sowohl an niederschlagsarmen (10.12.'91)
wie an niederschlagsreichen Tagen (11.12.'91) die nächsthöhere Temperaturklasse (25-27
°C) um 11°° Uhr erreicht wird (s. Fig. 83). Hier kann u.a. der schnellere morgendliche
Anstieg der Strahlungsbilanz am 11.12.'91 von entscheidender Bedeutung sein.
Grundsätzlich lassen die Raum-Zeit-Muster der Temperaturklassen zeitlich unstete Grenz-
verläufe erkennen. So ist der morgendliche Temperaturanstieg im Maisfeld keine linear
versetzte Funktion allein der Strahlung, sondern wird durch eine Vielzahl von Faktoren wie
z.B. Bedeckungsgrad, relative Feuchte und Bodenfeuchte beeinflußt.

Auffällig ist, daß das Raum-Zeit-Muster der höchsten Temperaturklasse (30-32 °C) eine große Zeitspanne aufweist (13°° bis 18°° Uhr). Mit 26,1 °C werden die höchsten Tagesmitteltemperaturen am 04.12.'91 und am 09.12.'91 gemessen. Die niedrigste Tagestemperatur wurde am 18.12.'91 mit 23,2 °C verzeichnet. Über die gesamte Meßperiode ergibt sich ein Tagesmittel von 24,7 °C.

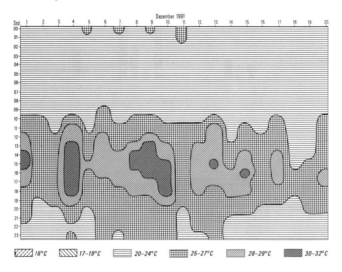

Fig. 83: Isoplethendiagramm der Temperatur in 2,0 m Höhe im Maisfeld

Die Bestimmung der Stundenmittel über die Meßperiode weist für 07°° Uhr mit 22,0 °C das Minimum und für 15°° und 16°° Uhr mit 28,3 °C das Maximum aus (s. Fig. 84). Das Maximum der Temperatur liegt somit 1-2 Std. hinter dem Maximum der Strahlungsbilanz (s. Fig. 79).

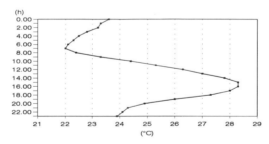

Fig. 84: Stundenmittel der Temperatur in 2,0 m Höhe über die Meßperiode im Maisfeld

154

Einen hohen negativen Zusammenhang von r = -0,94 mit der Temperatur in 2,0 m Höhe weist die relative Feuchte auf. Die inversen Kurvenverläufe der Temperatur und der relativen Feuchte in 2,0 m Höhe sind in Fig. 85 dargestellt.

Schwankt die Temperatur am bedeckten Tag um 3,5 °C zwischen 22,4 und 25,9 °C, so beträgt die Spannweite der Temperatur am Strahlungstag mit 7,6 °C etwas mehr als das Doppelte. Dabei ist sowohl eine niedrigere Minimumtemperatur (21,9 °C) als auch eine höhere Maximumtemperatur (29,4 °C) am Strahlungstag zu verzeichnen. Bei der relativen Feuchte verhält es sich ähnlich, wobei sich die Maxima mit 0,2 % kaum unterscheiden.

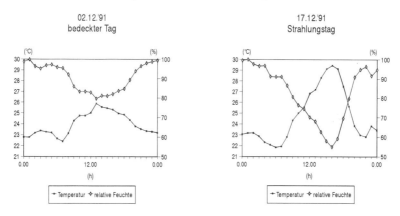

Fig. 85: Tagesgang der Temperatur und der relativen Feuchte in 2,0 m Höhe an einem bedeckten Tag und an einem Strahlungstag im Maisfeld

Deutlicher als bei der Temperatur wirkt sich das Fehlen oder Vorhandensein eines Niederschlagsereignisses auf die relative Feuchte aus (s. Fig. 86). Dabei ist zu beachten, daß das Raum-Zeit-Muster der Sättigungsfeuchte nicht immer mit einem Niederschlagsereignis identisch ist. Sättigungsfeuchte kann auch bei Erreichen der Taupunkttemperatur auftreten. Zum anderen handelt es sich um stündliche Mittelwerte, denen 10 Minutenwerte zugrunde liegen (Problem der Mittelwertbildung). Daraus können sich trotz eines Niederschlagsereignisses Feuchtewerte ergeben, die geringfügig unter der Sättigungsfeuchte liegen. Im Stundenmittel über die Meßperiode liegen die Werte der relativen Feuchte zwischen 02^{00} und 07^{00} Uhr bei 95 % (s. Fig. 87). Eindeutig gesenkt wird die mittlere relative Feuchte über die Meßperiode durch die geringen Werte vom 06.12.-10.12.'91.

Wie bei der Temperatur weisen die Raum-Zeit-Muster der relativen Feuchte in 2,0 m Höhe keine scharfen Zeitgrenzen auf. Ähnlichkeit besteht zwischen den Raum-Zeit-Mustern der beiden höchsten Temperaturklassen und den beiden am niedrigsten verzeichneten Klassen der relativen Feuchte (s. Fig. 86 und 83). So liegt die Klasse der niedrigsten relativen Feuchte (50-59 %) wie die höchste Klasse der Temperatur zwischen 13^{00} und 18^{00} Uhr. Das Stundenmittel über die Meßperiode weist für 16^{00} Uhr mit 68,2 % das Minimum und für 07⁰⁰ Uhr mit 95,3 % das Maximum der relativen Feuchte in 2,0 m Höhe aus. Beide Werte liegen zeitlich exakt invers zum Minimum und Maximum der Temperatur.

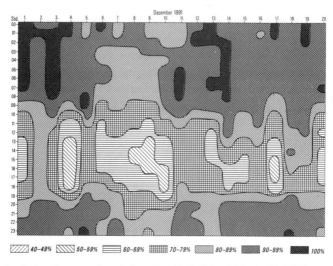

Fig. 86: Isoplethendiagramm der relativen Feuchte in 2,0 m Höhe im Maisfeld

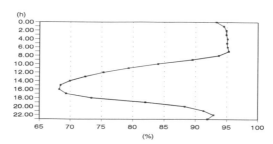

Fig. 87: Stundenmittel der relativen Feuchte in 2,0 m Höhe über die Meßperiode im Maisfeld

Liegen zwischen der Strahlungsbilanz und der Temperatur (r = 0,77) sowie der relativen Feuchte (r = -0,84) in 2,0 m Höhe mäßige bis hohe Korrelationen vor, so ergeben sich für die Temperatur (r = 0,83) und die relative Feuchte (r = -0,87) in 0,5 m Höhe leicht höhere Zusammenhänge. Die etwas höheren Zusammenhänge für 0,5 m weisen auf die nähere Lage zur Austauschfläche hin. Zudem weisen die Temperaturen in 0,5 m Höhe sowohl im Tagesgang als auch über die gesamte Meßperiode größere Spannweiten auf als in 2,0 m Höhe (s. Fig. 88). Dadurch wird die Aussage zur Lage der Austauschfläche am Bestands-grund des Maises erhärtet.

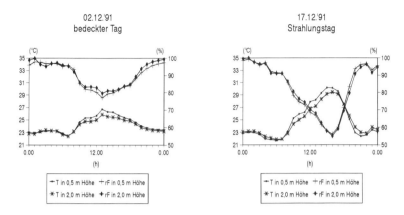

Fig. 88: Tagesgang der Temperatur und der relativen Feuchte in 0,5 m und 2,0 m Höhe an an einem bedeckten Tag und einem Strahlungstag im Maisfeld

Bei einer Betrachtung der Kurven in Fig. 88 kann grundsätzlich festgehalten werden, daß die Temperatur in 0,5 m Höhe in den Nachtstunden unter und in den Tagstunden über der in 2,0 m Höhe liegt. Die Kurvenverläufe der relativen Feuchte sind dementsprechend gegensätzlich.

Die Temperaturkurven zeigen somit den annähernd idealtypischen Verlauf von Temperaturprofilen in Pflanzendecken, wie sie MUNN (1966) beschreibt. Verkleinert werden können die vertikalen Temperaturgradienten während der Nacht vor allem bei Erreichen der Taupunkttemperatur und eines dadurch erhöhten latenten Wärmestroms. Demgegenüber wird der Temperaturgradient im Verlauf der Tagstunden durch den stärkeren Abkühlungseffekt der Windgeschwindigkeit in 2,0 m Höhe erhöht (s. Fig. 89). In Pflanzenbeständen kann eine exponentielle Abnahme der Windgeschwindigkeit von der Bestandsobergrenze bis zum Bestandsgrund angenommen werden.

Wie die Raum-Zeit-Muster der Windklassen zeigen (s. Fig. 89), treten die höchsten Windgeschwindigkeiten während der Tagstunden auf. Daraus läßt sich schließen, daß am Tag keine hohe Wärmespeicherung im Maisbestand stattfindet. Die eingestrahlte Energie kann nicht von den vertrockneten Maisblättern aufgenommen und gespeichert werden. Somit ist der Boden der einzige Wärmespeicher, der allerdings mit einiger Verzögerung arbeitet. Die Folge ist, daß ein Großteil der eingestrahlten Energie sogleich wieder ausgestrahlt wird und somit die höheren Windgeschwindigkeiten im Verlauf der Tagstunden verursacht. Vitale Pflanzenbestände weisen demgegenüber eine hohe Energiespeicherfähigkeit auf und geben die gespeicherte Energie nach Sonnenuntergang zum Ausgleichen der Temperaturdifferenz zwischen Bestand und Luft ab, wodurch in der ersten Nachthälfte häufig höhere Windgeschwindigkeiten verzeichnet werden als am Tag (s. Kap. 7.4.3).

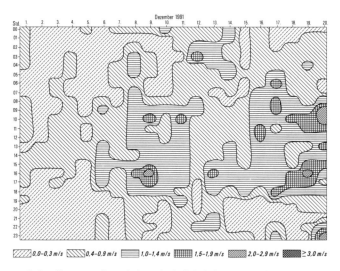

Fig. 89: Isoplethendiagramm der Windgeschwindigkeit in 2,0 m Höhe im Maisfeld

Insgesamt betrachtet weist die Windgeschwindigkeit an der Bestandsobergrenze des Maisfeldes keine große Regelmäßigkeit auf. Belegt wird die Aussage vor allem durch Fig. 90, die die Stundensumme und -mittel über die Meßperiode wiedergibt. Allerdings ist das mittlere Maximum mit 1,1 m/s um 16°° Uhr identisch mit der zeitlichen Lage des mittleren Temperaturmaximums (s. Fig. 84).

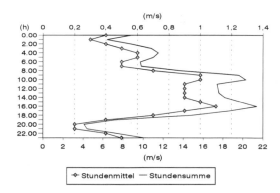

Fig. 90: Stundensumme und -mittel der Windgeschwindigkeit in 2,0 m Höhe über die Meßperiode im Maisfeld

158

Die niedrigsten mittleren Windgeschwindigkeiten werden kurz nach Sonnenuntergang um 20°° und 21°° Uhr mit 0,2 m/s verzeichnet. Danach erfolgt ein leichter Anstieg, der durch die Ausstrahlung der vom Boden am Tag aufgenommenen Energie verursacht wird.

Typisch ist der soeben beschriebene Tagesgang der Windgeschwindigkeit über die Meßperiode für Strahlungstage (s. Fig. 91). Hier erfolgt nach Sonnenuntergang gleichfalls ein Einbruch der Windgeschwindigkeit und danach wieder ein Anstieg. Am bedeckten Tag ist die vom Boden aufgenommene Energie gering, so daß nach Rückgang der Windgeschwindigkeit nach Sonnenuntergang kein erneuter Anstieg zu verzeichnen ist.

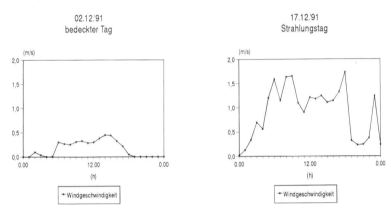

Fig. 91: Tagesgang der Windgeschwindigkeit in 2,0 m Höhe an einem bedeckten Tag und an einem Strahlungstag im Maisfeld

Die vom Boden aufgenommene Energie kann durch die Amplitude der Bodentemperaturen charakterisiert werden (s. Fig. 92).

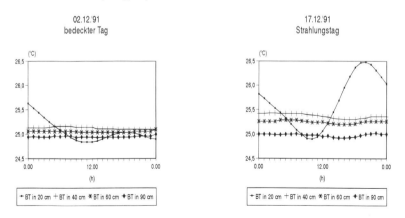

Fig. 92: Tagesgang der Bodentemperaturen an einem bedeckten Tag und an einem Strahlungstag im Maisfeld

Da die Bodentemperatur in 20 cm am stärksten auf Veränderungen in der Einstrahlung reagiert, soll sie als Maß für den Energieumsatz genommen werden. So beträgt die Bodentemperaturamplitude am bedeckten Tag in 20 cm Tiefe bei einer eingestrahlten Energie von 1.780,2 W/m² 0,8 °C. Demgegenüber nimmt die Amplitude für den Strahlungstag bei einer eingestrahlten Energie von 5.235,1 W/m² mit 1,6 °C den doppelten Wert an. So kann während der Nachtstunden am Strahlungstag mehr Energie ausgestrahlt werden, wodurch sich die höheren Windgeschwindigkeiten gegenüber einem bedeckten Tag begründen lassen. Sowohl am bedeckten Tag als auch am Strahlungstag weisen die Bodentemperaturen in 40 cm, 60 cm und 90 cm mit max. 0,1 °C kaum eine Reaktion auf die eingestrahlte Energie auf. Im Mittel beträgt die Bodentemperatur über die Meßperiode in 20 cm 25,5 °C (R = 3,7 °C), in 40 cm 25,2 °C (R = 0,8 °C), in 60 cm 25,1 °C (R = 0,4 °C) und in 90 cm Tiefe 24, 9 °C (R = 0,2 °C). So geben die Bodentemperatur in 40 cm und in 60 cm Tiefe die Jahresmitteltemperatur von 24,2 °C der Station mit 1 °C positiver Abweichung wieder.

Nach LAUER (1982) gibt die Bodentemperatur in 50 cm Tiefe an einem überschatteten Standort auf ebener Fläche in etwa die Jahresmitteltemperatur der Wetterhütte im isothermen äquatorialen Bereich wieder. Dahingegen nennen LAUER & RAFIQPOOR (1986) eine Tiefe von 30-40 cm.

7.5.3 Vergleich der Ergebnisse zwischen Kakao-Plantage und Maisfeld

In einer Entfernung von ca. 2 km vom Maisfeld befinden sich ausgedehnte Kakao-Plantagen. Die älteren Plantagen sind zum Teil mit Kautschukbäumen als Schattenspender überstanden. In einer solchen mit Kautschukbäumen überstandenen KakaoPlantage wurden die Vergleichsmessungen zur annuellen Kultur des Maises durchgeführt. Die Plantage hat ein Alter von ungefähr 35 Jahren. Die Höhe der Kakaobäume liegt bei 5-6 m und die der Kautschukbäume bei 25-30 m (s. Foto 7).

Foto 7. Standort der Dataloggerstation in der Kakao-Plantage

Sogleich fällt bei einer Betrachtung der Strahlungsbilanz in Fig. 93 der hohe Beschattungseffekt auf. Es ist fast ausschließlich die Strahlungsklasse 0-99 W/m² vertreten. Lediglich am 04.12.'91 und 17.12.'91 ist um 14°° Uhr die nächsthöhere Klasse (100-199 W/m²) vertreten. Das absolute Maximum im Verlauf der Meßperiode tritt am 17.12.'91 mit 144,3 W/m² auf. Das Fehlen negativer Strahlungsbilanzen deutet auf die Lage der Austauschfläche im Kronenbereich des Bestandes hin.

Da die Raum-Zeit-Muster der Strahlungsbilanz in Fig. 93 wenig über den Tagesgang aussagen, werden zunächst zur weiteren Interpretation die Stundenmittel über die Meßperiode herangezogen (s. Fig. 94). Mit 67,7 W/m² liegt das mittlere Maximum um 14°° Uhr und somit zeitgleich wie im Maisfeld. An 8 von 20 Tagen stellt sich das absolute Strahlungsmaxima gleichfalls um 14°° Uhr ein. Eine zeitliche Verschiebung der maximalen Einstrahlungswerte findet also trotz extrem unterschiedlicher Bestände nicht statt. Allerdings beträgt die Höhe des Maximums nur 11,6 % des Maximums im Maisfeld. Da keine negativen Strahlungsbilanzen in der Kakao-Plantage verzeichnet sind, treten die Minima der beiden

Bestände zeitverzögert auf. Während das Minimum im Maisfeld mit -15,8 W/m² um 19°° Uhr liegt, ist es in der Kakao-Plantage mit 10,9 W/m² kurz vor Sonnenaufgang um 5°° Uhr ausgeprägt. Vor allem durch die Zustrahlung von Energie, die von den Bäumen am Tag aufgenommen wird, wird ein Minimum der Strahlungsbilanz während der ersten Nachthälfte verhindert. Über die gesamte Meßperiode beträgt die Strahlungsbilanz in der Kakao-Plantage im Mittel 26,8 W/m² und damit 15,7 % derjenigen des Maisfeldes.

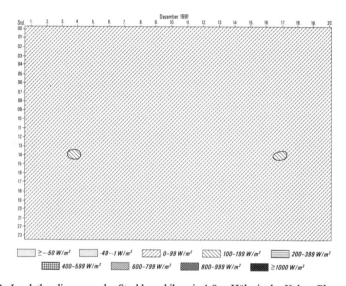

Fig. 93: Isoplethendiagramm der Strahlungsbilanz in 1,8 m Höhe in der Kakao-Plantage

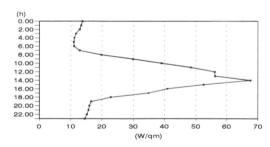

Fig. 94: Stundenmittel der Strahlungsbilanz in 1,8 m Höhe über die Meßperiode in der Kakao-Plantage

In zeitlich höherer Auflösung ist der Tagesgang der Strahlungsbilanz für einen bedeckten Tag und für einen Strahlungstag in Fig. 95 dargestellt. Beide Tage weisen um 14°° Uhr das Maximum der Strahlungsbilanz auf. Im Vergleich mit dem Maisfeld beträgt das Maximum am bedeckten Tag 13,8 % und am Strahlungstag 17,6 % der Strahlungsbilanz.

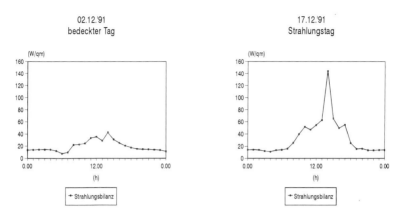

Fig. 95: Tagesgang der Strahlungsbilanz in 1,8 m Höhe an einem bedeckten Tag und an einem Strahlungstag in der Kakao-Plantage

Die Summe der eingestrahlten Energie am Strahlungstag beträgt mit 803,5 W/m² das 1,7-fache derjenigen des bedeckten Tages mit 477,0 W/m². Daraus kann geschlossen werden, daß zwischen bedeckten Tagen und Strahlungstagen in der Kakao-Plantage nur geringfügige Unterschiede im Strahlungsgenuß auftreten. Der größte Teil der Strahlung wird in den oberen Bestandsschichten reflektiert oder absorbiert. In den oberen vitalen Bestandsschichten der Kakao-Plantage besteht ein höheres Pufferungsvermögen für die eingestrahlte Energie als im Maisfeld, das durch vertrocknete Blätter und einen kleineren Blattflächenindex gekennzeichnet ist. Der Quotient zwischen bedecktem Tag und Strahlungstag liegt im Maisfeld bei 2,9.

Trotz des größeren Blattflächenindexes und der dadurch höheren Interzeptionsrate wurde über die Meßperiode in der Kakao-Plantage mit 102,8 mm ein um 22,6 mm höherer Niederschlag gemessen als im Maisfeld. Daraus wird ersichtlich, daß die Niederschläge kleinräumig stark variieren. Zu berücksichtigen ist dieser Unterschied bei den späteren Berechnungen zur Bodenwasserbilanz (s. Kap. 7.5.7). Das Tagesmaximum des Niederschlags liegt mit 27,8 mm am 14.12.'93 (s. Fig. 96). Der maximale Niederschlag innerhalb einer Stunde wurde mit 11,4 mm am 13.12.'93 zwischen 01°° und 02°° Uhr gemessen.

Das Auftreten der Niederschlagsereignisse ist wie im Maisfeld auf die zweite Nachthälfte beschränkt (s. Fig. 97). Bemerkenswert ist allerdings, daß das Maximum ein bis zwei Stunden später auftritt als im Maisfeld. Dieser Zeitverzug ist dadurch begründet, daß bei einem Niederschlagsereignis zuerst die Interzeptionssättigung des Kronendaches stattfindet und danach durch Abtropfen die Niederschlagsregistrierung am Bestandsgrund. Durchfallender Regen tritt so gut wie gar nicht auf.

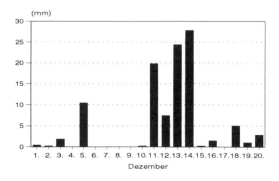

Fig. 96: Tagesniederschläge in 0,5 m Höhe über die Meßperiode in der Kakao-
Plantage

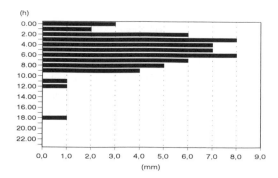

Fig. 97: Stundensumme der Niederschläge in 0,5 m Höhe über die Meßperiode in der
Kakao-Plantage

Bevor eine Beschreibung und Interpretation des weiteren Bestandsklimas erfolgt, muß an
dieser Stelle angemerkt werden, daß am bedeckten Tag (02.12.'91) in der Kakao-Plantage
zwischen 05^{00} und 06^{00} Uhr 0,2 mm Niederschlag gemessen wurde (s. Fig. 96). Ein so
geringer Niederschlag läßt keine Beeinträchtigung im Vergleich zum Maisbestand erwarten.

Infolge der geringen eingestrahlten Energie und ihrer geringen Tagesamplitude werden für
die Temperatur in 2,0 m Höhe im Mittel niedrigere Werte erwartet als im Maisfeld. Daß
Höhe und Häufigkeit der Niederschläge in der zweiten Nachthälfte und in den frühen
Vormittagsstunden einen deutlich erkennbaren Einfluß auf den Temperaturanstieg am
Morgen nehmen, kann nicht festgestellt werden (s. Fig. 98).

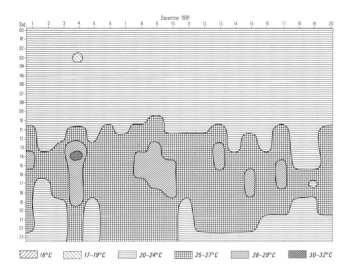

Fig. 98: Isoplethendiagramm der Temperatur in 2,0 m Höhe in der Kakao-Plantage

Das Raum-Zeit-Muster der höchsten Temperaturklasse (30-32 °C) ist lediglich am 14.12.'91 um 14°° Uhr vertreten (s. Fig. 98). Im Gegensatz dazu ist die niedrigste Temperaturklasse (17-19 °C) am 04.12.'91 um 03°° Uhr ausgewiesen, während sie im Maisfeld fehlt.

Im Mittel über die Meßperiode wurde das tägliche Minimum mit 21,7 °C für 07°° Uhr und das Maximum mit 26,7 °C für 15°° und 16°° Uhr bestimmt (s. Fig. 99). Im Vergleich zum Maisfeld liegt das Minimum lediglich um 0,3 °C, das Maximum aber um 1,0 °C niedriger. Somit differieren die Temperaturen in den beiden Beständen vor allem während der Einstrahlungsphase stärker voneinander.

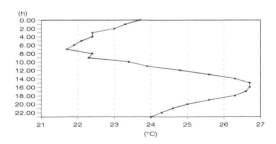

Fig. 99: Stundenmittel der Temperatur in 2,0 m Höhe über die Meßperiode in der Kakao-Plantage

Ergibt die Korrelation zwischen der Temperatur und der relativen Feuchte in 2,0 m Höhe im Maisfeld mit r = -0,94 einen hohen negativen Zusammenhang, so kann mit r = -0,76 lediglich ein mäßig negativer Zusammenhang für die Kakao-Plantage festgestellt werden. Ersichtlich wird der geringe Zusammenhang bei einer Betrachtung der Fig. 100.

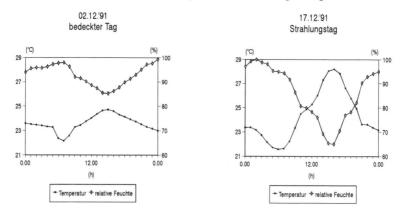

Fig. 100: Tagesgang der Temperatur und der relativen Feuchte in 2,0 m Höhe an einem bedeckten Tag und an einem Strahlungstag in der Kakao-Plantage

Sowohl die Temperatur als auch die relative Feuchte in 2,0 m Höhe weisen am Strahlungstag eine 2,6-fach höhere Spannweite auf als am bedeckten Tag. Im Mittel liegt die Temperatur am bedeckten Tag um 0,8 °C niedriger als am Strahlungstag. Dagegen weist der Strahlungstag eine um 0,6 °C niedrigere Minimumtemperatur auf. Maßgeblich für die höhere Mitteltemperatur und die größeren Spannweiten am Strahlungstag ist die um 3,5 °C höhere Maximumtemperatur.

Der geringe Niederschlag von 0,2 mm am 02.12.'91 in der Zeit zwischen 05⁰⁰ und 06⁰⁰ Uhr führte weder bei der Temperatur noch bei der relativen Feuchte (s. Fig. 101) zu einer erkennbaren Änderung im Tagesgang. Da das Erreichen der Sättigungsfeuchte u.a. von der Taupunkttemperatur abhängig ist, ist ihr Raum-Zeit-Muster in Fig. 101 nicht immer mit den Niederschlagsereignissen identisch. Trotzdem ist das Auftreten der Sättigungsfeuchte eng mit den Niederschlagsereignissen verbunden.
Wie bei der Temperatur ist eine Zeitlinearität der Raum-Zeit-Muster der relativen Feuchteklassen nicht gegeben. Liegen die Temperaturen in 2,0 m Höhe niedriger als im Maisfeld, so weist die relative Feuchte höhere Werte auf. Kennzeichnend dafür ist die geringere Ausprägung der niedrigeren Feuchteklassen bzw. ihr gänzliches Fehlen.

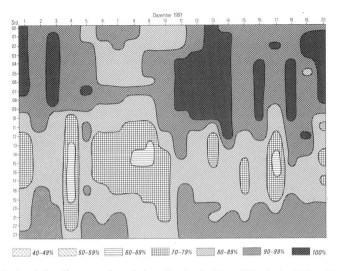

Fig. 101: Isoplethendiagramm der relativen Feuchte in 2,0 m Höhe in der Kakao-Plantage

Im Mittel über die Meßperiode wurde eine relative Feuchte von 89,0 % bestimmt (s. Fig. 102). Dagegen werden im Maisfeld in 2,0 m Höhe 85,3 % erreicht. Der niedrigste Stundenwert im Mittel über die Meßperiode wird mit 78,5 % für 15°° Uhr und der höchste mit 96,6 % für 07°° Uhr verzeichnet. So liegt das Minimum 10,3 % und das Maximum 1,3 % höher als im Maisfeld.

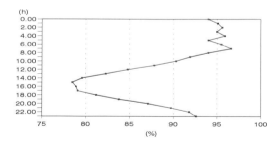

Fig. 102: Stundenmittel der relativen Feuchte in 2,0 m Höhe über die Meßperiode in der Kakao-Plantage

Weder am bedeckten Tag noch am Strahlungstag treten deutliche Unterschiede zwischen der Temperatur und der relativen Feuchte in 0,5 m und 2,0 m Höhe hervor (s. Fig. 103). Am bedeckten Tag liegt die Temperatur in 2,0 m Höhe im Mittel um 0,1 °C und am Strahlungstag um 0,2 °C höher als in 0,5 m Höhe. Die Unterschiede in der relativen Feuchte liegen unter 0,5 %, wobei für 0,5 m Höhe die höheren Werte vorliegen.

Daß die Temperatur in 2,0 m Höhe am bedeckten Tag und am Strahlungstag etwas höher liegt als in 0,5 m Höhe, kann im wesentlichen auf zwei Ursachen zurückgeführt werden. Zum einen kann ein Wärmestau unter den Kakaobäumen entstehen, und zum anderen kann durch Wärmeabstrahlung der Kakaoblätter eine Temperaturerhöhung erfolgen.

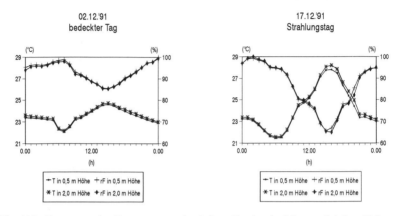

Fig. 103: Tagesgang der Temperatur und relativen Feuchte in 0,5 m und 2,0 m Höhe an einem bedeckten Tag und an einem Strahlungstag in der Kakao-Plantage

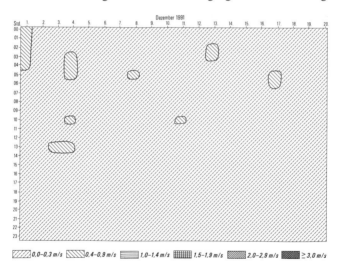

Fig. 104: Isoplethendiagramm der Windgeschwindigkeit in 2,0 m Höhe in der Kakao-Plantage

Eine ähnlich geringe Veränderung über die Meßperiode und im Tagesgang wie die Strahlungsbilanz weist die Windgeschwindigkeit in der Kakao-Plantage auf. So sind nach den festgelegten Klassengrenzen lediglich die beiden niedrigsten Klassen vertreten (s. Fig. 104).

Etwas höhere Windgeschwindigkeiten können in der zweiten Nachthälfte und zum Zeitpunkt der höchsten Einstrahlung verzeichnet werden (s. Fig. 105). Dabei werden die höchsten Windgeschwindigkeiten mit 0,8 m/s in der zweiten Nachthälfte erreicht. So findet erst spät nach Sonnenuntergang ein geringer Massenaustausch statt. Bedingt wird der geringe Massenaustausch vor allem durch die geringe Energieaufnahme im unteren Bereich des Bestandes während der Einstrahlungsphase und durch den hohen Reibungswiderstand.

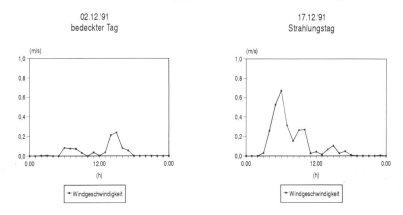

Fig. 105: Tagesgang der Windgeschwindigkeit in 2,0 m Höhe an einem bedeckten Tag und an einem Strahlungstag in der Kakao-Plantage

Im Mittel über die Meßperiode nimmt die Windgeschwindigkeit entweder den Wert 0,0 m/s oder 0,1 m/s an (s. Fig. 106). Die mittlere Windgeschwindigkeit von 0,1 m/s ist dabei von 02°° bis 14°° Uhr vertreten.

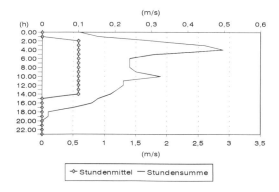

Fig. 106: Stundensumme und - mittel der Windgeschwindigkeit in 2,0 m Höhe über die Meßperiode in der Kakao-Plantage

Da die Größe der Windgeschwindigkeit u.a. von der Wärmeabgabe des Bodens abhängig ist, sollen im folgenden die Bodentemperaturen näher betrachtet werden (s. Fig. 107).

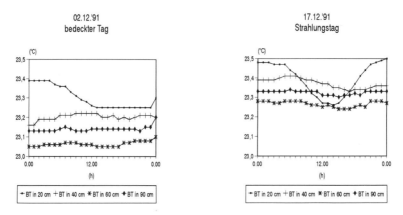

Fig. 107: Tagesgang der Bodentemperaturen an einem bedeckten Tag und an einem Strahlungstag in der Kakao-Plantage

Augenfällig sind die kleinen Amplituden. So beträgt die Amplitude am bedeckten Tag in 20 cm Tiefe 0,1 °C. Im Maisfeld wurden demgegenüber 0,8 °C gemessen. Für den Strahlungstag werden 0,2 °C verzeichnet, während im Maisfeld 1,6 °C vorliegen. Aufgrund dessen ist ersichtlich, daß die geringe Abkühlung des Bodenkompartiments im Verlauf der Nacht zu keinem nennenswerten Massenaustausch führt.

Gegenüber dem bedeckten Tag liegen die Bodentemperaturen am Strahlungstag im Durchschnitt um 0,2 °C höher. Im Mittel beträgt die Bodentemperatur über die Meßperiode in 20 cm 23,3 °C (R = 0,8 °C), in 40 cm 23,3 °C (R = 0,7 °C), in 60 cm 23,2 °C (R = 0,7 °C) und in 90 cm Tiefe ebenfalls 23,2 °C (R = 0,6 °C). So ist über das Bodenkompartiment ein sehr homogenes Temperaturfeld gegeben. Liegen die Bodentemperaturen im Maisfeld in 40 und 60 cm Tiefe ca. 1 °C über der Jahresmitteltemperatur der Luft, so liegen sie in der Kakao-Plantage 1 °C darunter. Im Vergleich zum Maisfeld liegen die Bodentemperaturen in der Kakao-Plantage im Durchschnitt um 2,0 °C niedriger.

Wie aus der Fig. 107 zu erkennen ist, haben Veränderungen in der Größe der Einstrahlung kaum einen Einfluß auf die täglichen Spannweiten der Bodentemperaturen. Lediglich für 20 cm ist ein leichter Tagesgang festzustellen. So kann nach BRUNEL (1989) der Bodenwärmestrom in gut entwickelten Vegetationen vernachlässigt werden (G < 0,05 Rn).

7.5.4 Zusammenfassung zum Bestandsklima und Bestimmung der pET

Die Unterschiede im Bestandsklima zwischen dem Maisfeld und der Kakao-Plantage sind prägnant. Zum einen wird das Bestandsklima im Maisfeld durch die zeitliche Lage der Meß-periode zum Ende der phänologischen Phase und zum anderen in der Kakao-Plantage durch den hohen Beschattungseffekt der Kautschukbäume geprägt. Die Unterschiede in den Bestandsklimaten sind daher insbesondere auf die unterschiedliche Lage der Austauschflä-che zurückzuführen. Die Werte der Strahlungsbilanz in der Kakao-Plantage erzielen ledig-lich 15,7 % der Werte im Maisfeld. Dadurch werden sowohl Dampfdruckdefizit als auch Windgeschwindigkeit in starkem Maße beeinflußt. So werden im Mittel über die Meßperi-ode im Maisfeld 0,6 m/s und in der Kakao-Plantage 0,1 m/s verzeichnet. Das Dampf-druckdefizit liegt im Maisfeld bei 4,70 mbar und in der Kakao-Plantage bei 3,37 mbar.

Mit 13 % entspricht die Höhe der pET in der Kakao-Plantage in etwa dem Verhältnis der Strahlungsbilanz zwischen den Beständen (s. Fig. 108). Als Eingangsparameter in die Bodenwasserbilanz ist allerdings bei der pET in der Kakao-Plantage zu berücksichtigen, daß sie nicht die Bestandsverdunstung repräsentiert, sondern den Verdunstungsanspruch der Luftmasse im Bestand. Um zu einer realeren Eingangsgröße der pET in die Bodenwas-serbilanz zu gelangen, werden die auf Grundlage täglicher Klimawerte der amtlichen me-teorologischen Meßstationen berechneten pET-Werte mit dem crop-Faktor 1,1 nach DOORENBOS & PRUITT (1988) multipliziert und zu den Werten des Verdunstungsan-spruchs der Luftmasse am Bestandsgrund aufaddiert. Daraus ergibt sich für die Kakao-Plantage über die Meßperiode eine pET von 74,8 mm. Damit werden 89,3 % der pET des Maisfeldes erreicht. Für das Maisfeld wurde eine pET von 83,8 mm berechnet.

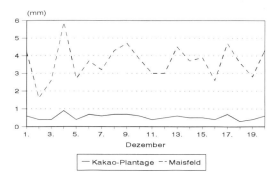

Fig. 108: Vergleich der pET bestimmt aus Stundenmitteln zwischen dem Maisfeld und der Kakao-Plantage

Letzlich beeinflussen die unterschiedlichen Bestandsstrukturen die Bodentemperaturen. Wird über die Meßperiode im Maisfeld für 20 cm Tiefe eine Temperaturamplitude von 3,7 °C gemessen, so werden für die Kakao-Plantage lediglich 0,8 °C festgestellt. Die

Bestimmung der Jahresmitteltemperatur aus den Bodentemperaturen in 40 cm Tiefe kann für annuelle Kulturen während der Trockenzeit mit ~1 °C Überbewertung und für Agroforstsysteme mit ~1 °C Unterbewertung angegeben werden. Diese Aussage ist durch weitere Messungen zu bestätigen.

7.5.5 Die bodenphysikalischen Verhältnisse in den Beständen

An beiden Standorten weist das Substrat eine ähnliche Zusammensetzung auf. Während sich im Maisfeld ein Fluvent über einem fossilen Alfisol ausgebildet ist, hat sich in der Kakao-Plantage ein Inceptisol entwickelt (s. Fig. 110 und 111). Da in der Kakao-Plantage durch die höhere Biomasse mehr organische Substanz anfällt als am nur periodisch mit Vegetation bestandenen Standort Maisfeld (s. Fig. 110 und 111), erfolgen hier demgemäß höhere Zu-/Abschläge zur nFKWe, FK und LK sowie zum GPV. Daraus ergeben sich für die FK, den PWP und der nFKWe in der Kakao-Plantage für die oberen dm höhere und für die LK niedrigere Werte. Ab 50-60 cm Tiefe gleichen sich die Werte an beiden Standorten wieder an (s. Fig. 109). Insgesamt betrachtet sind die Unterschiede zwischen den Standorten geringfügig. Für beide Standorte kann die FK mit mittel (FK 3), die nFKWe mit hoch - sehr hoch (nFKWe 5 - nFKWe 6) und die LK mit hoch (LK 4) eingestuft werden.

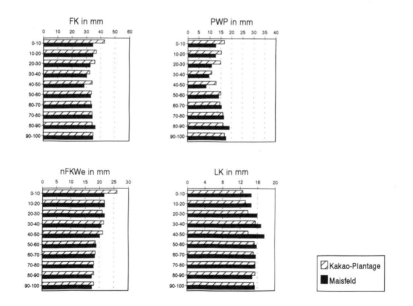

Fig. 109: Wasserhaushaltliche Kennwerte der Böden im Maisfeld und in der Kakao-Plantage

Lage: 79°27'W / 01°06'S
Höhe üNN / Neigung: 73 m / 0°
Bodentyp: Fluvent über fossilen Alfisol
Vegetation / Nutzung: Maisfeld
Ausgangsgestein: Alluvialsedimente

Legende s. S. 108

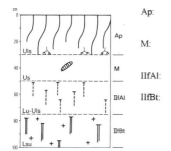

Ap: dunkel bis mittelbraun, stark humoser lehmig - sandiger Schluff, sehr locker, in den oberen 20 cm sehr stark durchwurzelt

M: hellbraun, humoser sandiger Schluff, sehr locker, Durchwurzelungsgrenze bei ca. 30 cm Tiefe, Gänge von Bodenwühlern

IIfAl: mittelbraun, graustichig, sehr schwach humoser schluffiger Lehm (bis lehmig - sandiger Schluff), sehr locker

IIfBt: mittelbraun, schwach humoser sandig - schluffiger Lehm, mäßig dicht, Eisen- und Mangankonkretionen

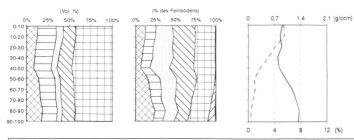

Volumenverhältnisse   Korngrößen   Lagerungsdichte & org. Substanz

bodenphysikalische Parameter

Tiefe [cm]	Horizont	Bodenart	Ld [g/cm³]	Skelett	gS	mS	fS	gU	mU	fU	T	FP	MP	eGP	wGP	SV
								[Gew.-%]						[Vol.-%]		
0-30	Ap	Uls	0,88	0	0,0	0,8	25,2	27,8	21,6	12,9	11,7	12,3	21,7	8,2	14,8	43,0
30-50	M	Us	0,80	0	0,0	0,8	26,3	28,1	24,9	12,4	7,5	9,3	20,7	7,0	16,9	46,1
50-75	IIfAl	Lu-Uls	1,12	0	0,1	2,3	23,8	23,5	19,1	14,1	17,2	15,1	18,4	6,3	15,6	44,6
75-100	IIfBt	Lsu	1,33	0	0,6	7,6	24,8	16,8	15,5	12,4	22,4	17,9	17,3	6,1	15,2	43,5

bodenchemische Parameter

Tiefe [cm]	Horizont	PWP	nFKWe	FK	LK	GPV	pH KCL	pH CaCl₂	C [%]	N [%]	C/N	org. C [%]	CaCO₃ [%]
				[mm]									
0-30	Ap	12,3	21,7	34,0	14,8	57,0	5,4	5,7	2,57	0,25	10,3	5,2	-
30-50	M	9,3	20,7	30,0	16,9	54,0	5,8	6,0	1,39	0,12	11,6	2,8	-
50-75	IIfAl	15,1	18,4	33,5	15,6	55,4	5,7	6,1	0,45	0,04	11,3	0,9	-
75-100	IIfBt	17,9	17,3	35,2	15,2	56,5	5,7	6,1	0,23	0,03	7,7	0,5	-

bodenchemische Parameter

Tiefe [cm]	Horizont	Fe-dit. [%]	Mn-dit. [%]	Fe-oxa. [%]	P [mg/kg]	Al [%]	Si [%]	Ca	Mg	K	Na	Al	H	AKeff.	BS [%]
								Austauschbare Nährstoffe [mmol IA/100g]							
0-30	Ap	1,3	0,2	0,5	1,3	0,9	2,7	7,9	0,9	1,0	0,1	0,0	0,1	10,0	98,4
30-50	M	1,5	0,2	0,5	0,8	1,5	2,1	8,6	0,9	1,4	0,1	0,0	0,1	11,1	98,6
50-75	IIfAl	1,4	0,3	0,7	0,6	1,1	3,1	5,2	0,8	1,0	0,1	0,1	0,1	7,2	96,5
75-100	IIfBt	1,8	0,6	0,5	0,3	1,2	3,0	4,8	0,8	0,3	0,1	0,1	0,1	6,2	95,9

Fig. 110: Profilbeschreibung und wichtige bodenphysikalische und -chemische Kennwerte des Fluvents im Maisfeld

Lage: 79°27'W / 01°06'S
Höhe üNN / Neigung: 73 m / 0°
Bodentyp: Inceptisol
Vegetation / Nutzung: Kakao-Plantage mit *hevea brasiliensis* als Schattenbaum
Ausgangsgestein: Alluvialsedimente

Legende s. S. 108

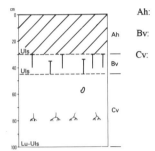

Ah: schwarz brau, stark bis sehr stark humoser lehmiger - sandiger Schluff, sehr locker, gut durchwurzelt

Bv: mittel bis dunkelbraun, stark humoser lehmig - sandiger Schluff, sehr locker, gut durchwurzelt

Cv: mittelbraun, nach unten hellbraun bis grau werdend, schwach bis sehr schwach humoser schluffiger Lehm bis lehmig - sandiger Schluff, locker gelagert, schwach durchwurzelt, Durchwurzelungsgrenze in 80 cm Tiefe, vereinzelte Steine

Volumenverhältnisse   Korngrößen   Lagerungsdichte & org. Substanz

bodenphysikalische Parameter

Tiefe [cm]	Hori- zont	Boden- art	Ld [g/cm³]	Skelett	gS	mS	fS	gU	mU	fU	T	FP	MP	eGP	wGP	SV
							[Gew.-%]					[Vol.-%]				
0-30	Ah	Uls	0,93	0	0,0	0,9	23,0	27,2	22,0	11,5	15,3	15,7	23,3	9,9	13,1	38,0
30-45	Bv	Uls	0,97	0	0,0	1,0	26,5	27,0	21,1	12,9	11,5	12,4	21,4	8,0	14,7	43,5
45-100	Cv	Lu-Uls	1,05	0	0,1	1,2	25,3	22,3	19,9	13,5	17,7	15,5	18,5	6,7	15,2	44,2

								bodenchemische Parameter					
Tiefe [cm]	Hori- zont	PWP	nFKWe	FK	LK	GPV	pH		C	N	C/N	org. C	CaCO₃
				[mm]			KCL	CaCl₂	[%]	[%]		[%]	[%]
0-30	Ah	15,7	23,3	39,0	13,1	62,0	5,6	5,8	4,24	0,42	10,1	8,5	-
30-45	Bv	12,4	21,4	33,8	14,7	56,5	5,5	5,8	2,45	0,24	10,2	4,9	-
45-100	Cv	15,5	18,5	33,9	15,2	55,9	5,3	5,7	1,01	0,10	10,1	2,0	-

bodenchemische Parameter

Tiefe [cm]	Hori- zont	Fe-dit. [%]	Mn-dit. [%]	Fe-oxa. [%]	P [mg/kg]	Al	Si	Austauschbare Nährstoffe [mmol IA/100g]							BS [%]
						[%]		Ca	Mg	K	Na	Al	H	AKeff.	
0-30	Ah	1,0	0,2	0,6	13,4	0,5	4,1	13,9	1,0	0,8	0,1	0,1	0,1	16,0	98,5
30-45	Bv	1,1	0,2	0,6	18,0	0,6	4,7	10,1	0,5	0,7	0,0	0,1	0,1	11,6	98,1
45-100	Cv	1,6	0,4	0,3	15,8	0,9	3,7	5,6	0,8	0,9	0,0	0,1	0,1	7,6	96,9

Fig. 111: Profilbeschreibung und wichtige bodenphysikalische und -chemische Kennwerte des Inceptisols in der Kakao-Plantage

7.5.6 Bodenwasserhaushalt nach PFAU

Für die am Standort Pichilingue untersuchten Bestände Maisfeld und Kakao-Plantage kann eine Bestimmung des Bodenwasserhaushalts nach PFAU (1966) erfolgen, da die Boden-wassergehalte über dem PWP liegen (s. Fig. 112 und 113). Obwohl ab 70 cm Tiefe im Maisfeld der Bodenwassergehalt unter dem PWP liegt, überschreitet er den PWP in seiner Summe über den effektiven Wurzelraum um 42 mm. In der Kakao-Plantage liegen dagegen 30,0 mm über PWP vor. Der Unterschied von 22 mm zwischen den Standorten ist durch den leicht höheren PWP in der Kakao-Plantage gegeben, da die Bodenwassergehalte im Maisfeld und in der Kakao-Plantage mit 178 mm/m bzw. 179 mm/m nahezu identische Werte aufweisen.

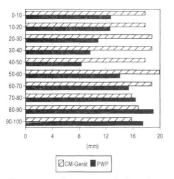

Fig. 112: Bodenwassergehalt und PWP
zum Beginn der Meßperiode
im Maisfeld

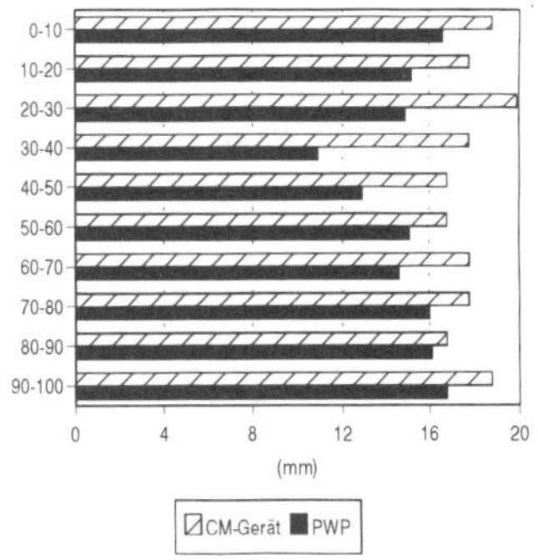

Fig. 113: Bodenwassergehalt und PWP
zum Beginn der Meßperiode
in der Kakao-Plantage

Da die folgenden Auswertungen unter den in Kap. 7.2.1 ausgeführten Kritikpunkten zu sehen sind, wird an dieser Stelle keine ausführliche Beschreibung der Veränderung des Bodenwassergehalts nach PFAU (1966) und der daraus abgeleiteten Größen vorgenommen.

7.5.7 Bodenwasserhaushalt mit AMWAS

Wie die Fig. 112 und 113 gezeigt haben, liegen die Bodenwassergehalte in fast allen Tiefen über dem PWP. Folglich lassen sich die Berechnungen zum Bodenwassergang in den Beständen mit AMWAS problemlos durchführen. In Fig. 114 sind die Bodenwassgehaltsän-derungen in den Beständen im Vergleich dargestellt. Deutlich sind die höheren Bodenwas-sergehalte in der Kakao-Plantage zu erkennen. Ob die Unterschiede in den Bodenfeuchte-gehalten auf die um 22,6 mm höheren Niederschläge und die um 9,0 mm geringere Verdun-stungsrate in der Kakao-Plantage zurückzuführen sind, läßt sich nur vermuten. Zudem können Abweichungen in den bodenhydrologischen Parametern gegeben sein. Allerdings wird schon in Kap. (7.5.5) auf die ähnliche Zusammensetzung des Substrats an den beiden Standorten hingewiesen.

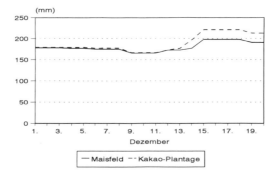

Fig. 114: Vergleich der Ergebnisse der Wasserhaushaltsbilanzierung mit AMWAS zwischen dem Maisfeld und der Kakao-Plantage

Um eine Antwort auf die Frage der gegensätzlichen Bodenwassergehalte in den Beständen zu erhalten, werden für die Kakao-Plantage in die Datenbanken für Anfangswassergehalt, Niederschlag und pET die Werte eingesetzt, die für das Maisfeld vorliegen. Damit unterscheiden sich die Bestände lediglich in der Datenbank „Bodentextur". Das Ergebnis der Berechnungen ist in Fig. 115 aufgezeigt.

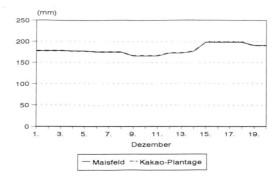

Fig. 115: Vergleich der Bodenwassergehalte im Maisfeld und in der Kakao-Plantage bei gleichen Klimaparametern, aber unterschiedlichen Bodenparametern

Ohne jeden Zweifel werden die verschiedenen Bodenwassergehalte in den Beständen ausschließlich durch die lokale Variabilität der Niederschläge und durch die bestandsabhängigen Verdunstungsraten verursacht. Die täglichen Differenzen für die Bestände betragen < 1 mm.

Weiterhin wurden bei der Benutzung und dem Weglassen der Option „Wurzel-dichteverteilung" (s. Kap. 7.2.2) keine Unterschiede im Bodenwassergang der Bestände festgestellt.

Ein Vorteil des Mehrschichtmodells AMWAS gegenüber dem Einschichtmodell nach PFAU (1966) ist die Simulierung des Bodenwassergangs in frei wählbaren Schichtpaketen, z.b. innerhalb des effektiven Wurzelraumes. Dadurch ist es u.a. möglich, den Bodenwassergang im Hauptwurzelbereich einer Kultur bzw. einer natürlichen Vegetationsformation darzu-stellen. So können Wasserstreßsituationen besser erfaßt werden, die von Einschichtmodel-len häufig verdeckt werden. Exemplarisch wird der Bodenwassergang für die oberen 30 cm unter Flur im Maisfeld über die Meßperiode in Fig. 116 dargestellt.

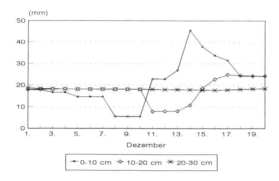

Fig. 116: Bodenfeuchtegang in den oberen 30 cm unter Flur im Maisfeld

Ab 30 cm Tiefe liegen die Änderungen im Bodenwassergehalt < 2 mm. In der Kakao-Plantage werden ab 50 cm Tiefe Schwankungen von < 2 mm in der Bodenfeuchte festge-stellt. Vor allem an den Kurvenverläufen für 0-10 cm und 10-20 cm Bodentiefe ist die zeitliche Verzögerung in der Änderung der Bodenwassergehalte mit zunehmender Tiefe nach Niederschlägen und während der Trockenphasen zu erkennen. Dabei wird in der Trockenphase für 0-10 cm Tiefe der PWP vom 08.-10.12.'91 und für 10-20 cm Tiefe vom 11.-14.12.'91 unterschritten. Hier zeigt sich wiederum, wie für das Bohnenfeld an der Station Boliche, daß AMWAS auch Werte unter dem PWP berechnet. Jedoch sind die Sprünge von 10 mm Abnahme innerhalb eines Tages sehr unwahrscheinlich, so daß die Austrocknung in dieser Hinsicht in den oberen 20 cm überbewertet wird. Weder das anliegende Verdunstungspotential ist dementsprechend groß, noch die Sickerungsraten. Würde in diesem Fall die kurze Austrocknungsphase nicht so stark überbewertet, so käme der Endwert des Bodenwassergehalts vermutlich dem mit dem CM-Gerät bestimmten Wert sehr nahe (s. Kap. 7.5.8). So schreibt auch BRADEN (1982), daß sich die Abweichungen zwischen berechneten und gemessenen Wassergehalten weitgehend durch die Unterschiede zwischen berechneten und gemessenen pF-Kurven erklären lassen. Insbesondere berechnete

Retentionsbeziehungen mit Extrapolationen unter den Permanenten Welkepunkt ($\geq$ pF 4,2) lassen Schwächen erkennen, müssen aber bei allen Verfahren für Pedotransferfunktionen in ähnlicher Weise hingenommen werden.

7.5.8 Vergleich der Bodenfeuchtegänge nach PFAU und AMWAS

Ein Vergleich der Bodenfeuchtegänge soll im speziellen Hinblick auf eine Gegenüberstellung der errechneten mit den gemessenen Endwerten (CM-Gerät) erfolgen.
Bei einer Betrachtung der Fig. 117 und 118 fällt die Ähnlichkeit in den Kurvenverläufen auf. Sowohl im Maisfeld als auch in der Kakao-Plantage beginnen die nach PFAU (1966) berechneten Werte vom 04.12.'91 an stark zu steigen. Während die Kurvenverläufe nach PFAU (1966) kaum eine Reaktion auf die Trockenphase erkennen lassen, werden diese nach AMWAS auffallend nachgezeichnet.

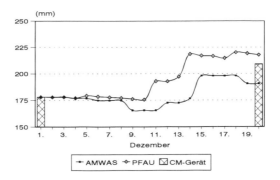

Fig. 117: Vergleich der Bodenfeuchtegänge über die Profiltiefe nach PFAU, AMWAS und CM-Gerät im Maisfeld

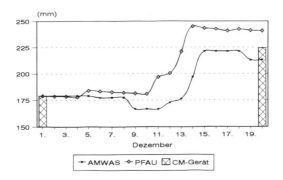

Fig. 118: Vergleich der Bodenfeuchtegänge über die Profiltiefe nach PFAU, AMWAS und CM-Gerät in der Kakao-Plantage

Unter besonderer Berücksichtigung der Endwerte vom 20.12.'91 läßt sich für das Maisfeld mit AMWAS eine Unterschätzung des Bodenwassergehalts von 8,7 % und nach PFAU (1966) eine Überschätzung von 7,0 % feststellen. Für die Kakao-Plantage lassen sich ebenfalls vergleichbar große Abweichungen berechnen. So wird der Bodenwassergehalt mit AMWAS um 5,0 % unterschätzt und nach PFAU (1966) um 7,0 % überschätzt. Die Ursache für die Überschätzung der Bodenfeuchte nach PFAU (1966) wurde in Kap. 7.3.6 ausführlich dargelegt. Die Unterschätzung der Bodenfeuchte mit AMWAS ist insbesondere durch die Überbewertung der Trockenphase bedingt.

7.5.9 Vergleich der aET nach PFAU, AMWAS und der BOWEN-Ratio-Methode

In der Fig. 119 wird die Überbewertung der Bodenfeuchtezunahme nach PFAU (1966) durch die geringen Werte der aET widergespiegelt. Im Mittel über die Meßperiode werden pro Tag 2,0 mm verdunstet. Im Gegensatz dazu werden mit AMWAS und aus dem Strom latenter Wärme berechnet 3,5 mm/d verdunstet. Trotz der gleichen Ergebnisse läßt sich nur unter starkem Vorbehalt folgern, daß die mit AMWAS ermittelte aET für den Zeitraum der untersuchten phänologischen Phase reale Werte wiedergibt und somit als Validierfaktor für die mit AMWAS bestimmten Werte herangezogen werden.

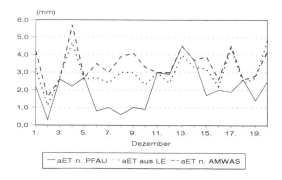

Fig. 119: Vergleich der aET bestimmt nach PFAU, AMWAS und aus dem Strom latenter Wärme (LE) für das Maisfeld

Die Bestimmung der aET für die Kakao-Plantage erfolgte für die Konditionen am Bestandsgrund, da der Strom latenter Wärme für den Kronenbereich nicht erfaßt werden konnte. Die Tagesgänge der aET, bestimmt mit den verschiedenen Methoden, zeigen starke Diskrepanzen auf (s. Fig. 120). Aber sowohl in der Summe (6,7 mm) als auch im Tagesmittel (0,33 mm) sind für die aET, ermittelt nach PFAU (1966), und aus dem Strom latenter Wärme gleiche Größenordnungen zu verzeichnen. Dahingegen liegen die Summe mit

10,9 mm und das Tagesmittel mit 0,5 mm, durch AMWAS berechnet, deutlich über den anderen Werten. Eine Aussage über die Richtigkeit der Werte kann aufgrund der stark voneinander abweichenden Tagesgänge nicht gemacht werden.

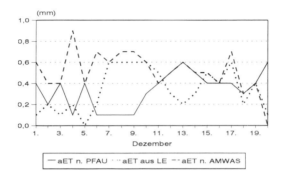

Fig. 120: Vergleich der aET bestimmt nach PFAU, AMWAS und aus dem Strom latenter Wärme (LE) für die Kakao-Plantage

7.5.10 Bedeutung von Bestandsklima und Bodenwasserhaushalt für die agrarklimatische Anbaueignung

Wie die Bestimmung der wasserhaushaltlichen Kennwerte und Vergleichsberechnungen mit AMWAS gezeigt haben, liegen in beiden Beständen gleiche bodenhydrologische Bedingungen vor. Unterschiedliche Bodenfeuchtegehalte werden ausschließlich durch die lokale Variabilität der Niederschläge und durch die bestandsspezifischen Verdunstungsraten verursacht.

Das bedeutendste Ergebnis der in Pichilingue durchgeführten Untersuchungen ist, daß entgegen den Klima-/Vegetationszonierungen (s. Kap. 3.7) und der Bestimmung der Humidität/Aridität (s. Kap. 5) in der COSTA der Anbau von Kakao und die potentielle Ausbildung eines Regenwaldes aufgrund der besonderen bodenhydrologischen Eigenschaften im Bereich der fluviatilen Sedimente des Guayas-Beckens möglich ist. Die langfristige Speicherung der Niederschläge im Bereich des pflanzenverfügbaren Wassers über die Trockenzeit hinaus ermöglicht dies.

Der Standort im Maisfeld zeigt im Vergleich zur Kakao-Plantage eine tendenziell stärkere Austrocknung ab 60 cm Tiefe. Daraus kann gefolgert werden, daß der Anbau annueller Kulturen zu einer grundsätzlichen Verschlechterung im Bodenwasserhaushalt gegenüber waldnahen Systemen (Agroforst) führt (s.a. RICHTER 1986).

Durch den Beschattungseffekt der Kautschukbäume ist ein geringeres Sättigungsdefizit im Bestand gegeben, wodurch die Transpirationsraten der Kakaobäume niedrig sind. Daraus folgt ein geringer Wasserverbrauch. Die Kautschukbäume besitzen gegenüber den Kakaobäumen ein tief hinabreichendes Wurzelgeflecht, wodurch den Bäumen eine höhere nutzbare Feldkapazität zur Verfügung steht. Agroforstsysteme wirken somit stabilisierend auf den Bodenwasserhaushalt.

8. Probleme der flächenhaften Wasserhaushaltsdifferenzierung und agrarklimatischen Differenzierung des Anbaupotentials in der COSTA Ecuadors

Im Rahmen von Steigerung und Sicherung der Nahrungsmittelproduktion ist von punktuellen Standortwasserbilanzen auf flächenhafte Wasserbilanzen zu extrapolieren. Wie in Kap. 6 und 7.5.10 festgestellt, sind rein klimatische Ansätze für eine flächenhafte Wasserhaushaltsdifferenzierung im Hinblick auf das agrarklimatische Anbaupotential nicht geeignet. Der Einbezug des Bodens und seiner Fähigkeit zur Wasseraufnahme und Speicherung sowie der kapillare Anschluß an den Grundwasserspiegel sind entscheidende Kriterien für eine agrarklimatische Anbaueignung.

Hier liegt jedoch auch zugleich eines der Hauptprobleme in der COSTA Ecuadors. Eine flächenhafte Aufnahme dieser Parameter liegt nicht vor. Insbesondere für semiaride Regionen und solchen mit einer ausgeprägten Trockenzeit und hohen Niederschläge (z.b. Pichilingue, Kap. 7.5) ist die Speicherfähigkeit des Bodens von entscheidender Bedeutung für eine agrarwirtschaftliche Nutzungspotentialanalyse.

Neben den Bodenparametern sind der Niederschlag als Inputgröße und die Verdunstung als Outputgröße die wichtigsten Eingangsgrößen, die in eine Bilanzierung des Wasserhaushalts eingehen. Dabei kann der Niederschlag flächenhaft meßtechnisch relativ gut erfaßt werden kann, wobei laterale Zu- und Abflüsse vernachläßigt werden.

Schwieriger ist die Erfassung der "Gebietsverdunstung". Abgesehen von den meßtechnische und rechnerischen Problemen zur Bestimmung der Verdunstung, variiert sie kultur- und pflanzenformationsspezifisch. Demzufolge ist es notwendig die räumliche Verbreitung der Kulturpflanzen und der natürlichen bzw. naturnahen Pflanzenformationen zu kennen.

Der nächste Schritt beinhaltet die Bestimmung der kultur- und pflanzenformationsspezifischen Verdunstungsraten unter den gegebenen klimatischen und bodenspezifischen Anbaubedingungen. Die Bestimmung der ET_{crop} für die Kulturen führt unter der Voraussetzung optimaler Bodenwassergehalte zur Ermittlung der aktuellen Verdunstung (aET). Diese Werte können dann der räumlichen Verbreitung der Kulturen und Pflanzenformationen zugeordnet werden. Aufgrund dieser Daten kann eine Ausgliederung von Biopedohydrotopen erfolgen. Dabei sind natürliche bzw. naturnahe Pflanzenformationen mit einzubeziehen.

Die ET_{crop} kann dabei relativ einfach aus den Daten der amtlichen meteorologischen Stationen gewonnen werden. Es ist allerdings zu bedenken, daß die kc-Faktoren zur Bestimmung der ET_{crop} (pET*kc) in Abhängigkeit von den klimatischen und bodentexturellen Rahmenbedingungen variieren können.

Ferner ist zu beachten, daß die kc-Faktoren für Standorte mit optimaler Bodenwasserversorgung entwickelt wurden. Wie aber die Arbeiten zum Bestandsklima und Bodenwasserhaushalt auf der Hacienda La Susana (s. Kap. 7.3.9) und auf der Forschungsstation Boliche gezeigt haben, stellen die kc-Faktoren während der Trockenzeit und insbesondere bei unterschrittenem PWP keine realen Werte dar.

Ohne auf die ökophysiologischen Ansprüche der einzelnen Kulturpflanzen näher eingehen zu wollen, soll angemerkt werden, daß kurzzeitige Trockenheit den Ertrag einiger Kulturpflanzen sowohl quantitativ als auch qualitativ verbessern kann. So kann z.b. eine zwei- bis drei-monatige Trockenzeit vor Beginn der Blütenbildung bei Kaffe die Anzahl der Blüten erhöhen. Bei Zuckerrohr führt eine zwei-monatige Trockenzeit im Reifestadium zu einem erhöhten Zuckergehalt (REHM & ESPIG 1984).

Als nächstes ist ein Bodenwasserhaushaltsmodell zu integrieren, das den Zeitpunkt für beginnenden kulturabhängigen Wasserstreß berechnet. Hier kann die pET, ermittelt aus den Daten der amtlichen meteorologischen Stationen, nicht als Ausgangsgröße in die Modelle eingehen. Ist in den kc-Faktoren die kulturspezifische Verdunstungsrate mit eingeschlossen, so ist dies bei der pET, ermittelt aus den amtlichen meteorologischen Stationen, nicht der Fall. Wie die pET, bestimmt in den Beständen der Detailuntersuchungsgebiete, gezeigt hat, liegen z.T. erhebliche Unterschiede in der pET vor (s.a. Fig. 121). Die Durchführung von Messungen zum Bestandsklima sind daher von großem Interesse, um die bestandsspezifischen Verdunstungsraten und deren Variabilität in Abhängigkeit von den Strahlungsbedingungen zu erfassen (bedeckter Tag, Strahlungstag).

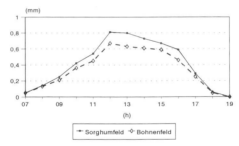

Fig. 121: Die pET im Tagesgang im Sorghum- und Bohnenfeld an einem Strahlungstag (14.11.'91)

Die Erfassung der bestandsspezifischen Verdunstungsraten ist allerdings mit verschiedenen meßtechnischen Problemen behaftet, wobei eine kontinuierliche Messung der meteorologischen Parameter in 2,0 m Höhe über den Beständen das größte Problem darstellt. Somit stellt sich die Frage, inwiefern es sinnvoll wäre in Zukunft die ET$_{crop}$ anstatt der pET in die Bodenwassermodelle einfließen zu lassen.

Es wird deutlich, daß eine flächenhafte Wasserhaushaltsdifferenzierung im Hinblick auf eine agrarklimatische Differenzierung des Anbaupotentials in der COSTA Ecuadors mit vielschichtigen Problemen behaftet ist. Zur Verknüpfung sämtlicher Datenebenen für eine flächenhafte Wasserhaushaltsdifferenzierung ist die Anwendung eines GIS die geeigneteste Arbeitsmethodik.

9. Ausblick

Wie die vorliegende Arbeit gezeigt hat, ist die methodische Erfassung des Agrarklimas mit konventionellen Verfahren, insbesondere in der COSTA Ecuadors, sehr schwierig. Um zu einer Verbesserung in der Erfassung des Agrarklimas zu gelangen, sollen im folgenden einige grundsätzliche Überlegungen dargelegt werden, die allerdings zum Teil nur im Rahmen größerer Forschungsprojekte durchführbar sind.

1. Die Bestimmung der Verdunstung als wichtigster Outputfaktor in der Wasserhaushaltsbilanz ist neben dem Bodenwassergehalt der am schwierigsten zu erfassende Parameter im Agrarklima. Bei der Bestimmung der Verdunstung in den Tropen besteht die Problematik, daß für komplexe Formeln (PENMAN 1948, PENMAN-MONTEITH 1978, RIJTEMA 1965 u.a.) die Datengrundlage für die notwendigen Eingangsparameter entweder gar nicht oder lediglich sehr lückenhaft vorliegt.

Als Alternative dazu werden Formeln benutzt, die nur mit der Temperatur (THORNTHWAITE 1948, BLANEY-CRIDDLE 1962 u.a.) als Eingangsgröße arbeiten, dafür aber die Verdunstung im allgemeinen überschätzen.

Das Problem ist also, eine für die Tropen geeignete Verdunstungsformel zu finden, die die Verdunstung mit wenigen, überall zu erhaltenden Eingangsparametern in realistischer Größe bestimmt. Dazu ist es notwendig, die Vielzahl der existierenden Formeln (HAMON 1961, HARGREAVES 1982, JENSEN & HAISE 1963, MAKKINK 1957, VAN BAVEL 1966 u.a.) mit Lysimetermessungen in Bereichen unterschiedlicher Humidität zu vergleichen.

Diese Arbeit erfordert zwar einen hohen logistischen und finanziellen Aufwand, ist aber, um zu realistischen Aussagen über den Wasserhaushalt der Tropen zu gelangen, unerläßlich.

Aufgrund des kleinräumigen Klimawandels in der COSTA Ecuadors bzw. Gesamt-Ecuadors und der damit verbundenen Lokalisierung der Agrarforschungsstationen des INIAP wäre hier z.B. eine derartige Arbeit sehr gut durchführbar.

2. Die Untersuchungen in der COSTA haben deutlich die Bedeutung des Bodenwasserhaushalts für die Vegetation gezeigt. Werden z.B. für Pichilingue 5-6 aride Monate nach den einzelnen Verfahren zur Bilanzierung des Wasserhaushalts berechnet, so dürften u.a. nach der agrarklimatischen Wasserbilanz (JÄTZOLD 1976) in diesem Bereich keine Dauerkulturen (z.B. Kakao- und Bananen-Plantagen) existieren. Die hohe Speicherfähigkeit der Böden im Bereich der nFKWe, die bis zum Ende der Trockenzeit, insbesondere in Agroforstsystemen, über dem PWP liegt, wirkt der klimatischen Aridität entgegen.

Es ist somit im Sinne von JÄTZOLD & SCHMIDT (1982) richtig, dem Bodenwasserhaushalt die zentrale Funktion in der Ausgliederung von Anbauzonen zuzuweisen. Allerdings muß zur Bilanzierung des Bodenwasserhaushalts ein neues Verfahren eingeführt werden.

Wie bei den Verdunstungsformeln besteht auch hier eine fast unüberschaubare Vielfalt an Modellen zur Bilanzierung des Bodenwasserhaushalts (CASCADE, WASMOD u.a.). Sinnvoll ist es auch hier, die verschiedenen Modelle in Bereichen unterschiedlicher Humidität/Aridität zu testen, da sich insbesondere in semiariden/ariden Räumen zeigt, ob ein Modell einsetzbar ist oder nicht. Dies sollte parallel zu den Lysimetermessungen zur Bestimmung einer geeigneten Verdunstungsformel erfolgen.

3. Ecuador besitzt mit der Estación Cotopaxi, die vom CLIRSEN (Centro de Levantamientos Integrados de Recursoso Naturales por Sensores Remotos) betrieben wird, eine Empfangsstation für Satellitenbilddaten (Landsat-TM und MSS, NOAA ;ERS1 etc.). In Kooperation mit CLIRSEN und INIAP könnten somit anhand geeigneter Scenen Verfahren entwickelt werden, die eine flächenhafte Erfassung von Bestandsverdunstung und Bodenwassergehalt ermöglichen.

Die Ergebnisse aus der Auswertung der Satellitenbild-Szenen könnten dabei insbesondere an Testflächen auf den Forschungsstationen des INIAP kalibriert werden.

4. Auf die Bedeutung des Bodenwasserhaushalts für eine agrarklimatische Anbaueignung wurde bereits mehrfach hingewiesen. Grundlage der Bodenwasserbilanzierung ist die Kenntnis über die regionale Verbreitung gleicher Bodentextureinheiten. Bodenkundliche Arbeiten in dieser Hinsicht liegen bislang noch nicht vor. Selbst auf den Forschungsstationen Boliche und Pichilingue des INIAP lagen zum Zeitpunkt des Geländeaufenthalts keine Daten zur Bodentextur vor.

5. Niederschlagssicherheit und Wiederkehrzeiten sind Hauptelemente in vielen klassischen agrarklimatischen Arbeiten (DOMRÖS 1974, FAO 1985 u.a.). Da aber vor allem die Menge an pflanzenverfügbarem Bodenwasser eine Schlüsselstellung im Pflanzenwachstum und in der Ertragssicherheit einnimmt, sollte ähnlich wie für den Niederschlag die Sicherheit des pflanzenverfügbaren Bodenwassers ermittelt werden.

6. Schließlich soll eine Zusammenfassung agrarklimatischer Methodiken angeregt werden. Bislang sind die Methoden in der Literatur sehr verstreut vorzufinden. Hier wäre eine Art "Agrarklimatische Kartieranleitung" in Anlehnung an die "Bodenkundliche Kartieranleitung" denkbar.

Abschließend ist festzuhalten, daß die Entwicklung neuer Methoden und die Zusammenstellung schon bestehender agrarklimatischer Untersuchungsverfahren insbesondere im Hinblick auf ihre Anwendbarkeit in den Tropenländern zu erfolgen hat. Eine personell und finanziell schlechte Ausstattung der meisten meteorologischen und landwirtschaftlichen

Institute und Ministerien macht die routinemäßige Anwendung und Parameterbereitstellung für komplexe Methoden nahezu unmöglich.

Hier stellt sich das allgemeingültige Problem, wie exakte agrarklimatische Daten mit Hilfe einfacher Methoden und Modelle bereitgestellt werden können. Ein schwieriges Problem, das aber bei weltweit abnehmenden Wasserressourcen und steigender Bevölkerungszahl und damit verbundener Ausweitung der Anbauflächen gelöst werden muß.

10. Zusammenfassung

Die COSTA Ecuadors ist von einem monomodalen Niederschlagtyp mit einem steilen Gradienten des Jahresniederschlags (< 250mm - > 3.500 mm) von Südwest nach Nordost geprägt. Nördlich des Äquators ist ein schwacher bimodaler Niederschlagtyp ausgeprägt. Die maximalen Niederschläge fallen im März.

Die maximale Schwankungsbreite der Jahresmitteltemperaturen in der COSTA betägt 4,5 °C (26,1 °C → Olmedo und 21,6 °C → La Naranja - Jipijapa). Die Größte Jahresamplitude im Jahresgang weist die Station Salinas auf. Der periodische Wechsel der kalten Wasser des Humboldtstromes mit den warmen des Niño-Stroms führt bei einer mittleren Jahrestemperatur von 23,5 °C zu einer Amplitude von 5,5 °C. Die geringsten Temperaturamplituden im Jahresgang werden im Bereich der humiden Tieflandstropen nördlich des Äquators verzeichnet (1,1 °C → Cayapas).

Durch den steilen Niederschlagsgradienten bedingt, kommt es in der COSTA Ecuadors auf engstem Raum zum klima-/vegetationszonalen Wandel von der Wüste/Halbwüste über die Dornbuschsavanne zur Trocken- und Feuchtsavanne bis hin zum Tropischen Regenwald. Die Anwendung verschiedener Klima-/Vegetationsklassifikationen sowie die Ergebnisse rein klimatischer Wasserhaushaltbilanzierungen (Humidität/Aridität; s.a. Kap. 5.) führen jedoch im zentralen Bereich der COSTA zu einer Unterbewertung der Humidität, wie u.a. botanische Arbeiten und ausgedehnte Kakao-Plantagen in diesem Bereich belegen. Daraus ergibt sich im Hinblick auf eine agrarklimatische Anbaueignung eine Unterbewertung der agrohumiden Periode.

Die Ursache dafür liegt in der fehlenden Berücksichtigung des Bodens und dessen Speicherfähigkeit von Wasser. Zwar bezieht das Verfahren zur Bilanzierung des Bodenwasserhaushalts nach PFAU (1966) die Wasserspeicherfähigkeit des Bodens mit ein, doch konnte anhand der Untersuchungen nachgewiesen werden, daß dieses Verfahren von einer falschen Grundannahme in seiner Bilanzierung ausgeht. Diese führt in Regionen, in denen während der Trockenzeit der PWP unterschritten wird, zu einer starken Überbewertung des pflanzenverfügbaren Wassers zum Beginn und zum Ende der Regenzeit.

Das agrarmeteorologische Bodenwassermodell AMWAS zeigt dagegen in seiner Lauffähigkeit eine starke Abhängigkeit vom Verhältnis des Anfangswassergehalts (Programmstart) zum PWP auf. Bei hoher Unterschreitung des PWP über den gesamten effektiven Wurzelraum (> 40 %) werden keine Bodenwassergehalte berechnet. Erst bei Anfangswassergehalten, die den PWP lediglich in den oberen 60 cm unter Flur um 20-30 % unterschreiten, werden Wassergehalte berechnet. Allerdings kommt es hierbei zu einer starken Unterschreitung des aktuellen Bodenwassergehalts (bis zu 50 %). Mit zunehmendem Humiditätscharakter des Standorts (Anfangswassergehalt > PWP) verbessert sich die Lauffähigkeit des Programms (s. Kap. 7.5.8).

Kurzfristige Unterschreitungen des PWP führen aber auch hier zu einer Unterbewertung des aktuellen Bodenwassergehalts. Grundsätzlich besteht ein Problem bei der Extrapolation berechneter Retentionsbeziehungen unter den Permanenten Welkepunkt ($\geq$ pF 4,2).

Die mit AMWAS bestimmten Werte der aET lassen sich nicht mit der aET, bestimmt aus dem Strom latenter Wärme, validieren. Es hat sich in dieser Arbeit bestätigt, daß die Berechnung der aET aus dem Strom latenter Wärme in inhomogenen landwirtschaftlichen Flächen mit geringem fetch (große horizontale Ausdehnung in Luv-Richtung) nicht geeignet ist.

Ein grundsätzliches Problem in der Bestimmung der bestandsspezifischen Verdunstungsraten aus bestandsklimatischen Messungen ist die Messung der dazu notwendigen meteorologischen Parameter in 2,0 m Höhe über dem Bestand. Dies gilt insbesondere für Agroforstsysteme. Hier können durch den Einsatz von Satellitenbilddaten u.U. Verhältnisse zwischen den Strahlungsbedingungen über einem Agroforstsystem und über einem Rasen bestimmt werden. Wird gleichzeitig die Verdunstung über dem Rasen bestimmt, so könnte über Verhältnisbeziehungen die Verdunstung für das Agroforstsystem bestimmt werden.

Nach wie vor besteht eine generelle Problematik in der Übertragung von punktuellen Standortwasserbilanzen auf die Fläche. Einige methodische Überlegungen zur Lösung dieser Problemtaik werden in Kap. 8 und 9 aufgezeigt.

Die vorliegende Arbeit hat gezeigt, daß die bisherigen Arbeiten zum Wasserhaushalt in der COSTA und somit auch in Gesamt-Ecuador häufig mit methodisch ungenauen Ansätzen durchgeführt werden. So wird zum eine die Verdunstung mit der Formel nach THORNTHWAITE (1948) bestimmt, die eine Überbewertung der Verdunstung bis zu 80 % berechnet. Zum anderen wird der Bodenwasserhaushalt nach PFAU (1966) ermittelt, wobei ein Unterschreiten des PWP nicht berücksichtigt wird und somit der Vorrat an pflanzenverfügbarem Wasser überschätzt wird.

Agrarklimatische Arbeiten zur Anbaueignung unter spezieller Berücksichtigung des Bodenwasserhaushalts und neuerer methodischer Ansätze sind daher in Ecuador und insbesondere in der COSTA unerläßlich. Dabei spielt die Ertragssicherung gegenüber der Ertragssteigerung eine übergeordnete Rolle.

So hat sich gezeigt, daß Agroforstsysteme zu einer Stabilisierung des Bodenwasserhaushalts führen, wohingegen annuelle Kulturen zu einer Verschlechterung und damit schließlich zu Ertragseinbußen führen.

Abschließend läßt sich sagen, daß insbesondere im Hinblick auf den international geforderten Tropenwaldressourcenschutz und bei steigenden Bevölkerungszahlen eine Nutzungssteigerung und -sicherung schon bestehender Kulturflächen von großer Bedeutung ist. Dies hat unter dem Aspekt der ökologischen Problemfelder der Bodennährstoffverarmung, der Bodenerosion und vor allem der Wasserverknappung zu erfolgen.

Literaturverzeichnis

ACEITUNO, P.: Variabilidad interanual del clima de America del sur y su relación con la oscilación meridional. O. Bd., Quito, o.J.

ACHTNICH, W.: Bewässerungslandbau.- Stuttgart 1980, 621 S.

ACOSTA-SOLIS, M.: Divisiones fitogeográficas y formaciones geobotánicas del Ecuador.= Publicaciones Científicas de la Casa de la cultura ecuatoriana, Quito 1968, 259 S.

AG BODENKUNDE: Bodenkundliche Kartieranleitung.- Hannover 3. Aufl. 1982, 331 S.

ALEJANDRO VALDEZ, E.: Geografia fisica, humana y económica del Ecuador.= Universidad Técnica Particular de Loja, Loja 1987, 635 S.

ALLEN, R.G.: A Penman for all seasons. In: J. Irrig. and Drain. Engineering, 112 (1986), S. 348-368.

AL-SHA'LAN, S.A. & A.M.A. SALIH: Evapotranspiration estimates in extremely arid areas. In: J. Irrig. and Drain. Enigeering, 113 (1987), S. 565-574.

ANGUS, D.E. & P.J. WATTS: Evapotranspiration - How good is the Bowen ratio method? In: Agric. Water Mange., 8 (1984), S. 133-150.

ANYADIKE, R.N.C.: The Linarce evaporation formula tested and compared to others in various climates over West Africa. In: Agric. For. Meteorol., 39 (1987), S. 111-119.

BAHRENBERG, G., GIESE, E. & J. NIPPER: Statistische Methoden in der Geographie 1.- Stuttgart 3. Aufl. 1990, 233 S.

BALDOCK, J.W.: Geologia del Ecuador - Boletín de la Explicacíon del Mapa Geológico de la República del Ecuador, Escala 1:1.000.000, Quito 1982, 66 S.

BARRADAS, V.L. & L. FANJUL: Microclimate characterization of shaded and open-grown coffee (*Coffea arabica* L.) plantations in Mexico. In: Agric. For. Meteorol., 38 (1986), S. 101-112.

BEARD, J.S.: The classification of tropical american vegetationtypes. In: Ecology, 36 (1955), S. 89-100.

BENALCÁZAR, R.R.: Análisis del desarrollo economico del Ecuador.- Quito 1989, 533 S.

BENDIX, J. & W. LAUER: Die Niederschlagsjahreszeiten in Ecuador und ihre klimadynamische Interpretation. In: Erdkunde, 46 (1992), S. 118-134.

BLANDIN LANDIVAR, C.: Características del fenómeno de "El Niño" y la influencia de la corriente de Humboldt en las costas del Ecuador.= INAMHI, 27-I, Quito 1979, 32 S.

BLANEY, H.F. & W.D. CRIDDLE: Determining consumptive use and irrigation water requirements. In: Agric. Res. Serv., USDA Tech. Bull., 1275 (1962), 59 S.

BOWEN, I.S.: The ratio of the heat losses by conduction and evaporation from any water surface. In: Phys. Rev., 27 (1926), S. 779-787.

BRAMM, A. & C. SOMMER: Einsatz von Tensiometern zur Steuerung der Feldberegnung. In: Zschr. f. Bewässerungswirtschaft, 24 (1989), S. 101-115.

BRADEN, H.: Simulationsmodell für den Wasser-, Energie- und Stoffhaushalt in Pflanzenbeständen.= Berichte des Instituts für Meteorologie und Klimatologie der Universität Hannover, 23, Hannover 1982, 149 S.

BRADEN, H.: Modellierung der Wasser- und Stoffdynamik in Agrar-Ökosystemen mit Hilfe des agrarmeteorologischen Modells AMBETI.= Landwirtschaftliches Jahrbuch, 67, 1990, S. 145-156.

BRADEN, H.: Das agrarmeteorologische Bodenwassermodell AMWAS - ein universell einsetzbares Modell zur Berechnung der Bodenwasserströme und -gehalte unter Berücksichtigung bodenwassergehaltsabhängiger Evaporations- und Transpirationsreduktionen.= Beiträge zur Agrarmeteorologie, 47, Offenbach am Main 1992, 37 S.

BRINKMANN, W.L.F.: Studies on hydrobiogeochemistry of a tropical lowland forest system. In: GeoJournal, 11 (1985), S. 89-101.

BRISSON, N., SEGUIN, B. & P. BERTUZZI: Agrometeorological soil water balance for crop simulation models. In: Agric. For. Meteorol., 59 (1992), S.267-287.

BROMLEY, R.: The colonization of humid tropical areas in Ecuador. In: Singapore Journal of tropical Geography, 2 (1981), S. 15-26.

BRUNEL, J.P.: Estimation of sensible heat flux from measurements of surface radiative temperature and air temperature at two meters: Application to determine actual evaporation rate. In: Agric. For. Meteorol., 46 (1989), S. 179-191.

CAMPBELL, G.S.: Soil Physics with Basic, Transport models for soil-plant systems.- Amsterdam 1985, 150 S.

CAÑADAS CRUZ, L.: Los bosques pantanosos en la zona de San Lorenzo, Ecuador. In: TURRIALBA, 15 (1965), S. 225-230.

CAÑADAS CRUZ, L.: El mapa Bioclimático y Ecológico del Ecuador (1:1.000.000).- Quito, Ecuador 1983, 206 S.

CARNEIRO DA SILVA, C. & E. DE JONG: Comparison of two computer models for predicting soil water in a tropical monsoon climate. In: Agric. For. Meteorol., 36 (1986), S. 249-262.

CASTRO, V., ISARD, S.A. & M.E. IRWIN: The microclimate of maize and bean crops in tropical America: a comparison between monocultures and polycultures planted at high and low density. In: Agric. For. Meteorol., 57 (1991), S. 49-67.

CAVIEDES, C.: Rainfall in South America. Seasonal trends and spatial correlations. In: Erdkunde, 35 (1981), S. 107-118.

CAVIEDES, C. & W. ENDLICHER: Die Niederschlagsverhältnisse in Nordperu während des El Niño-Southern Oscillation-Ereignisses von 1983. In: Die Erde, 120 (1989), S. 81-97.

CEDIG (Hrsg.): Geomorfólogia.= Documentos de Investigación, o. Bd., Quito 1982, 32 S.

CEDIG (Hrsg.): Los climas del Ecuador.= Documentos de Investigación, o. Bd., Quito 1983, 87 S.

CEPLAES (Hrsg.): Políticas agrarias, colonización y desarrollo rural en Ecuador, Quito o.J., 293 S.

CHIRIBOGA, M. & R. PICCINO: La producción campesina cacaotera: Problemas y perspectivas.- Quito 1982, 120 S.

CLOTHIER, B.E., CLAWSON, K.L., PINTER, P.J. JR., MORAN, M.S., REGINATO, R.J. & R.D. JACKSON: Estimation of soil heat flux from net radiation during the growth of alfalfa. In: Agric. For. Meteorol., 37 (1986), S. 319-329.

COLLIN DELAVAUD, A.: Migrations, colonisations et structures agraires sur la côte equatorienne. In: Cahiers des Amériques Latines, 7 (1973), S. 65-95.

COLLIN DELAVAUD, A.: El papel de la colonización agricola en la integración del espacio costeño en el territorio ecuatoriano. In: Revista geográfica, 84 (1976), S. 33-44.

COLLIN DELAVAUD, A.: Manabí una región costera marcada por su desarrollo original. In: Revista geográfica, 25 (1987), S53-75.

CONADE-UNFPA (Hrsg.): Población y cambios sociales.= Biblioteca de Ciencias Sociales, 13, Quito 2. Aufl.1989, 377 S.

CUENCA, R.H. & M.T. NICHOLSON: Application of Penman equation wind function. In: J. Irrig. and Drain. Div., 108 (1982), S. 13-23.

CZERATZKI, W.: Methoden zur Bestimmung von Bodenkennwerten und Einsatzpunkten für die Beregnung. In: Wasser und Boden, 18 (1966), S. 95-98.

DE CANDOLLE, A.: Constitution dans le règne végétal de groupes physiologiques. In: Archives Sci. Phys. Nat., 50 (1874), S. 5-42.

DE JAGER, J.M. & T.D. HARRISON: Towards the development of an energy budget for a savanna ecosystem, S. 456-475. HUNTLEY, B.J. & B.H. WALKER (Hrsg.): Ecology of tropical Savannas.= Ecological Studies, 42 1982, 669 S.

DE MARTONNE, E.: Une nouvelle fonction climatologique: L'indice d'Aridité. In: La Météorologie, o. Bd. (1926), S. 449-458.

DEARDORFF, J.W.: Efficient prediction of ground surface temperature and moisture, with inclusion of a layer of vegetation. In: J. Geophys. Res., 83 (1978), S. 1889-1903.

DED: Projektprüfungsbericht UOCAM.= Unveröffentl., Quito 1989, o.S.

DIELS, L.: Beiträge zur Kenntnis der Vegetation und Flora von Ecuador.= Bibliotheca Botanica, 116, Stuttgart 1937, 190 S.

DODSON, C.H., GENTRY, A.H. & F.M. VALVERDE: La Flora de Jauneche - Los Ríos, Ecuador.= Florulas de las Zonas Vida del Ecuador I, Quito 1985, 512 S.

DOMRÖS, M.: The Agroclimate of Ceylon.= Geoecological Research, 2, Wiesbaden 1974, 265 S.

DOORENBOS, J. & A.H. KASSAM: Yield response to water.= FAO Irrigation and Drainage Paper, 33, Rome 4. Aufl. 1988, 193 S.

DOORENBOS, J. & W.O. PRUITT: Crop water requirements.= FAO Irrigation and Drainage Paper, 24, Rome 2. Aufl. 1988, 144 S.

DUDDINGTON, C.L.: Baupläne der Pflanzen.- Franfurt 1972, 322 S.

DUYNISVELD, W.H.M. & O. STREBEL: Entwicklung von Simulationsmodellen für den Transport von gelösten Stoffen in wasserungesättigten Böden und Lockersedimenten.= Texte 17/83 Umweltbundesamt, Berlin 1983.

DUYNISVELD, W.H.M., RENGER, M. & O. STREBEL: Vergleich von zwei Simulationsmodellen zur Ermittlung der Wasserhaushaltskomponenten in der ungesättigten Bodenzone.= Z. dt. geol. Ges., 134, Hannover 1983, S. 679-686.

ECUADORIAN GEOLOGICAL AND GEOPHYSICAL SOCIETY (Hrsg.): Guidebook to the geology of the Santa Elena peninsula.- Quito 1970, 34 S.

EGGERS, H.: Das Küstengebiet von Ecuador. In: Deutsche Geographische Blätter, 17 (1894), S. 265-289.

ENDLICHER, W., HABBE, K.A. & H. PINZER: Zum El Niño-Southern Oscillation-Ereignis 1983 und seinen Auswirkungen im peruanischen Küstengebiet.= Mitteilungen der Fränkischen Geogr. Gesellschaft, 35/36, Erlangen 1990, S. 175-201.

ENZ, J.W., BRUN, L.J. & J.K. LARSON: Evaporation and energy balance for bare and stubble covered soil. In: Agric. For. Meteorol., 43 (1988), S. 59-70.

FAO (Hrsg.): Latin america and the caribbean - agroclimatological data.= FAO Plant production and protection series, 24 (1985), o.S.

FEDERER, C.A.: A soil-plant-atmosphere model for transpiration and availability of soil water. In: Water Resources Research, 15 (1979), S. 555-562.

FEININGER, T. & C.R. BRISTOW: Cretaceous and paleogene geologic history of coastal Ecuador. In: Geologische Rundschau, 69 (1980), S. 849-874.

FREI, E.: Informe al gobierno del Ecuador sobre reconocimientos edafológicos exploratorios.= Programa Ampliade de Asistencia Técnica (FAO), Informe N° 585, Roma 1957, 35 S.

FREI, E.: Eine Studie über den Zusammenhang zwischen Bodentyp, Klima und Vegetation in Ecuador. In: Plant and Soil, IX (1958), S. 215-236.

FUCHS, M. & C.B. TANNER: Error analysis of Bowen ratios measured by differential psychrometry. In: Agric. For. Meteorol., 7 (1970), S. 329-334.

GARRATT, J.R.: The measurement of evaporation by meteorological methods. In: Agric. Water Manage., 8 (1984), S. 99-117.

GEIGER, R.: Das Klima der bodennahen Luftschicht.- Braunschweig 4. Aufl. 1961, 646 S.

GENID, A.Y.A., FREDE, H.-G. & B. MEYER: Wasserhaushalt von Löss in Grundwasserlysimetern I.= Göttinger Bodenkundliche Berichte, 74, Göttingen 1982, 121 S.

GENTRY, A.: Northwest South America (Colombia, Ecuador and Peru), S. 391-400. In: CAMPBELL, D.G. & H.D. HAMMOND (Hrsg.): Floristic inventory of tropical countries.- New York 1989, 545 S.

GEROLD, G.: Vegetationsdegradation und fluviatile Bodenerosion in Südbolivien. In: Z. Geomorph. N.F., 48 (1983), S. 1-16.

GEROLD, G.: Vegetationsdegradation und fluviatile Bodenerosionsgefährdung in Südbolivien. Habilitationsschrift.- Hannover 1986, im Druck, 404 S.

GEROLD, G.: Klimatische und pedologische Bodennutzungsprobleme im ostbolivianischen Tiefland von Santa Cruz.= Jahrbuch der GGH, Hannover 1986a, S. 69-192.

GEROLD, G.: Zur Anwendung von Schätzmodellen der Abspülresistenz tropischer Böden bei Neulanderschließungen am Beispiel der äußeren Tropen Boliviens.= Jahrbuch der GGH, Hannover 1988, S. 161-188.

GIESE, E.: Zuverlässigkeit von Indizes bei Ariditätsbestimmungen. In: Geogr. Zeitschrift, 62 (1974), S. 179-203.

GOOSSENS, P.: La geología de la costa ecuatoriana entre Manta y Guayaquil: In: Boletin dé Estudios Geologicos, o. Bd. (1968), S. 5-17.

GOOSSENS, P.J.: The geology of Ecuador. In: Annales de la Société Géologique de Belgique, 93 (1970), S. 255-263.

GRAF, K.: Klima und Vegetationsgeographie der Anden - Grundzüge Südamerikas und pollenanalytische Spezialuntersuchungen Boliviens.= Physische Geographie, Geographisches Institut der Universität, 19, Zürich 1986, 155 S.

GRAINGER, A.: Rates of deforestation in the humid tropics: estimates and measurements. In: The Geographical Journal, 159 (1993), S. 33-44.

GRISEBACH, A.: Die Vegetation der Erde nach ihrer klimatischen Anordnung.= Ein Abriß der vergleichenden Geographie der Pflanzen, 1-2, Leipzig 1872, 603 u. 635 S.

HAASE, L.: Zum Beitrag von W. Lauer und P. Frankenberg: Klimaklassifikation der Erde. In: GR, 41 (1989), S. 54-56.

HÄCKEL, H.: Meteorologie.- Stuttgart 1985, 382 S.

HAMON, W.R.: Estimating potential evapotranspiration. In: Jour. Hydrol. Div., 87 (1961), S. 107-120.

HARGREAVES, G.H.: Estimating potential evapotranspiration. In: Jour. Irrig. and Drain. Div., 108 (1982), S. 225-230.

HARGREAVES, G.H.: Evapotranspiration estimates in extremely arid areas. In: Journal of Irrigation and Drainage Engineering, 115 (1989), S. 907-912.

HARLING, G.: The vegetation types of Ecuador - a brief survey, S. 164-174. In: K. LARSEN & L.B. HOLM-NIELSEN (Hrsg.): Tropical botany.= London, New York, San Francisco 1979, 453 S.

HARTGE, K.H.: Einführung in die Bodenphysik.- Stuttgart 1978, 364 S.

HARTGE, K.H. & R. HORN: Die physikalische Untersuchung von Böden.- Stuttgart 2. Aufl. 1989, 175 S.

HENNING, I. & D. HENNING: Die klimatische Trockengrenze. In: Meteor. Rdsch., 29 (1976), S. 142-151.

HIRAOKA, M. & S. YAMAMOTO: Agricultural development in the upper Amazon of Ecuador. In: The Geogr. Rev., 4 (1980), S. 423-445.

HOFFMANN, J.A.: Das kontinentale Luftdruck- und Niederschlagsregime Südamerikas. In: Erdkunde, 46 (1992), S. 40-51.

HOLDRIDGE, L.R.: Determination of world plant formations from simple climatic data. In: Science, 105 (1947), S. 367-368.

HOLDRIDGE, L.R.: Simple method for determining potential evapotranspiration from temperature data. In: Science, 130 (1959), S. 572.

HOLDRIDGE, L.R.: The life zone system. In: Adansonia, 6 (1966), S. 199-203.

HOLDRIDGE, L.R.: Ecología basada en zonas de vida.- San Jose 3. Aufl. 1987, 216 S.

HORNBERGER, K.P.: Participatory agroforestry land use planning: A case study.= Unveröffentl. Dissertation in Resource Management der University of Edinburgh 1989, 71 S.

IBRAHIM, F.N.: Savannen-Ökosysteme. In: Geowissenschaften in unserer Zeit, 2 (1984), S.145-159.

INAMHI (Hrsg.): Anuarios meteorológicos.- 11-21, 23 Quito 1971-1981, 1983.

INAMHI (Hrsg.): Balance hídrico de localidades ecuatorianas. Publicación No 14-I.- Quito 1974, 101 S.

INIAP (Hrsg.): "Boliche": En el corazón de la cuenca del Guayas.= Informationsbroschüre, Quito 1980, o.S.

INIAP (Hrsg.): Estación Experimental Tropical Pichilingue.= Informationsbroschüre, Quito, Quevedo 1991, o.S.

IVANOV, N.N.: Belts of continentality on the globe. In: Vseoj. Geogr. Obschtsch., 91 (1959), S. 410-423.

JACOBS, M.: The Tropical Rain Forest.- Berlin, Heidelberg, New York, London, Paris und Tokyo 1981, 295 S.

JÄTZOLD, R.: Ein Beitrag zur Klassifikation des Agrarklimas der Tropen. In: Tübinger Geogr. Studien, 34 (1970), S. 57-69.

JÄTZOLD, R.: Isolinien humider Monate als agrarplanerisches Hilfsmittel am Beispiel von Kenia. In: Zschr. f. ausländische Landwirtschaft, 15 (1976), S. 330-350.

JÄTZOLD, R.: Das System der agarökologischen Zonen der Tropen als angewandte Klimageographie mit einem Beispiel aus Kenia.= Tag. ber. u. wiss. Abh. des 44. Dt. Geogr. Tg., Münster 1984, S. 85-93.

JÄTZOLD, R. & H. KUTSCH: Agro-ecological zones of the tropics, with a sample from Kenia. In: Der Tropenlandwirt, 83 (1982), S. 15-34.

JÄTZOLD, R. & H. SCHMIDT: Farm managment handbook of Kenya.- Vol IIA. Nairobi 1982, 397 S.

JAYAWARDENA, A.W.: Calibration of some empirical equations for evaporation and evapotranspiration in Hong Kong. In: Agric. For. Meteorol., 47 (1989), S. 75-81.

JENSEN, M.E. & H.R. HAISE: Estimating evapotranspiration from solar radiation. In: Jour. Irrig. and Drain. Div., 89 (1963), S. 15-41.

JOHNSON, A.M.: The climate of Peru, Bolivia and Ecuador, S. 147-218. In: SCHWERDTFEGER, W.: Climates of Central and South America.= World Survey of Climatoligy, 12, Amsterdam, Oxford, New York 1976, 208 S.

JORDAN, E.: Die Mangrovenwälder Ecuadors im Spannungsfeld zwischen Ökologie und Ökonomie.= Jahrb. d. Geogr. Ges. z. Han., Hannover 1988, S. 97-136.

JORDAN, E.: Die Mangrove Ecuadors. In: GR, 43 (1991), S. 664-671.

KAIRU, E.N.: Radiation and energy flux characteristics of tea canopies in Kenya. In: Geo-Journal, 29 (1993), S. 351-358.

KENNERLEY, J.B.: Outline of the geology of Ecuador.= Overseas Geology and Mineral Resources, 55, London 1980, 17 S.

KLATT, R.-M.: Chemische Untersuchungsmethoden in der Bodenkunde.- Hannover o. J., o. S.

KOITZSCH, R.: Schätzung der Bodenfeuchte aus meteorologischen Daten, Boden- und Pflanzenparametern mit einem Mehrschichtenmodell. In: Zeitschrift für Meteorologie, 27 (1977), S. 302-306.

KOLLE, O. & F. FIEDLER: Messungen und numerische Simulation der Energie- und Feuchtbilanz der Bodenoberfläche, S. 131-156. PLATE, E.J. (Hrsg.): Weiherbach-Projekt.= Institut für Hydrologie und Wasserwirtschaft, 41, Karlsruhe 1992.

KÖNNECKE, M.: Aktuelle und potentielle Evapotranspiration. In: Geogr. Zeitschrift, 78 (1990), S. 199-209.

KÖPPEN, W.: Versuch einer Klassifikation der Klimate, vorzugsweise nach ihren Beziehungen zur Pflanzenwelt. In: Geogr. Zeitschrift, 6, (1900), S. 593-611 u. S. 657-679.

KÖPPEN, W.: Klassifikation der Klimate nach Temperatur, Niederschlag und Jahresverlauf. In: Petermanns Mitteilungen, 64 (1918), S. 193-203.

KÖPPEN, W.: Die Klimate der Erde - Grundriß der Klimakunde.- Berlin und Leipzig 1923, 369 S.

KÖPPEN,W.: Das Geographische System der Klimate, S. 1-44. In: KÖPPEN, W. & R. GEIGER: Handbuch der Klimatologie, Bd. I, Teil C, 1936.

KÖPPEN, W.: Grundriß der Klimakunde.- Berlin und Leipzig 2. Aufl. 1931, 388 S.

KÖPPEN, W. & R. GEIGER: KLimakarte der Erde. Gotha, Justus Perthes 1928, Wandkarte

KORTE, W. & W. CZERATZKI: Einsatz der Feldberegnung in Niedersachsen nach der Völkenroder Methode. In: Wasser und Nahrung, o. Bd. (1959), S. 73-77.

KRETZSCHMAR, R.: Kulturtechnisch-bodenkundliches Praktikum.- Kiel 7. Aufl. 1991, 514 S.

KUNTZE, H., ROESCHMANN, G. & G. SCHWERDTFEGER: Bodenkunde.- Stuttgart 4. Aufl. 1988, 568 S.

LANDON, J.R. (Hrsg.): Booker Tropical Soil Manual.- London 1984, 450 S.

LARCHER, W.: Ökologie der Pflanzen.- Stuttgart 4. Aufl. 1984.

LARREA M., C. (Hrsg.): El Banano en el Ecuador.= Biblioteca de Ciencias Sociales, 16, Quito 1987, 285 S.

LATIF, M.: El Niño - eine Klimaschawankung wird erforscht. In: GR, 38 (1986), S. 90-95.

LATIF, M.: Wechselwirkungen Ozean-Atmosphäre in den Tropen. In: Promet, 18, H. 1/2/3 (1988), S. 4-13.

LAUER, W.: Hygrische Klimate und Vegetationszonen der Tropen mit besonderer Berücksichtigung Ostafrikas. In: Erdkunde, 5 (1951), S. 284-293.

LAUER, W.: Humide und aride Jahreszeiten in Afrika und Südamerika und ihre Beziehung zu den Vegetationsgürteln.= Bonner Geogr. Abh., 9, Bonn 1952, S. 15-99.

LAUER, W.: Vom Wesen der Tropen. Klimaökologische Studien zum Inhalt und zur Abgrenzung eines irdischen Landschaftsgürtels.= Akad. d. Wiss. u. d. Lit., 3, Wiesbaden 1975, 47 S.

LAUER, W.: Zur Ökoklimatologie der Kallawaya-Region (Bolivien). In: Erdkunde, 36 (1982), S. 223-247.

LAUER, W. & P. FRANKENBERG: Klimatologische Studien in Mexiko und Nigeria.= Coll. Geogr., 13, Bonn 1978, S. 1-134.

LAUER, W. & P. FRANKENBERG: Der Jahresgang der Trockengrenze in Afrika. In: Erdkunde, 33 (1979), S. 249-257.

LAUER, W. & P. FRANKENBERG: Untersuchungen zur Humidität und Aridität von Afrika.= Bonner Geogr. Abh., 66, Bonn 1981, 81 S.

LAUER, W. & P. FRANKENBERG: Versuch einer geoökologischen Klassifikation der Klimate. In: GR, 37 (1985), S. 359-365.

LAUER, W. & P. FRANKENBERG: Klimaklassifikation der Erde. In: GR, 40 (1988), S. 55-59.

LAUER, W. & M.D. RAFIQPOOR: Geoökologische Studien in Ecuador. In: Erdkunde, 40 (1986), S. 68-71.

LAURO GOMEZ, V.: Análisis de la circulación ecuatorial en la costa Sudamericana del Pacífico en relación con su régimen pluviometríco.= MAG, Serie Estudios, 7, Quito 1970, 70 S.

LITTLE, E.L. Jr.: A Collection of Tree Specimens from Western Ecuador. In: The Caribbean Forester, 9 (1948), S. 215-298.

LÖPMEIER, F.-J.: Agrarmeteorologisches Modell zur Berechnung der aktuellen Verdunstung (AMBAV).= Beiträge zur Agrarmeteorologie, 7, Braunschweig 1983, 55 S.

LOUIS, H.: Der Bestrahlungsgang als Fundamentalerscheinung der geographischen Klimaunterteilung.= Geographische Forschungen, 190, Innsbruck 1958, S. 155-164.

MAKKINK, G.F.: Testing the Penman-Formula by means of lysimeters. In: Jour. Inst. Water Engin., 11 (1957), S. 277-288.

MALBERG, H.: Meteorologie und Klimatologie.- Berlin, Heidelberg, New York, Tokyo 1985, 299 S.

MARCHANT, S.: A photogeological analysis of the structure of the western Guayas Province, Ecuador: With discussion of the stratigraphy and tablazo formation, derived from surface mapping. In: The Quarterly Journal of the Geological Society of London, CXVII (1961), S. 215-232.

MBS-IICA (Hrsg.): Informe de progreso 1981-1986 Quimiag-Penipe, Salcedo, Jipijapa.= Quito 1986, o.S.

MILLER, E.V.: Agricultural Ecuador. In: The Geogr. Rev., 49 (1959), S. 183-207.

MINISTERIO DE INDUSTRIAS Y COMERCIO (Hrsg.): Reporte geologico de la costa ecuatoriana.- Quito 1966, 90 S.

MONTHEITH, J.L.: Umweltphysik.- Darmstadt 1978, 183 S.

MOSIMANN, T.: Boden, Wasser und Mikroklima in den Geosystemen der Löß-Sand-Mergel-Hochfläche des Bruderholzgebietes (Raum Basel).= Physiogeographica, 3, Basel 1980, 267 S.

MÜLLER, W., BENECKE, P. & M. RENGER: 2. Bodenphysikalische Kennwerte wichtiger Böden, Erfassungsmethodik, Klasseneinteilung und kartographische Darstellung.= Beih. geol. Jb. Bodenkdl. Beitr., 99, Hannover 1970, S. 13-70.

MUNN, R.E.: Descriptive Micrometeorology.- New York, London 1966, 245 S.

MURMIS, M. (Hrsg.): Clase y región en el agro ecuatoriano.- Quito 1986, 356. S.

NEEF, E.: Der Bodenwasserhaushalt als ökologischer Faktor. In: Ber. z. dt. Landeskunde, 25 (1960), S. 272-282.

NEEF, E.: Landschaftsökologische Untersuchungen als Grundlage standortsgerechter Landnutzung. In: Die Naturwissenschaften, 48 (1961), S. 348-354.

NEEF, E., SCHMIDT, G & M. LAUCKNER: Landschaftsökologische Untersuchungen an verschiedenen Physiotopen in Nordwest-Sachsen.= Abh. d. Sächs. Akad. d. Wiss. zu Leipzig, Math.-nat. Kl., 47 Leipzig 1961, 112 S.

OHMURA, A.: Climate and energy balance on arctic tundra, Axel Heiberg Island, Canadian Arctic Archipelago, spring and summer 1969, 1970, 1972.= Dissertation ETH Zürich, 1980, 448 S.

OLIVER, S.A., OLIVER, H.R., WALLLACE, J.S. & A.M. ROBERTS: Soil heat flux and temperature variation with vegetation, soil type and climate. In: Agric. For. Meteorol., 39 (1987), S. 257-269.

OLMEDO, J.L. & G.A. YANCHAPAXI: Estudio de una secuencia de suelos ecuatorianos desarrollados en la Sierre volcanica subtropical húmeda y la Llanura Tropical (Quevedo-Ecuador). In: Anales de Edafología y Agrobiología, XL (1981), S. 1101-1114.

PAN AMERICAN UNION: Survey for the Development of the Guayas River Basin of Ecuador.= Washington, D.C. 1964, 226 S.

PARLOW, E.: Faktoren und Modelle für das Klima am Oberrhein - Das Regio-Klima-Projekt REKLIP. In: GR, 46 (1994), S. 160-167.

PAZAN, S.E. & B.W. WHITE: Hindcast/forecast of ENSO events based upon the re-
distribution of observed and model dynamic height in the Western Tropical Pacific,
1964-1986. In: GeoJournal, 16.1 (1988), S. 73-96.

PENMAN, H.L.: Natural evaporation from open water, bare soil and grass. In: Proc. Roy.
Soc. Ser. A, 193 (1948), S. 121-145.

PEREIRA, A.R. & A. PAES DE CAMARGO: An analysis of criticism of Thornthwaite's
equation for estimating potential evapotranspiration. In: Agric. For. Meteorol., 46
(1989), S. 149-157.

PFAU, R.: Ein Beitrag zur Frage des Wasserhaushaltes und der Beregnungsbedürftigkeit
landwirtschaftlich genutzter Böden im Raume der Europäischen Wirtschaftsgemein-
schaft. In: Meteorologische Rundschau, 19 (1966), S. 33-46.

POLITANO, W., RANZANI, G. & P.C. CORSINI: Caracterizaçao de solos da República
do Equador desenvolvidos em climas diferentes. In: Cientifica, 11 (1983), S.149-156.

PRESTON, D.A. & G.A. Taveras: Características de la emigración rural en la Sierra. In:
Revista geográfica, 84 (1976), S. 23-31.

RADULOVICH, R.: Aqua, a model to evaluate water deficits and excesses in tropical
cropping. In: Agric. For. Meteorol., 40 (1987), S. 305-321.

REHM, S. & G. ESPIG: Die Kulturpflanzen der Tropen und Subtropen.- Stuttgart 2. Aufl.
1984, 504 S.

REHM, S.: Ökophysiologie der tropischen und subtropischen Nutzpflanzen, S. 93-113. In:
REHM, S. (Hrsg.): Handbuch der Landwirtschaft und Ernährung in den Entwick-
lungsländern, 3, Stuttgart 2. Aufl. 1986, 478 S.

RENGER, M.: Die Ermittlung der Porengrößenverteilung aus der Körnung, dem Gehalt an
organischer Substanz und der Lagerungsdichte. In: Zschr. f. Pflanzenernährung u.
Bodenkunde, 130 (1971), S. 53-67.

RENGER, M.: Die Bedeutung bodenphysikalischer Kennwerte für die Bodenkartierung und
ihre kulturtechnische und hydrologische Verwendbarkeit.= Z. Deutsch. Geol. Ges.,
122, Hannover 1971a, S. 23-30.

RENGER, M., STREBEL, O. & W. GIESEL: Beurteilung bodenkundlicher, kulturtechni-
scher und hydrologischer Fragen mit Hilfe von klimatischer Wasserbilanz und bodenphysikalischen Kennwerten. 1. Bericht: Beregnungsbedürftigkeit. In: Z. f. Kulturtechnik und Flurbereinigung, 15 (1974), S. 148-160.

RENGER, M., STREBEL, O. & W. GIESEL: Beurteilung bodenkundlicher, kulturtechni-
scher und hydrologischer Fragen mit Hilfe von klimatischer Wasserbilanz und bodenphysikalischen Kennwerten. 2. Bericht: Einfluß des Grundwassers auf die Wasserversorgung der Pflanzen. In: Z. f. Kulturtechnik und Flurbereinigung, 15 (1974a),
S. 206-221.

RENGER, M., STREBEL, O., WESSOLEK, G. & W.H.M. DUYNISVELD: Evapotranspiration and groundwater recharge - a case study for different climate, crop patterns,

soil properties and groundwater depth conditions. In: Zschr. f. Pflanzenernährung u. Bodenkunde, 149 (1986), S. 371-381.

REVHEIM, K.J.A. & R.B. JORDAN: Precision of evaporation measurements using the Bowen ratio. In: Boundary-Layer Meteorol., 10 (1976), S. 97-111.

RICHTER, M.: Natürliche Grundlagen und agrarökologische Probleme im Soconusco und Motozintla-Tal, Südmexico.= Erdwissensch. Forsch., XX, Wiesbaden 1986, 111 S.

RIJTEMA, P.E.: An analysis of actual evapotranspiration.= Agricultural Research Reports, PUDOC, 659, Wageningen 1965, 107 S.

SADEGHI, A.M., SCOTT, H.D. & J.A. FERGUSON: Estimating evaporation: A comparison between Penman, Idso-Jackson and zero-flux methods. In: Agric. For. Meteorol., 33 (1984), S. 225-238.

SAGAN, C.: Einleitung. In: HAWKING, S.W.: Eine kurze Geschichte der Zeit.- Hamburg 1991, 238 S.

SALATI, E.: The climatology and hydrology of Amazonia. In: PRANCE, G.T. & T.E. LOVEJOY: Amazonia.- Oxford - New York - Toronto - Sydney - Frankfurt 1985, S. 18-48.

SALIH. A.M.A. & U. SENDIL: Evapotranspiration under extremely arid climates. In: Journal of Irrigation and Drainage Enigeering, 110 (1984), S. 289-303.

SAUER, W.: Geologie von Ecuador.- Berlin-Stuttgart 1971, 314 S.

SCHÄDLER, B.: Die Variabilität der Evapotranspiration im Einzugsgebiet Rietholzbach bestimmt mit Energiebilanzmethoden.= Mitteilungen der Versuchsanstalt für Wasserbau, Hydrologie und Glaziologie, 46, Zürich 1980, 115 S.

SCHÄDLER, G.: Numerische Simulationen zur Wechselwirkung zwischen Landoberflächen und atmosphärischer Grenzschicht.= Dissertation an der Fakultät für Physik der Universität Karlsruhe 1989, 217 S.

SCHEFFER, F. & P. SCHACHTSCHABEL: Lehrbuch der Bodenkunde.- Stuttgart 12. Aufl. 1989, 491 S.

SCHLICHTING, E. & H.-P. BLUME: Bodenkundliches Praktikum.- Hamburg, Berlin 1966, 209 S.

SCHMIEDECKEN, W.: Die Bestimmung der Humidität und ihrer Abstufung mit Hilfe von Wasserhaushaltsberechnungen - ein Modell. In: Coll. Geogr., 13 (1978), S. 136-159.

SCHMIEDECKEN, W.: Humidität und Kulturpflanzen - Ein Versuch zur Parallelisierung von Feuchtezonen und optimalen Standorten ausgewählter Kulturpflanzen in den Tropen. In: Erdkunde, 33 (1979), S. 266-274.

SCHÖNWIESE, C.D.: Praktische Statistik für Meteorologen und Geowissenschaftler.- Berlin-Stuttgart 2. Aufl. 1992, 231 S.

SCHRÖDTER, H.: Verdunstung.- Berlin, Heidelberg, New York, Tokyo 1985, 186 S.

SCHULTZE, A.: Klimakarten der Erde. In: geographie heute, 9 (1988), S. 2 u. 29-36.

SCHWERDTFEGER, W.: Climates of Central and South America.= World Survey of Climatology, 12, Amsterdam, Oxford, New York 1976, 208 S.

SEDRI-IICA (Hrsg.): Proyecto de desarrollo rural integral Jipijapa.= Convenio SEDRI-IICA, Quito 1982, 234 S.

SELLERS, P.J., MINTZ, Y., SUD, Y.C. & A. DALCHER: A simple biosphere model (SiB) for use within general circulation models. In: J. Atmos.Sci., 43 (1986), S. 505-531.

SHARMA, M.L.: Evapotranspiration from a eucalyptus community. In: Agric. Water Manage., 8 (1984), S. 41-56.

SICK, W.-D.: Wirtschaftsgeographie von Ecuador.= Stuttgarter Geogr. Studien, 73, Stuttgart 1963, 256 S.

SICK, W.-D.: Aktuelle Landnutzungskonflikte in Ecuador, S. 314-325. In: MÄCKEL, R. & W.-D. SICK: Natürliche Ressourcen und ländliche Entwicklungsprobleme der Tropen.= Erdkundliches Wissen, 90, Stuttgart 1988, 334 S.

SINCLAIR, T.R., ALLEN, L.H. JR. & E.R. LEMON: An analysis of errors in the calculation of energy flux densities above vegetation by a Bowen-ratio profile method. In: Boundary-Layer Meteorol., 8 (1975), S. 129-139.

SPÄTH, H.-J.: Bodenerosion und Bodenfeuchtebilanz in Zentralanatolien - Ein Beispiel für bewirtschaftete winterkalte Trockensteppen.- In: Erdkunde, 29 (1975), S. 81-92.

SPÄTH, H.-J.: Geoökologisches Praktikum.- Paderborn 1976, 190 S.

SPONAGEL, H.: Zur Bestimmung der realen Evapotranspiration landwirtschaftlicher Kulturpflanzen.= Geologisches Jahrbuch, Reihe F, 9, Hannover 1980, 87 S.

SQUIRE, G.R.: The physiology of tropical crop production.- Wallingford 1990, 236 S.

STATISTISCHES BUNDESAMT (Hrsg.): Ecuador 1991.= Länderbericht, Wiesbaden 1991, 117 S.

STATISTISCHES BUNDESAMT (Hrsg.): Südamerikanische Staaten 1992.= Länderbericht, Wiesbaden 1992, 159 S.

SVENSON, H.K.: Vegetation of the Coast of Ecuador and Peru and its Relation to the Galapagos Islands. I. Geographical Relations of the Flora. In: American Journal of Botany, 33 (1946), S. 394-498.

SVERDRUP, H.U.: Das maritime Verdunstungsproblem. In: Ann. Hydrogr. Maritim. Meteorol., 32 (1936), S. 41-47.

TESAR, M.B.: Physiological basis of crop growth and development.- Madison, Wisconsin 1984, 341 S.

THEWES, G.: Klima- und Vegetationsdifferenzierung in der COSTA Ecuadors anhand von Klimaklassifikationen und Fernerkundungsdaten. Diplomarb. (unveröff.), Geogr. Inst., Göttingen, 1994, 122 S.

THOMAS-LAUCKNER, M. & G. HAASE: Versuch einer Klassifikation von Bodenfeuchteregime-Typen.= Albrecht-Thaer-Archiv, 11 (1967), S. 1003-1020.

THOMAS-LAUCKNER, M. & G. HAASE: Versuch einer Klassifikation von Bodenfeuchteregime-Typen.= Albrecht-Thaer-Archiv, 12 (1968), S. 3-32.

THORNTHWAITE, C.W.: An approach toward a rational classification of climate. In: The Geogr. Rev., 38 (1948), S. 55-94.

THORNTHWAITE, C.W. & J.R. MATHER: The water balance.= Publications in climatology - Drexel Inst. of Tech., 8, Centerton 1955, S. 1-86.

THORNTHWAITE, C.W. & J.R. MATHER: Instructions and tables for computing potential evapotranspiration and the water balance.= Publications in climatology - Drexel Inst. of Tech., 10, Centerton 1957, S. 181-203 u. 243-311.

TOSI, J.A. Jr.: Zonas de vida natural en el Perú: Memoria explicativa sobre el mapa ecológico del Perú; and mapa ecológico del Perú (1:1.000.000).= Boletín Técnico No. 5 del IICA de la O.E.A., Lima, Peru 1960, 271 S.

TRAPASSO, L.M.: Meteorological data acquisition in Ecuador, South America: Problems and solutions. In: GeoJournal, 12 (1986), S. 89-94.

TREWARTHA, G.T.: The earth's problem climates.- London 2. Aufl. 1981, 371 S.

TROLL, C.: Ecuador.= Handbuch der geographischen Wissenschaften, Südamerika (Hrsg. KLUTE, F.), Potsdam 1930, S. 392-411.

TROLL, C.: Der Jahreszeitliche Ablauf des Naturgeschehens in den verschiedenen Klimagürteln der Erde. In: Studium Generale, 8, (1955), S. 713-733.

TROLL, C. & K.-H. PAFFEN: Karte der Jahreszeiten-Klimate der Erde. In: Erdkunde, 18 (1964), S. 5-28.

TSCHOPP, H.J.: Geologische Skizze von Ekuador. In: Bull. d. Ver. Schweiz. Petroleumgeol. und Ing., 15 (1948), S. 14-45.

TURC, L.: Évaluation des besoins en eau d'irrigation, évapotranspiration potentielle. In: Ann. Agronomiques, 12 (1961), S. 13-49.

UOCAM (Hrsg.): Solicitud de cooperación técnica del comité de gestión de la Unión de Organizaciónes Campesinas Agropecuarias de Manabi - UOCAM al Servicio Aleman de Cooperación Social Técnica (DED).= Unveröffentl., Jipijapa 1991, 7 S.

USDA (Hrsg.): US-Soil Taxonomy.- Malabar 1988, 754 S.

VOLLMAR, R.: Die Entwicklungsregion von Santo Domingo de los Colorados, Ecuador. In: Die Erde, 102 (1971), S. 208-226.

VALVERDE BADILLO, F.M., RODRiGUEZ DE TAZAN, G. & C. GARCIA RIZZO: Estado actual de la vegetación natural de la Cordillera Chongón - Colonche.- Guayaquil 1991, 388 S.

VAN BAVEL, C.H.M.: Potential evaporation: The combination concept and its experimental verification. In: Water Resources Research, 2 (1966), S. 455-467.

VAN EIMERN, J.: Zum Begriff und zur Messung der potentiellen Evapotranspiration. In: Meteorologische Rundschau, 17 (1964), S. 3-42.

VAN GENUCHTEN, M.Th.: A closed-form equation for predicting the hydraulic conductivity of unsaturated soils. In: Soil Sci. Soc. Am. J., 44 (1980), S. 892-898.

VON HOYNINGEN-HUENE, J.: Pflanzen als Mittler im Verdunstungsvorgang.- PRO-MET, 5 (1975), S. 11-17.

VON HOYNINGEN-HUENE, J.: Mikrometeorologische Untersuchungen zur Evapotranspiration von bewässerten Pflanzenbeständen.= Berichte des Instituts für Meteorologie
und Klimatologie, 19, Hannover 1980, 168 S.

VON HOYNINGEN-HUENE, J. & A. BRAMM: Zur Bedeutung der Assimilationsmecha-
nismen für den Energie- und Wasserhaushalt von Kulturpflanzen. In: Meteorol.
Rdsch., 34 (1981), S. 167-178.

VON HOYNINGEN-HUENE, J., LÖPMEIER, F.-J. & H. BRADEN: Methoden zur Bestimmung der Verdunstung. In: Promet, 16, H. 2/3 (1986), S. 14-20.

WALKER, G.K.: Evaporation from wet soil surfaces beneath plant canopies. In: Agric. For.
Meteorol., 33 (1984), S. 259-264.

WEGENER, H.-R.: Maisanbau und Bodenwasserhaushalt im zentralen Hochland von
Mexiko.= Giessener Beiträge zur Entwicklungsforschung, Reihe I, 9, Giessen 1983,
S. 53-72.

WEISCHET, W.: Die thermische Ungunst der südhemisphärischen hohen Mittelbreiten im
Sommer im Lichte neuer dynamisch-klimatologischer Untersuchungen. In: Regio Ba-
siliensis, H IX/1 (1968), S. 170-189.

WESSOLEK, G.: Empfindlichkeitsanalysen eines Bodenwasser-Simulationsmodells.= Mitt.
Dtsch. Bodenkundl. Ges., 38 (1983), S. 165-170.

WESSOLEK, G.: Einsatz von Wasserhaushalts- und Photosynthesemodellen in der Ökosy-
stemanalyse.= Landschaftsentwicklung und Umweltforschung, 61, Berlin 1989, 170
S.

WHITAKER, M.D. (Hrsg.): El rol de la agricultura en el desarrollo económico del
Ecuador.- Quito 1990, 566 S.

WOLF, T.: Geografia y geología del Ecuador.- Leipzig 1892, 671 S.

WOOD, H.A.: Spontaneous agricultural colonization in Ecuador. In: Annals of the As-
sociation of American Geographers, 62 (1972), S. 599-617.

WRIGHT, J.L.: New evapotranspiration crop coefficients. In: J. Irrig. and Drain. Div., 108
(1982), S. 57-74.

YOUSSEFI, G.: Prüfung der Eignung verschiedener Methoden zur Berechnung der pot.
Evapotranspiration unter den spezifischen Klimabedingungen im Iran. In: Zschr. f.
Bewässerungswirtschaft, 15 (1980), S. 65-94.

ZIMMERSCHIED. W.: Vorläufige Mitteilung über die Niederschlagsverhältnisse in
Ecuador. In: Meteorologische Rundschau, 11 (1958), S. 156-162.

Kartenverzeichnis

- Übersichtskarte 1:1.000.000, República del Ecuador, 1985
- Topographische Karte 1:50.000, JIPIJAPA, 1984
- Topographische Karte 1:50.000, QUEVEDO, 1985
- Mapa Geológico de la República del Ecuador, 1:1.000.000, 1982
- Mapa Morfo-Pedológico, 1:200.000, ARENILLAS, 1986
- Mapa Morfo-Pedológico, 1:200.000, BABAHOYO, 1984
- Mapa Morfo-Pedológico, 1:200.000, BAHÍA DE CARÁQUEZ, 1982
- Mapa Morfo-Pedológico, 1:200.000, ESMERALDAS, 1982
- Mapa Morfo-Pedológico, 1:200.000, GUAYAQUIL, 1984
- Mapa Morfo-Pedológico, 1:200.000, MACHALA, 1983
- Mapa Morfo-Pedológico, 1:200.000, MUISNE, 1983
- Mapa Morfo-Pedológico, 1:200.000, QUEVEDO, 1983
- Mapa Morfo-Pedológico, 1:200.000, QUININDÉ, 1984
- Mapa Morfo-Pedológico, 1:200.000, SANTO DOMINGO, 1983
- Mapa Morfo-Pedológico, 1:200.000, VALDEZ, 1984
- Carta de Suelos, 1:200.000, JIPIJAPA, 1979
- Carta de Suelos, 1:200.000, PORTOVIEJO, 1980
- Carta de Suelos, 1:200.000, SALINAS, 1978

GÖTTINGER BEITRÄGE ZUR LAND- UND FORSTWIRTSCHAFT IN DEN TROPEN UND SUBTROPEN

Heft 20 GIERCKE-SYGUSCH, S., 1987: Untersuchungen zur Erstellung eines Atlas anaerober Bakterien

Heft 21 SHANNAN, A., 1987: Ökophysiologische Untersuchungen über *Lablab purpureus* (L.) Sweet und *Sorghum bicolor* (L.) Moench als Futterpflanzen in Rein- und Mischkulturen auf marginalen sandigen Böden

Heft 22 Abd ELGAYOUM, S.E., 1986: Study on the Mechanisms of Resistance to Camel Diseases

Heft 23 BRENNER, K., 1987: Produktion von Ananas im Staat Sao Paulo, Brasilien, unter Berücksichtigung des Frischexportes in die Bundesrepublik Deutschland

Heft 24 OHLY, J.J., 1987: Untersuchungen über die Eignung der natürlichen Pflanzenbestände auf den Überschwemmungsgebieten (várzea) am mittleren Amazonas, Brasilien, als Weide für den Wasserbüffel (*Bubalus bubalis*) während der terrestrischen Phase des Ökosystems

Heft 25 MENZE, H., 1987: Wechselwirkungen zwischen Azospirillum und VA-Mykorrhiza auf Wachstum und Nährstoffaufnahme von tropischen Futtergräsern

Heft 26 BLASER, J., 1987: Standörtliche und waldkundliche Analyse eines Eichen-Wolkenwaldes (*Quercus spp.*) der Montanstufe in Costa Rica

Heft 27 CARSTENS, A., 1987: Struktur eines Matorrals im semiariden-subhumiden Nordosten Mexikos und Auswirkungen von Behandlungen zu seiner Bewirtschaftung

Heft 28 Standortgerechte Landnutzung in den Tropen. Tagung vom 24. bis 25. Oktober 1985 in Göttingen. Forschungs- und Studienzentrum der Agrar- und Forstwissenschaften der Tropen und Subtropen der Georg-August-Universität Göttingen und Ausschuß für internationale forst- und holzwirtschaftliche Zusammenarbeit des Deutschen Forstvereins

Heft 29 BÄTKE, C., 1987: Pillierung von Futterpflanzen zur Verbesserung unbearbeiteter Hutungs-flächen in Marokko durch Aufsaat

Heft 30 HOSSIEN, Y.K., 1987: Einfluß der Faktoren NaCl-Versalzung, Boden- Wasserregim und Bodentemperatur auf Wachstum, Nährstoffaufnahme und Proteingehalt von Weizen und Gerste in Reinkultur und in Mischkultur mit Perserklee

Heft 31 BASCH, G., 1988: Alternativen zum traditionellen Landnutzungssystem im Alentejo, Portugal, unter besonderer Berücksichtigung der Bodenbearbeitung

Heft 32 BRECHELT, A., 1988: Einfluß verschiedener organischer Düngemittel auf die Effizienz der VA-Mykorrhiza und einiger N_2-fixierender Bakterien im Boden bei tropischen und subtropischen Pflanzen

Heft 33 MARGAN, U., 1987: Vergleichende Untersuchungen zur Bedeutung der alternativen Komplementaktivierung bei Rindern und Kamelen

Heft 34 BREITENSTEIN, U., 1988: Wirkung der VA-Mykorrhiza auf Wachstum und Nährstoff-aufnahme von Vigna unguiculata und Pennisetum americanum im Mischanbau bei gleichzeitiger Rhizobienimpfung im Hinblick auf die Nutzung marginaler Standorte

Heft 35 RUHIYAT, D., 1989: Die Entwicklung der standörtlichen Nährstoffvorräte bei naturnaher Waldbewirtschaftung und im Plantagenbetrieb, Ostkalimantan (Indonesien)

Heft 36 GUTBROD, K.G., 1987: Effect of *Azolla* on Irrigated Rice in Brazil

Heft 37 BULLA, H.-J., 1988: Situation und Perspektiven der Kälbermast im Staate Kuwait Untersuchungen zum Einsatz von S. faecium SF 68 als Futterzusatz zur Verbesserung von Gesundheitszustand und Leistungsfähigkeit bei Mastkälbern

Heft 38 KIRCHNER, T., 1989: Untersuchungen über verschiedene Sojabohnensorten als N_2-fixierende Leguminosen unter Berücksichtigung von Kulturmaßnahmen und Wachstumsbedingungen

Heft 39 VILLALÓN-MENDOZA, H., 1989: Ein Beitrag zur Verwertung von Biomasseproduktion und deren Qualität für die forst- und landwirtschaftliche Nutzung des Matorrals in der Gemeinde Linares, N. L., Mexiko

Heft 40 PASBERG-GAUHL, C., 1988: Untersuchungen zur Symptomentwicklung und Bekämpfung der Schwarzen Sigatoka-Krankheit (*Mycosphaerella fijiensis* MORELET) an Bananen (*Musa* sp.) in vitro und im Freiland

Heft 41 Wasser in Trockengebieten Nutzen und Schaden für Pflanze, Tier und Mensch. Symposium 13. - 14. Oktober 1988 Göttingen. Forschungs- und Studienzentrum der Agrar- und Forstwissenschaften der Tropen und Subtropen, Georg-August-Universität Göttingen

Heft 42 GAUHL, F., 1989: Untersuchungen zur Epidemiologie und Ökologie der Schwarzen Sigatoka-Krankheit (*Mycosphaerella fijiensis* MORELET) an Kochbananen (*Musa* sp.) in Costa Rica

Heft 43 PLONCZAK, M., 1989: Struktur und Entwicklungsdynamik eines Naturwaldes unter Konzessionsbewirtschaftung in den westlichen Llanos Venezuelas

Heft 44 ZARDOSHTI, M.-R., 1989: Die Reaktion verschiedener Sorten von Sonnenblume und Saflor auf NaCl bei unterschiedlichen Boden-Wasserregimen und Bodentemperaturen in Reinkultur sowie in Mischkultur mit Perserklee

Heft 45 HÄUSSER, V., 1989: Methodische Untersuchungen zur kontinuierlichen Kultivierung von *Mycoplasma mycoides* ssp. *mycoides* im Göttinger Bioreaktor

Heft 46 DENICH, M., 1989: Untersuchungen zur Bedeutung junger Sekundärvegetation für die Nutzungssystemproduktivität im östlichen Amazonasgebiet, Brasilien

Heft 47 MANSKE, G.G.B., 1989: Die Effizienz einer Beimpfung mit dem VA-Mykorrhizapilz *Glomus manihotis* bei Sommerweizengenotypen und ihre Vererbung in F_1- und R_1-Generationen bei verschiedenen Phosphatdüngungsformen und Witterungsbedingungen

Heft 48 FAHR AL-NASIR, 1989: Der Einfluß der Stickstofform auf den N-Umsatz im Boden und die N-Aufnahme durch die Pflanze bei Bewässerung mit unterschiedllichen Salzbelastungen

Heft 49 SCHULLERI, F., 1989: Untersuchungen zur Wirkung von *Crotalaria ochroleuca* (G. Don) auf verschiedene Vorratsschädlinge

Heft 50 WANISCH, A., 1990: Wechselwirkungen von *Azospirillum* spp. und vesikulär-arbuskulärer Mykorrhiza auf Wachstum und Nährstoffaufnahme bei zwei Getreidearten

Heft 51 Tierhaltung im Sahel. Symposium 26. - 27. Oktober 1989 Göttingen. Forschungs- und Studienzentrum der Agrar- und Forstwissenschaften der Tropen und Subtropen, Georg-August-Universität Göttingen

Heft 52 HAGEDORN, V., 1990: Untersuchungen zur vegetativen Vermehrung von Kokospalmen (*Cocos nucifera* L.) mit Hilfe von Gewebekulturen

Heft 53 DEZZEO, N., 1990: Bodeneigenschaften und Nährstoffvorratsentwicklung in autochthon degradierenden Wäldern SO-Venezuelas

Heft 54 MITLÖHNER, R., 1990: Die Konkurrenz der Holzgewächse im regengrünen Trockenwald des Chaco Boreal, Paraguay

Heft 55 MARTINEZ MUÑOZA, A., 1990: Untersuchungen zu Möglichkeiten und Grenzen des Einsatzes von *Leucaena leucocephala* als Ergänzungsfutter für Ziegen im Nord-Osten Mexikos

Heft 56 RUIZ MARTINEZ, M.A., 1990: Zur Gliederung, Verbreitung und ökologischen Bewertung der Böden in der Region von Linares, N.L., Mexiko

Karte 1:

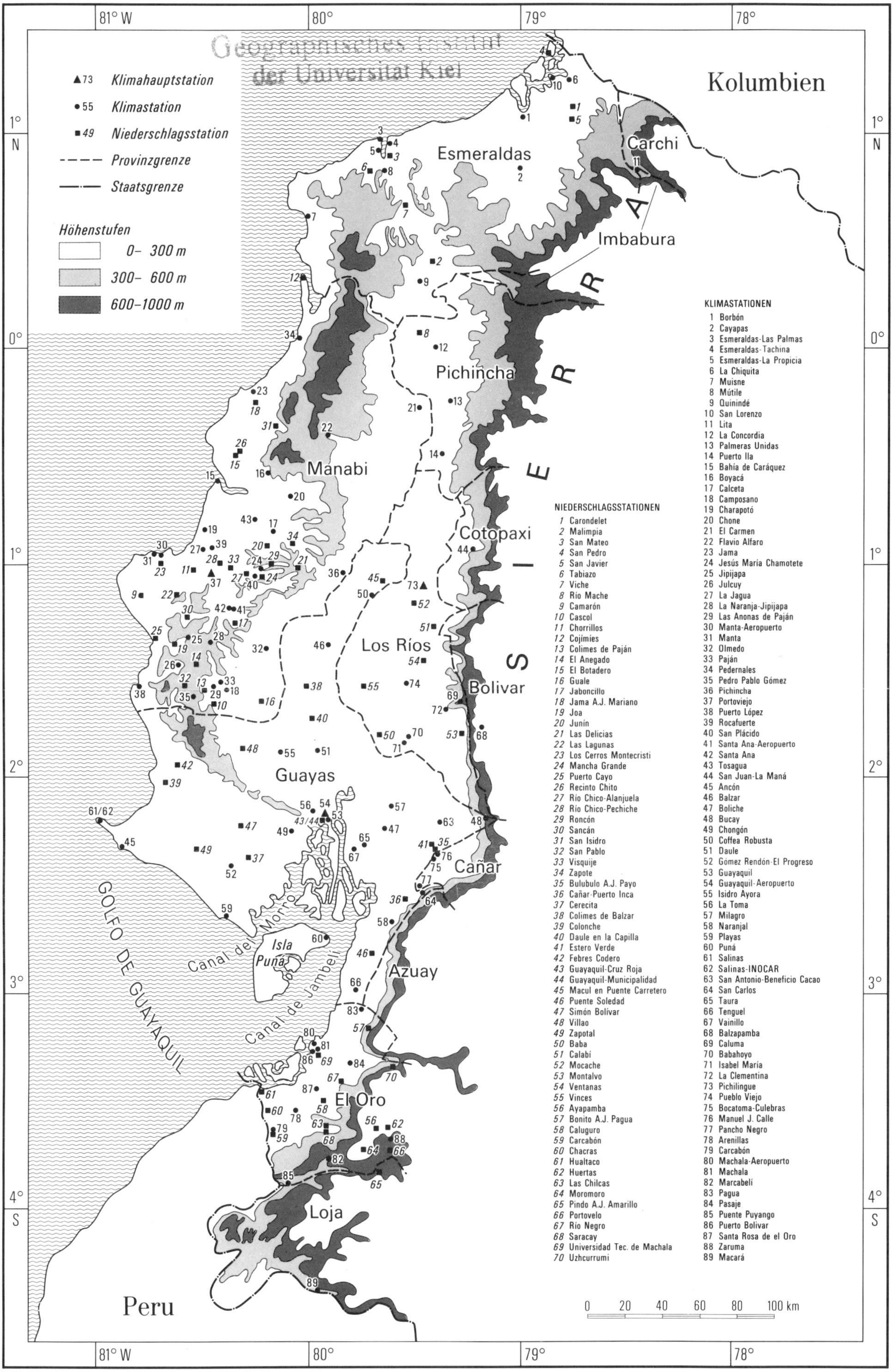

Geographisches Institut der Universität Kiel

Legend:

- ▲73 Klimahauptstation
- ●55 Klimastation
- ■49 Niederschlagsstation
- – – – Provinzgrenze
- –·–·– Staatsgrenze

Höhenstufen
- 0– 300 m
- 300– 600 m
- 600–1000 m

Kolumbien

Carchi
Esmeraldas
Imbabura
Pichincha
Cotopaxi
Manabi
Los Ríos
Bolívar
Guayas
Cañar
Azuay
El Oro
Loja

C O R D I L L E R A

GOLFO DE GUAYAQUIL
Canal del Morro
Isla Puná
Canal de Jambelí

Peru

NIEDERSCHLAGSSTATIONEN

1 Carondelet
2 Malimpia
3 San Mateo
4 San Pedro
5 San Javier
6 Tabiazo
7 Viche
8 Río Mache
9 Camarón
10 Cascol
11 Chorrillos
12 Cojimies
13 Colimes de Paján
14 El Anegado
15 El Botadero
16 Guale
17 Jaboncillo
18 Jama A.J. Mariano
19 Joa
20 Junin
21 Las Delicias
22 Las Lagunas
23 Los Cerros Montecristi
24 Mancha Grande
25 Puerto Cayo
26 Recinto Chito
27 Río Chico-Alanjuela
28 Río Chico-Pechiche
29 Roncón
30 Sancán
31 San Isidro
32 San Pablo
33 Visquije
34 Zapote
35 Bululubo A.J. Payo
36 Cañar-Puerto Inca
37 Cerecita
38 Colimes de Balzar
39 Colonche
40 Daule en la Capilla
41 Estero Verde
42 Febres Codero
43 Guayaquil-Cruz Roja
44 Guayaquil-Municipalidad
45 Macul en Puente Carretero
46 Puente Soledad
47 Simón Bolívar
48 Villao
49 Zapotal
50 Baba
51 Calabí
52 Mocache
53 Montalvo
54 Ventanas
55 Vinces
56 Ayapamba
57 Bonito A.J. Pagua
58 Caluguro
59 Carcabón
60 Chacras
61 Hualtaco
62 Huertas
63 Las Chilcas
64 Moromoro
65 Pindo A.J. Amarillo
66 Portovelo
67 Río Negro
68 Saracay
69 Universidad Tec. de Machala
70 Uzhcurrumi

KLIMASTATIONEN

1 Borbón
2 Cayapas
3 Esmeraldas-Las Palmas
4 Esmeraldas-Tachina
5 Esmeraldas-La Propicia
6 La Chiquita
7 Muisne
8 Mútile
9 Quinindé
10 San Lorenzo
11 Lita
12 La Concordia
13 Palmeras Unidas
14 Puerto Ila
15 Bahía de Caráquez
16 Boyacá
17 Calceta
18 Camposano
19 Charapotó
20 Chone
21 El Carmen
22 Flavio Alfaro
23 Jama
24 Jesús María Chamotete
25 Jipijapa
26 Julcuy
27 La Jagua
28 La Naranja-Jipijapa
29 Las Anonas de Paján
30 Manta-Aeropuerto
31 Manta
32 Olmedo
33 Paján
34 Pedernales
35 Pedro Pablo Gómez
36 Pichincha
37 Portoviejo
38 Puerto López
39 Rocafuerte
40 San Plácido
41 Santa Ana-Aeropuerto
42 Santa Ana
43 Tosagua
44 San Juan-La Maná
45 Ancón
46 Balzar
47 Boliche
48 Bucay
49 Chongón
50 Coffea Robusta
51 Daule
52 Gómez Rendón-El Progreso
53 Guayaquil
54 Guayaquil-Aeropuerto
55 Isidro Ayora
56 La Toma
57 Milagro
58 Naranjal
59 Playas
60 Puná
61 Salinas
62 Salinas-INOCAR
63 San Antonio-Beneficio Cacao
64 San Carlos
65 Taura
66 Tenguel
67 Vainillo
68 Balzapamba
69 Caluma
70 Babahoyo
71 Isabel María
72 La Clementina
73 Pichilingue
74 Pueblo Viejo
75 Bocatoma-Culebras
76 Manuel J. Calle
77 Pancho Negro
78 Arenillas
79 Carcabón
80 Machala-Aeropuerto
81 Machala
82 Marcabelí
83 Pagua
84 Pasaje
85 Puente Puyango
86 Puerto Bolívar
87 Santa Rosa de el Oro
88 Zaruma
89 Macará

0 20 40 60 80 100 km

Lage der Klima- und Niederschlagsstationen in der COSTA

Karte 15:

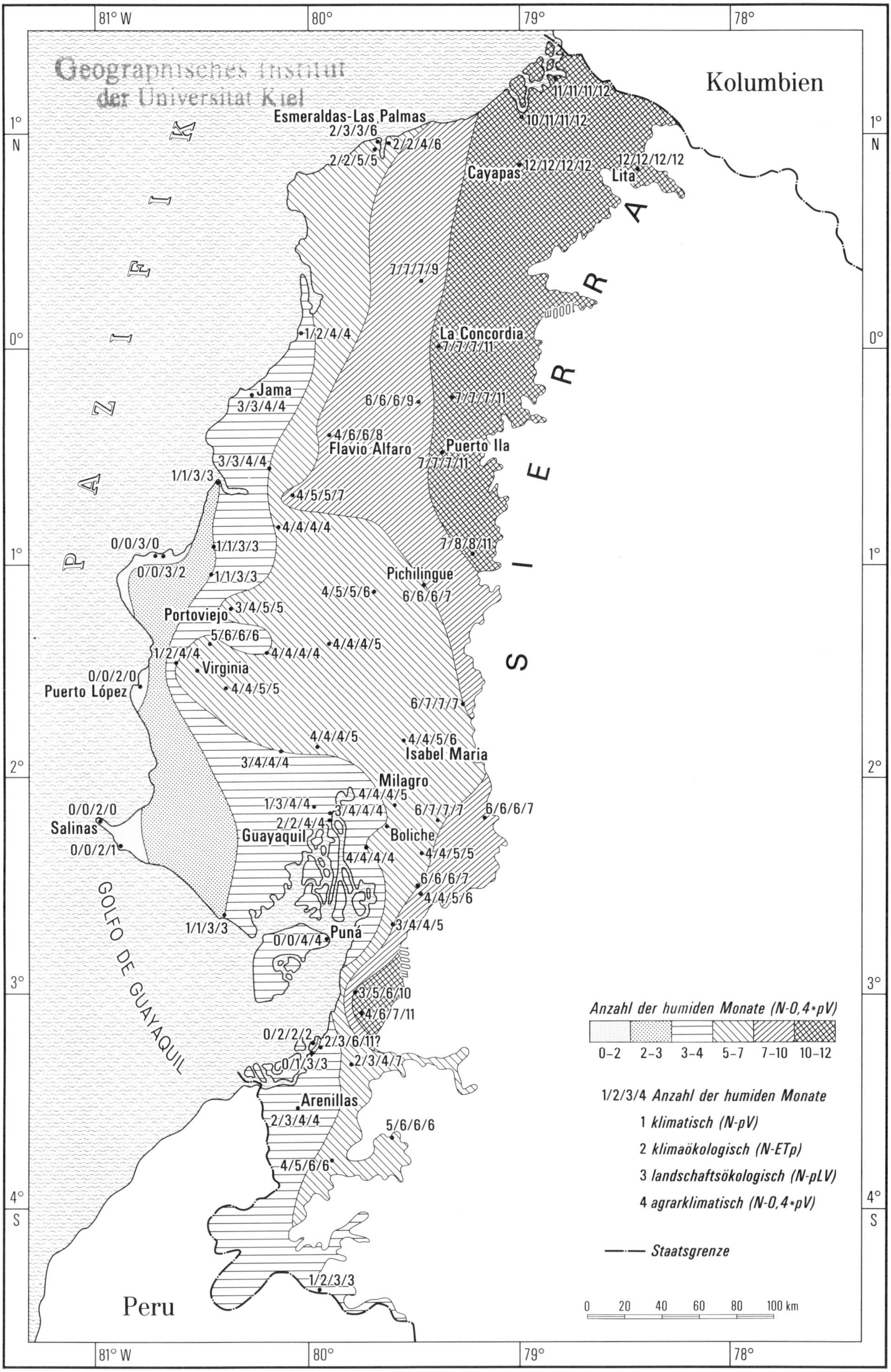

Geographisches Institut der Universität Kiel

Humidität/Aridität in der COSTA

Karte 14:

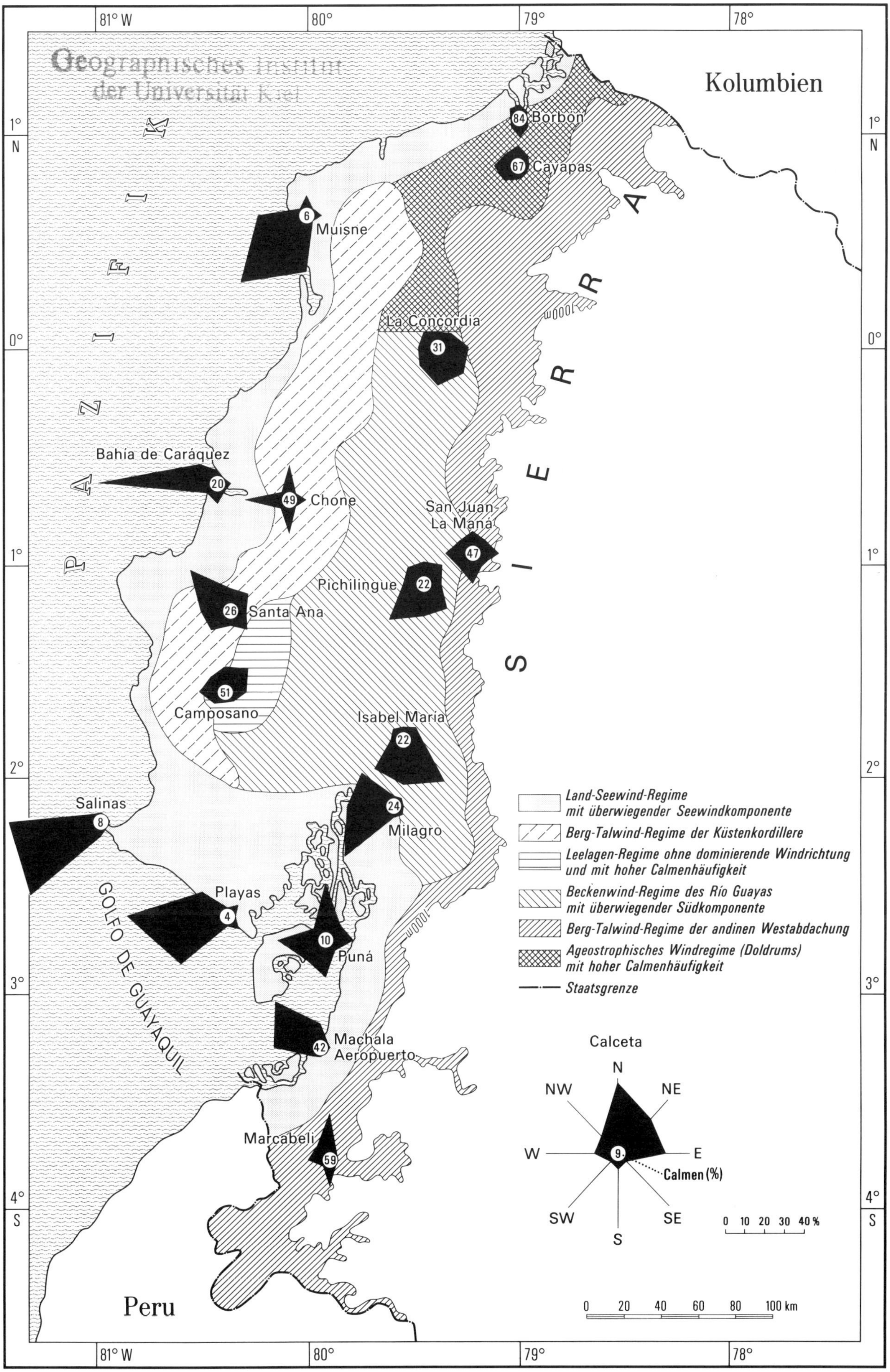

Kolumbien

81° W   80°   79°   78°

1° N

Geographisches Institut
der Universität Kiel

84 Borbón

67 Cayapas

P A Z I F I K

6 Muisne

La Concordia

0°

31

Bahía de Caráquez

20   49 Chone

San Juan-
La Maná

S I E R R A

1°

47

22

Pichilingue

26 Santa Ana

51

Camposano

Isabel Maria

22

24

Milagro

Salinas

8

GOLFO DE GUAYAQUIL

Playas

4

10

Puná

Machala
42 Aeropuerto

Marcabeli

59

Peru

Land-Seewind-Regime
mit überwiegender Seewindkomponente

Berg-Talwind-Regime der Küstenkordillere

Leelagen-Regime ohne dominierende Windrichtung
und mit hoher Calmenhäufigkeit

Beckenwind-Regime des Río Guayas
mit überwiegender Südkomponente

Berg-Talwind-Regime der andinen Westabdachung

Ageostrophisches Windregime (Doldrums)
mit hoher Calmenhäufigkeit

Staatsgrenze

Calceta

N

NW   NE

W   9   E

Calmen (%)

SW   SE

S

0 10 20 30 40 %

0   20   40   60   80   100 km

Windregime-Typen in der COSTA

Karte 13:

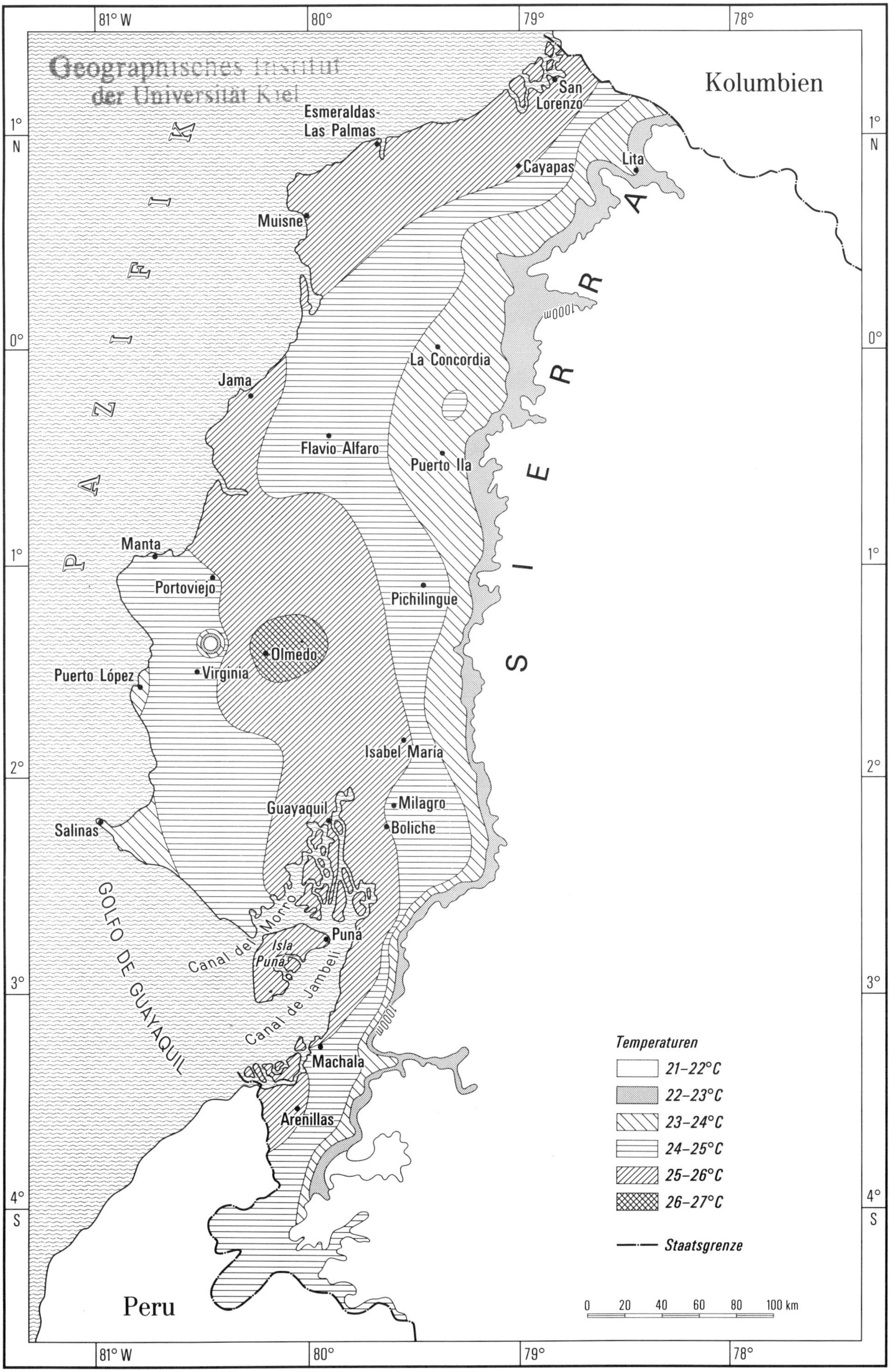

Kolumbien

Peru

Temperaturen
- 21–22°C
- 22–23°C
- 23–24°C
- 24–25°C
- 25–26°C
- 26–27°C

— · — Staatsgrenze

0 20 40 60 80 100 km

Räumliche Differenzierung der Jahresmitteltemperatur in der COSTA

Karte 12:

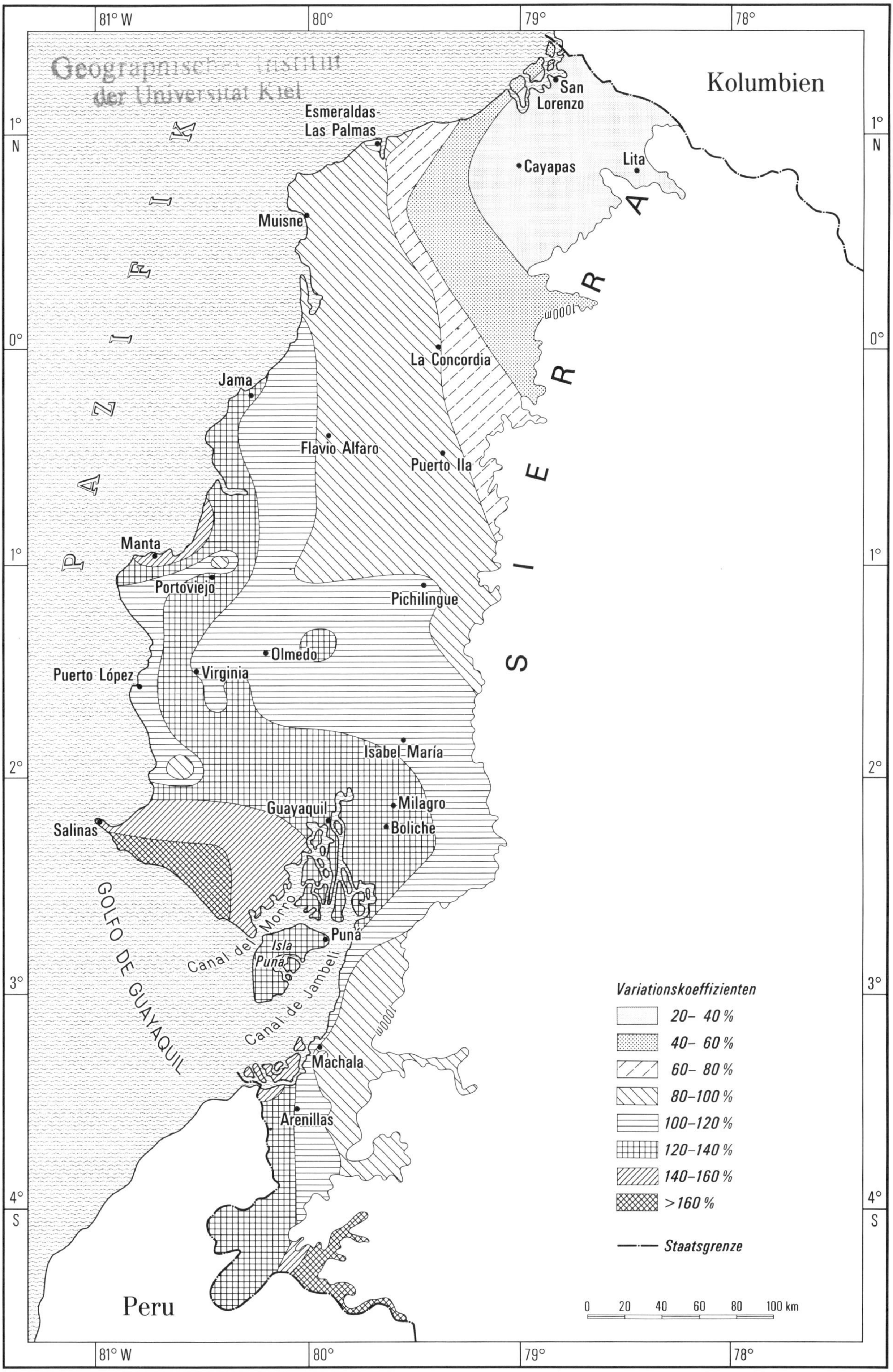

81° W
80°
79°
78°
1° N
0°
1°
2°
3°
4° S
Geographisches Institut
der Universität Kiel
Kolumbien
San Lorenzo
Esmeraldas-Las Palmas
Cayapas
Lita
Muisne
P A Z I F I K
S I E R R A
1000m
La Concordia
Jama
Flavio Alfaro
Puerto Ila
Manta
Portoviejo
Pichilingue
Olmedo
Puerto López
Virginia
Isabel María
Guayaquil
Milagro
Boliche
Salinas
GOLFO DE GUAYAQUIL
Canal del Morro
Isla Puná
Puná
Canal de Jambelí
Machala
Arenillas
Peru
Variationskoeffizienten
20– 40 %
40– 60 %
60– 80 %
80–100 %
100–120 %
120–140 %
140–160 %
>160 %
Staatsgrenze
0 20 40 60 80 100 km

Variationskoeffizienten der Monatsniederschläge in der COSTA

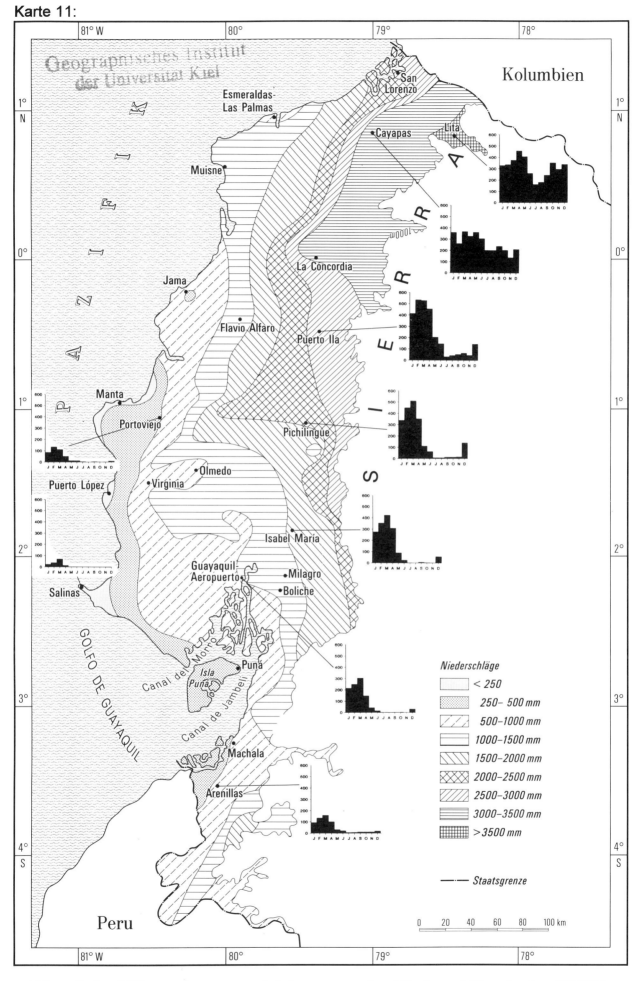

Karte 11:

Räumliche Differenzierung und Jahresgang der Niederschläge in der COSTA

Karte 9:

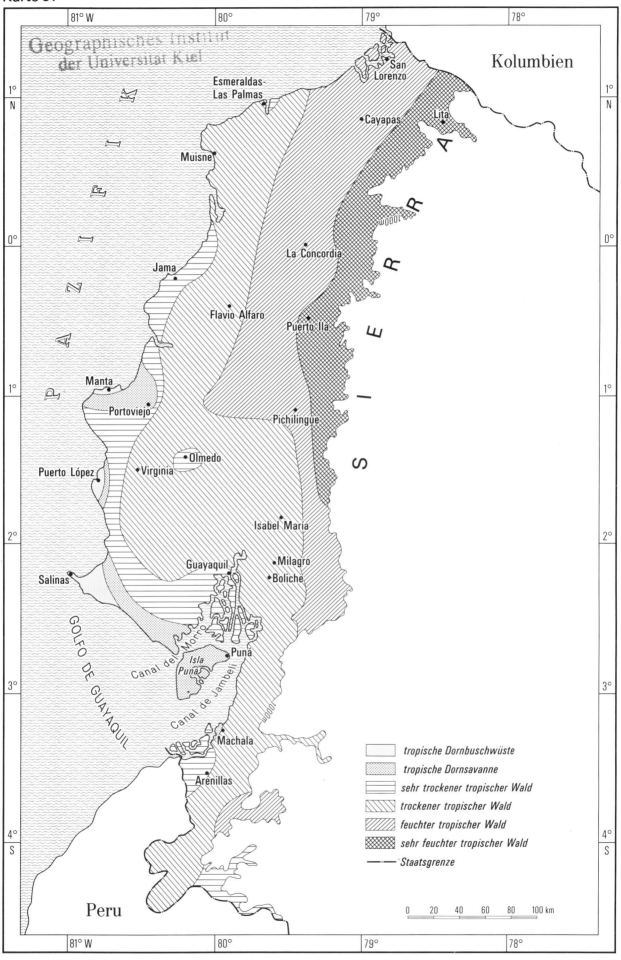

Vegetationsformationen der COSTA nach HOLDRIDGE

Legende:
- tropische Dornbuschwüste
- tropische Dornsavanne
- sehr trockener tropischer Wald
- trockener tropischer Wald
- feuchter tropischer Wald
- sehr feuchter tropischer Wald
- Staatsgrenze

Kolumbien

Geographisches Institut
der Universität Kiel

81° W **80°** **79°** **78°**

1° N

Esmeraldas-
Las Palmas 3

San
Lorenzo

Cáyapas Lita

I

12

Muisne

11

9

7

III

8

II

6

0°

Jama

La Concordia

II

4

Flavio Alfaro

10

Puerto Ila

1° S (left) / 1°

Manta

5

Portoviejo

II

3

III Virginia

I

Olmedo

Pichilingue

Puerto López

II 2

I

II

4

Isabel María

Guayaquil

Milagro
Boliche

Salinas

2
II

III

6

Canal del Morro

Isla 4
Puná

Puná

I 3

Canal de Jambelí

2 3

2

Machalá

I

II

Arenillas

III

Peru

GOLFO DE GUAYAQUIL

5

S I E R R A

P A Z I F I K

Legend / Table

Klimatyp		Höhenstufe in m üNN	Mittl. Jahrestemperatur [°C]	Temperaturstufen-Kennziffer	perarid	arid		sub-arid		semi-arid	semi-humid			sub-humid		humid	
Anzahl humider Monate					0	1	2	3	4	5	6	7	8	9	10	11	12
Temperaturstufen	nevado	?	1	XI													
	subnevado	?	5	X													
	helado	?	9	IX													
	frío	?	13	VIII													
	fresco	?	15	VII													
	templado	?	17	VI													
		?	19	V													
	subcálido	800	21	IV / III													
	cálido	500	23	II													
		50	25	I													

– – – – – *Isothemen*

——— *Isohygromenen*

II *Temperaturstufen-Kennziffer*

3 *Region gleicher Anzahl humider Monate*

—·—·— *Staatsgrenze*

0 20 40 60 80 100 km

Hygrothermische Klimakarte nach LAUER & FRANKENBERG

Karte 8:

Hypsithermale Klimakarte nach LAUER/FRANKENBERG

Karte 7:

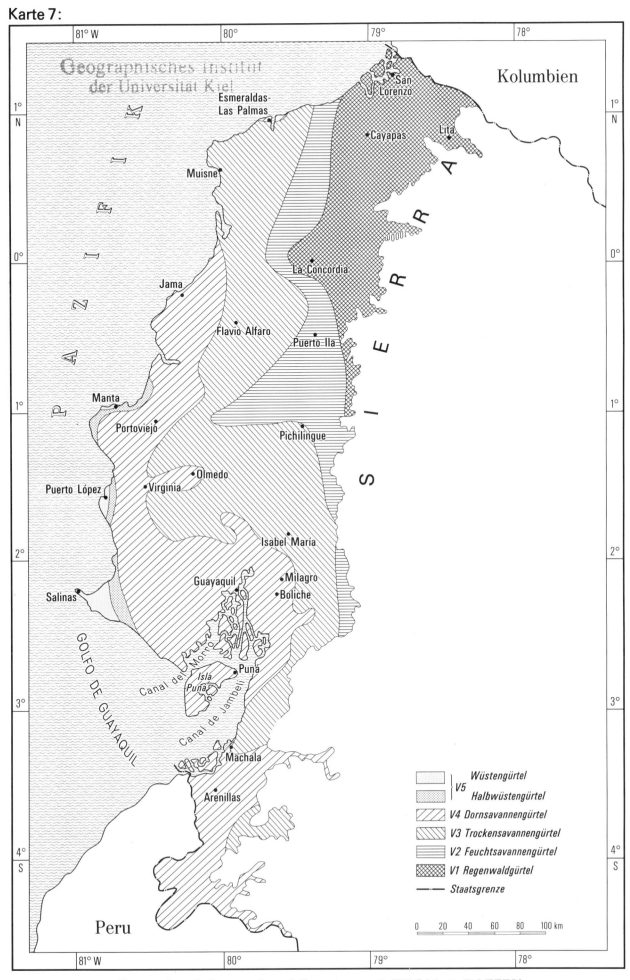

81° W   80°   79°   78°

Geographisches Institut der Universität Kiel

Kolumbien

1° N

Esmeraldas-Las Palmas

San Lorenzo

Muisne

Cayapas

Lita

0°

Jama

La Concordia

Flavio Alfaro

Puerto Ila

S I E R R A

1°

Manta

Portoviejo

Pichilingue

P A C Í F I C O

Puerto López

Olmedo

Virginia

2°

Isabel María

Guayaquil

Milagro

Boliche

Salinas

GOLFO DE GUAYAQUIL

Puná

Canal del Morro

Islá Puná

Canal de Jambelí

3°

Machala

Arenillas

Peru

Legende:

▨		Wüstengürtel
▨	V5	Halbwüstengürtel
▨	V4	Dornsavannengürtel
▨	V3	Trockensavannengürtel
▨	V2	Feuchtsavannengürtel
▨	V1	Regenwaldgürtel
— · —		Staatsgrenze

0   20   40   60   80   100 km

Karte der Jahreszeitenklimate nach TROLL & PAFFEN

Karte 5:

81° W   80°   79°   78°

Geographisches Institut
der Universität Kiel

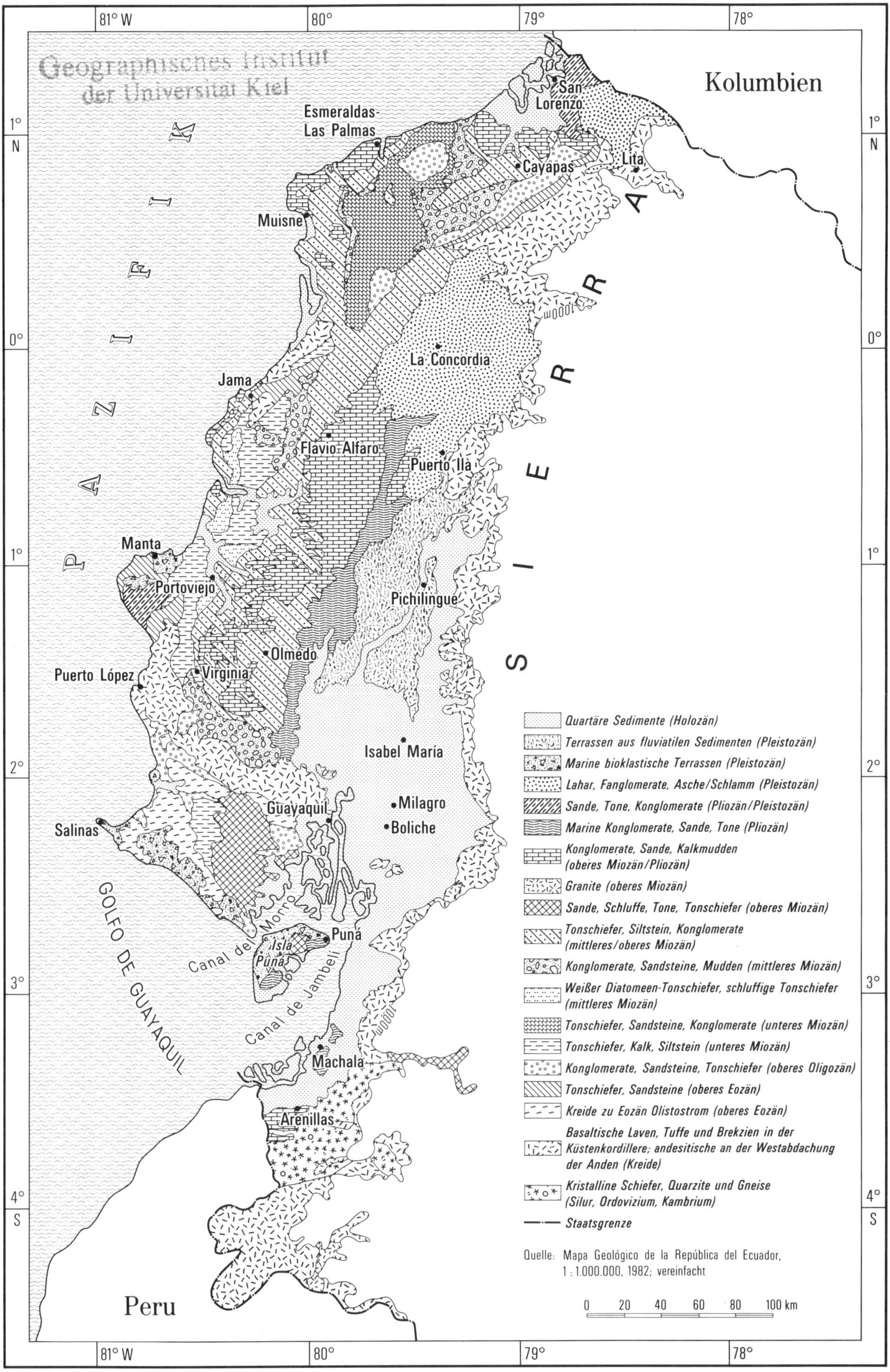

Kolumbien

1° N

San Lorenzo

Esmeraldas-Las Palmas

Cayapas   Lita

Muisne

0°

La Concordia

Jama

Flavio Alfaro

Puerto Ilà

1°

Manta

Portoviejo

Pichilingue

Olmedo

Puerto López   Virginia

Isabel María

2°

Milagro
Boliche

Guayaquil

Salinas

GOLFO DE GUAYAQUIL

Puná

Isla Puná

Canal del Morro

Canal de Jambelí

3°

Machala

Arenillas

4° S

Peru

Geologische Einheiten der COSTA Ecuadors

Quartäre Sedimente (Holozän)
Terrassen aus fluviatilen Sedimenten (Pleistozän)
Marine bioklastische Terrassen (Pleistozän)
Lahar, Fanglomerate, Asche/Schlamm (Pleistozän)
Sande, Tone, Konglomerate (Pliozän/Pleistozän)
Marine Konglomerate, Sande, Tone (Pliozän)
Konglomerate, Sande, Kalkmudden
(oberes Miozän/Pliozän)
Granite (oberes Miozän)
Sande, Schluffe, Tone, Tonschiefer (oberes Miozän)
Tonschiefer, Siltstein, Konglomerate
(mittleres/oberes Miozän)
Konglomerate, Sandsteine, Mudden (mittleres Miozän)
Weißer Diatomeen-Tonschiefer, schluffige Tonschiefer
(mittleres Miozän)
Tonschiefer, Sandsteine, Konglomerate (unteres Miozän)
Tonschiefer, Kalk, Siltstein (unteres Miozän)
Konglomerate, Sandsteine, Tonschiefer (oberes Oligozän)
Tonschiefer, Sandsteine (oberes Eozän)
Kreide zu Eozän Olistostrom (oberes Eozän)
Basaltische Laven, Tuffe und Brekzien in der
Küstenkordillere; andesitische an der Westabdachung
der Anden (Kreide)
Kristalline Schiefer, Quarzite und Gneise
(Silur, Ordovizium, Kambrium)
Staatsgrenze

Quelle: Mapa Geológico de la República del Ecuador,
1 : 1.000.000, 1982; vereinfacht

0   20   40   60   80   100 km

Karte 6:

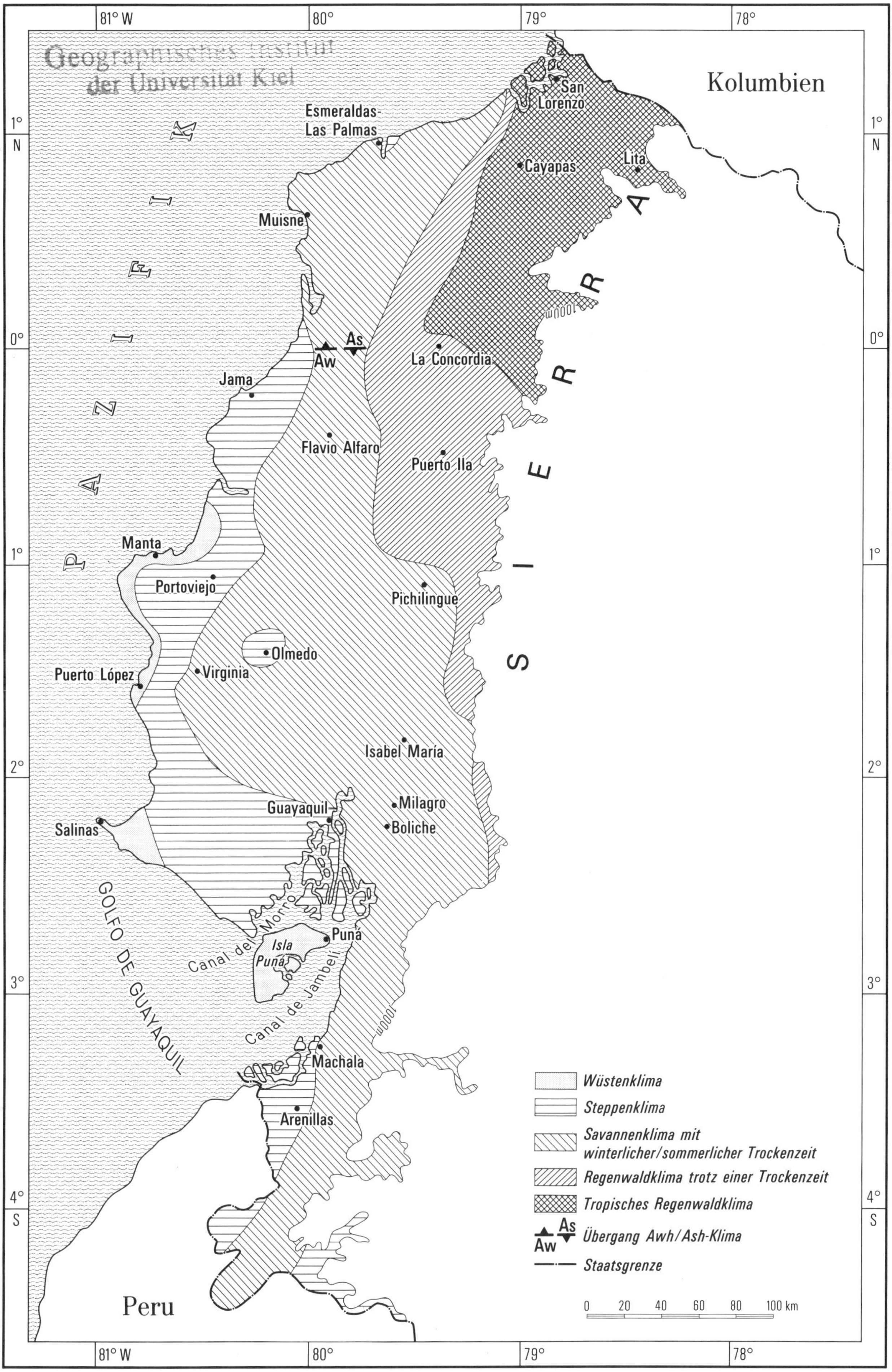

81° W · 80° · 79° · 78°

1° N

Kolumbien

Geographisches Institut
der Universität Kiel

Esmeraldas-
Las Palmas

San
Lorenzo

Cayapas

Lita

Muisne

P A Z I F I K

0°

As
Aw

La Concordia

Jama

Flavio Alfaro

Puerto Ila

S I E R R A

1°

Manta

Portoviejo

Pichilingue

Olmedo

Virginia

Puerto López

2°

Isabel María

Guayaquil

Milagro
Boliche

Salinas

GOLFO DE GUAYAQUIL

Canal del Morro

Isla
Puná

Puná

Canal de Jambelí

3°

Machala

Arenillas

	Wüstenklima
	Steppenklima
	Savannenklima mit winterlicher/sommerlicher Trockenzeit
	Regenwaldklima trotz einer Trockenzeit
	Tropisches Regenwaldklima

As
Aw Übergang Awh/Ash-Klima

Staatsgrenze

0 20 40 60 80 100 km

4° S

Peru

81° W · 80° · 79° · 78°

Klimatypen nach KÖPPEN in der COSTA